全国职业院校装备制造大类专业规划教材
National Planning Textbook for Equipment Manufacturing Majors in Vocational Colleges

“互联网+”新形态信息化教材
“Internet Plus” New-form Informatization Textbook

金教材

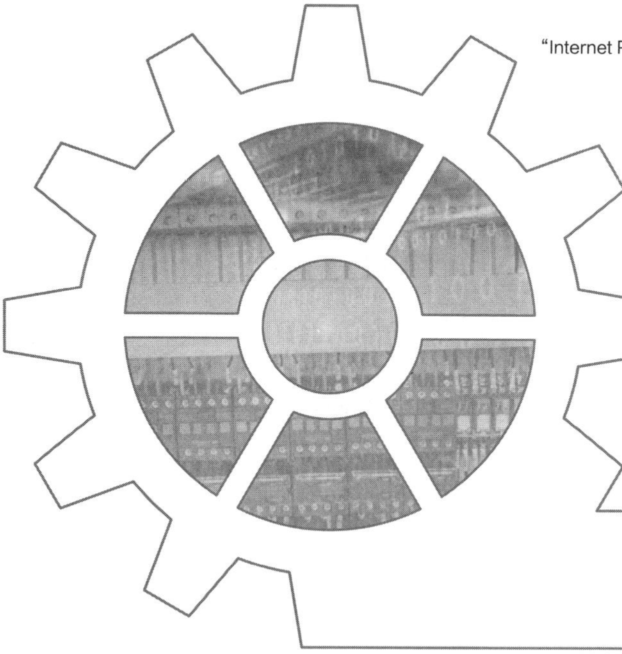

主编／杨耀臣　于　婷

工业机器人操作与运维

GONGYE JIQIREN CAOZUO YU YUNWEI

天津大学出版社
TIANJIN UNIVERSITY PRESS

图书在版编目（CIP）数据

工业机器人操作与运维 / 杨耀臣，于婷主编. 天津 : 天津大学出版社，2025. 4. --（全国职业院校装备制造大类专业规划教材）（“互联网+”新形态信息化教材）. -- ISBN 978-7-5618-7967-2

Ⅰ. TP242.2

中国国家版本馆CIP数据核字第2025BC0732号

出版发行	天津大学出版社
地　　址	天津市卫津路92号天津大学内（邮编：300072）
电　　话	发行部：022-27403647
网　　址	www.tjupress.com.cn
印　　刷	天津泰宇印务有限公司
经　　销	全国各地新华书店
开　　本	787mm×1092mm　1/16
印　　张	22
字　　数	556千
版　　次	2025年4月第1版
印　　次	2025年4月第1次
定　　价	59.00元

前言

Preface

在制造业智能化转型的浪潮中，工业机器人技术已成为推动各行业升级发展的核心力量。从汽车生产线上精准、高效的焊接、装配作业到 3C 产品[计算机(Computer)、通信(Communication)和消费电子(Consumer Electronics)三类产品的统称]制造中对微小零部件的精密操作，工业机器人凭借其高精度、高速度和高稳定性，正逐步取代传统人工劳动，重塑着现代工业的生产格局。为了满足工业领域对专业工业机器人操作与运维人才的迫切需求，助力职业院校培养出理论扎实、技能过硬的高素质应用型人才，我们精心编写了这本《工业机器人操作与运维》教材。

本教材在内容编排上深度融合理论知识与实践技能，以实际工作场景为导向，构建了一套全面且系统的教学体系。通过丰富多样的项目式教学任务，如工业机器人的涂胶、搬运、装配、抛光打磨等典型应用，学生能够在模拟真实的工作环境中，深入理解工业机器人的工作原理、编程方式和操作技巧，切实掌握从机器人本体安装、示教器及控制柜连接到复杂程序编写与调试、系统维护维修等全流程技能。在每个项目中，任务分解细致入微，从基础知识讲解到实践操作指导，再到知识巩固与技能提升，环环相扣，循序渐进，帮助学生逐步积累知识、提升能力，实现从理论学习到实际应用的无缝对接。

同时，本教材紧跟行业发展趋势，让学生在学习过程中能够接触到行业前沿知识。此外，本教材还注重培养学生的综合职业素养，在各任务中融入安全意识、团队协作能力、问题解决能力等方面的训练，使学生不仅具备扎实的专业技能，还拥有良好的职业操守和综合素质，从而能更好地适应未来工作岗位的要求。

本教材由青铜峡市职业教育中心杨耀臣、于婷担任主编。在编写过程中，我们汇聚了众多来自职业院校和企业的一线教师、专家的智慧与经验。他们凭借丰富的教学实践和深厚的行业背景，确保了教材内容的科学性、实用性和先进性。同时，我们参考了大量国内外相关教材、学术文献和行业标准，力求为学生提供最权威、最准确的知识和信息。

我们衷心希望这本教材能够成为广大师生在工业机器人操作与运维领域教学和学习的得力助手,为培养适应新时代工业发展需求的高素质技能人才贡献一份力量。同时,也期待使用者能够对教材提出宝贵的意见和建议,以便我们不断完善和改进,使其更好地服务于工业机器人技术教育事业。

编者

2025 年 3 月

目录

Contents

项目 1　认识工业机器人 ………… 1

任务 1.1　工业机器人概述 ………… 2

任务 1.2　工业机器人编程方式及典型应用 ………… 20

项目 2　工业机器人手动操纵 ………… 33

任务 2.1　坐标系认识及操作安全注意事项 ………… 34

任务 2.2　手动操纵工业机器人 ………… 44

项目 3　工业机器人涂胶应用 ………… 61

任务 3.1　简单轨迹的涂胶编程 ………… 62

任务 3.2　工业机器人涂胶轨迹创建 ………… 98

项目 4　工业机器人搬运应用 ………… 117

任务 4.1　料块搬运编程 ………… 118

任务 4.2　料块出入库搬运编程 ………… 145

项目 5　工业机器人装配应用 ………… 159

任务 5.1　快换程序创建 ………… 160

任务 5.2　工业机器人斜面装配 ………… 180

项目 6　工业机器人抛光打磨应用 ………… 225

任务 6.1　工业机器人抛光打磨程序创建 ………… 226

任务 6.2　触摸屏、PLC 与工业机器人联调运行 ………… 240

参考文献 ………… 266

项目1

认识工业机器人

学习情境描述

工业机器人作为集众多先进技术于一体的现代制造业装备,自诞生至今已经取得了长足进步。随着工业化和信息化的快速推进,我国工业机器人市场已进入高速发展时期。工业机器人的应用程度是衡量一个国家工业自动化水平的重要标志。

项目描述

在工业机器人工作站(图1-1)中,工业机器人是主要且关键的智能装备,因此首先要掌握工业机器人的定义、典型结构和组成,其次要掌握工业机器人的编程方式、生产厂家以及典型应用等。

本项目的任务是完成工业机器人本体的安装、示教器与控制柜的连接。

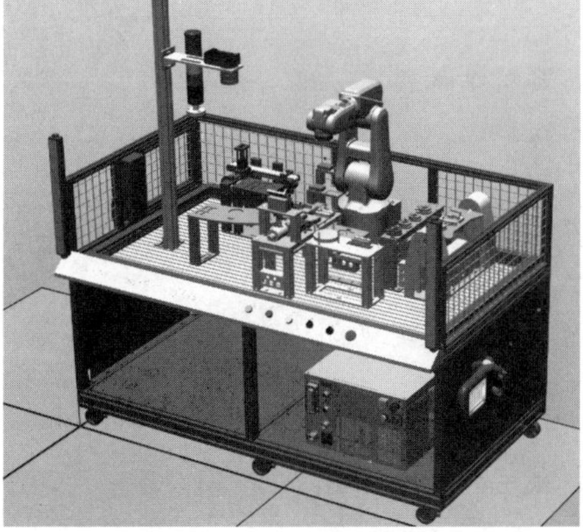

图 1-1　工业机器人工作站

本项目要实现的目标如下：

（1）完成工业机器人工作站的自动运行；

（2）完成工业机器人本体的安装、示教器与控制柜的连接。

任务分解

任务 1.1　工业机器人概述

本任务主要介绍工业机器人的定义、典型结构和组成，使学生对工业机器人工作站有基本的了解，能够启动和停止工业机器人工作站。

任务 1.2　工业机器人编程方式及典型应用

本任务主要介绍工业机器人的编程方式及典型应用，要求学生完成工业机器人本体的安装、示教器与控制柜的连接。

任务 1.1　工业机器人概述

本任务要求学生选择工业机器人程序并实现自动运行，使工业机器人完成相应的工作任务，完成工业机器人自动运行的启动和停止操作。

任务要求

（1）写出工业机器人工作站各模块的作用及功能。

（2）按照规范和流程选择工业机器人程序并实现自动运行。

学习目标

知识目标：

（1）了解工业机器人的定义；

（2）掌握工业机器人的典型结构；

（3）掌握工业机器人的组成。

能力目标：

（1）能够说出工业机器人的定义；

（2）能够说出工业机器人的典型结构及组成；

（3）能够选择工业机器人程序并实现自动运行。

素养目标：

（1）培养学生良好的工作习惯；

（2）提高学生对知识的总结和运用能力。

1.1.1　工业机器人的定义

国际上，关于机器人的定义主要有以下几种。

我国将工业机器人定义为“一种自动化的机器，所不同的是这种机器具备一些与人或者其他生物相似的智能能力，如感知能力、规划能力、动作能力和协同能力，是一种具有高度灵活性的自动化机器”。

美国国家标准局对机器人的定义是：“机器人是一种能够进行编程并在自动控制下执行某些操作和移动作业任务的机械装置”。

美国机器人协会将机器人定义为“一种用于移动各种材料、零件、工具或专用装置，通过程序动作来执行各种任务，并具有编程能力的多功能机械手”。

日本工业机器人协会指出：“工业机器人是一种带有存储器件和末端操作器的通用机械，它能够通过自动化的动作代替人类劳动”。

国际标准化组织（ISO）将工业机器人定义为：“工业机器人是一种能自动控制，可重复编程，多功能、多自由度的操作机，能搬运材料、工件或操持工具来完成各种作业”。

由此不难发现，工业机器人是由仿生机械结构、电机、减速机和控制系统组成，用于工业生产，能够自动执行工作指令的机械装置。它可以接受人类的指挥，也可以按照预先编写的程序运行。现代工业机器人还可以根据人工智能技术制定的原则和纲领行动。

提示

一般情况下，工业机器人应该具有以下四个特征：①其动作机构具有类似人或其他生物的某些器官（如肢体、感官等）的功能；②具有通用性，可从事多种工作，可灵活改变动作顺序；③具有不同程度的智能，如记忆、感知、推理、决策、学习等能力；④具有独立性，完整的机器人系统在工作中可以不依赖于人的干预。

1.1.2　工业机器人的典型结构

工业机器人的典型结构有直角坐标工业机器人、平面关节型工业机器人、并联工业机器人、串联工业机器人、协作工业机器人。

1.1.2.1　直角坐标工业机器人

直角坐标工业机器人（图 1-1-1）一般做 2~3 个自由度的运动，每个运动自由度之间的空间夹角为直角，可实现自动控制，可重复编程，所有的运动均按程序运行。直角坐标工业机器人一般由控制系统、驱动系统、机械系统、操作工具等组成。直角坐标工业机器人因操作工具不同，功能也不同，具有高可靠性、高速度和高精度的特点，可在恶劣的环境下工作，可长期工作，且便于操作和维修。

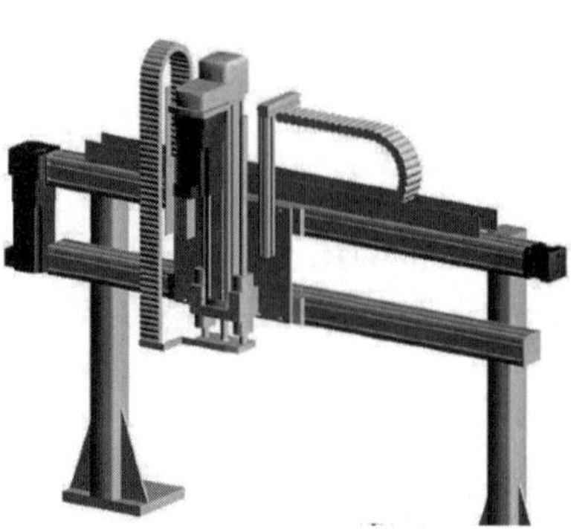

图 1-1-1 直角坐标工业机器人

1.1.2.2 平面关节型工业机器人

平面关节型工业机器人（图 1-1-2）又称为 SCARA 工业机器人，是圆柱坐标工业机器人的一种形式。SCARA 工业机器人有三个旋转关节，其轴线相互平行，在平面内进行定位和定向；还有一个移动关节，用于完成末端件垂直于平面的运动。SCARA 工业机器人精度高，动作范围较大，坐标计算简单，结构轻便，响应速度快，但负载较小。

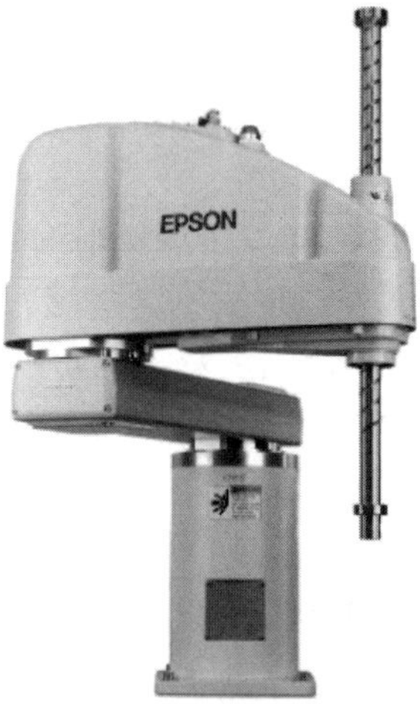

图 1-1-2 平面关节型工业机器人

SCARA 工业机器人在 X、Y 轴方向具有顺从性，而在 Z 轴方向具有良好的刚度，此特性特别适合装配工作，例如将一个圆头针插入一个圆孔，因此 SCARA 工业机器人大量用于装配印制电路板和电子零部件；SCARA 工业机器人的另一个特点是其串接的两杆结构类似人的手臂，可以伸进有限的空间中作业然后收回，适合搬动和取放物件（如集成电路板）等。

如今 SCARA 工业机器人广泛用于塑料工业、汽车工业、电子产品工业、药品工业和食品工业等领域。它的主要职能是拾取零件和装配。它的第一个轴和第二个轴具有转动特性，第三个轴和第四个轴可以根据不同的工作需要制造成多种不同的形态，并且一个具有转动特性，另一个具有线性移动特性。SCARA 工业机器人特定的形状决定了其工作范围类似一个扇形区域。

1.1.2.3　并联工业机器人

并联工业机器人（图 1-1-3）又称为 Delta 工业机器人，属于高速、轻载的工业机器人，一般通过示教编程或视觉系统捕捉目标物体，由三个并联的伺服轴确定工具中心点（Tool Center Point，TCP）的空间位置，从而实现目标物体的运输、加工等操作。Delta 工业机器人主要用于食品、药品和电子产品等的加工和装配。Delta 工业机器人由于具有重量轻、体积小、运动速度快、定位精确、成本低、效率高等特点，已被广泛应用。

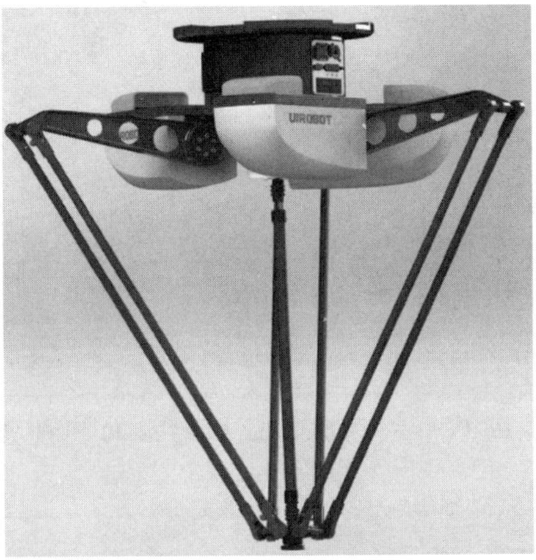

图 1-1-3　并联工业机器人

Delta 工业机器人是典型的空间三自由度并联机构，整体结构精密、紧凑，驱动部分均布于固定平台，这些特点使它具有如下特性：

（1）承载能力强，刚度大，自重负荷比小，动态性能好；

（2）并行三自由度机械臂结构，重复定位精度高；

（3）超高速拾取物品，一秒钟多个节拍。

1.1.2.4　串联工业机器人

串联工业机器人（图 1-1-4）拥有不少于四个旋转轴，其中六个轴是最普通的形式，类似人类的手臂，用于装货、卸货、喷漆、表面处理、测试、测量、弧焊、点焊、包装、装配、切削机床、固定、锻造、铸造等。

串联工业机器人有很高的自由度，适合几乎任何轨迹或角度的工作；可以自由编程，完成全自动化的工作，生产效率高，错误率可控制，能代替人完成有害身体健康的复杂工作，比如汽车外壳点焊、金属部件打磨。

本书就是以串联工业机器人作为对象进行讲解的。

1.1.2.5　协作工业机器人

在传统的工业机器人逐渐取代人完成单调、重复性强、危险性大的工作之时，协作工业机器人（图 1-1-5）也慢慢渗入各个工业领域，与人共同工作。这将开启一个全新的工业机器人与人协同工作的时代。随着工业自动化的发展，人们发现协助型的工业机器人配合人来完成工作任务，比工业机器人的全自动化工作站具有更好的柔性和更显著的成本优势。

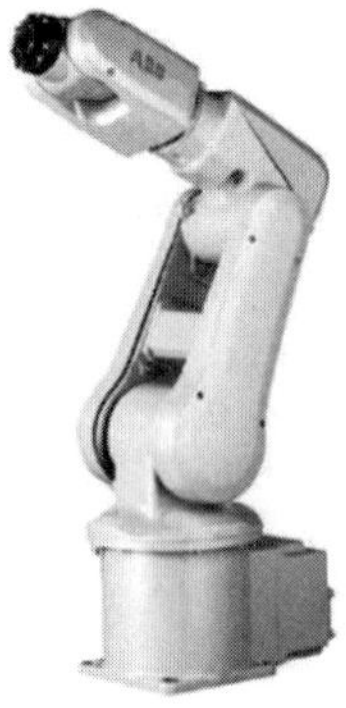

图 1-1-4　串联工业机器人

图 1-1-5　协作工业机器人

活动

四人一组，一人以简笔画的形式画出工业机器人的某种典型结构，其余三人猜它是哪种典型结构。

1.1.3　工业机器人的组成

工业机器人主要由工业机器人本体、控制柜、示教器三部分组成，如图 1-1-6 所示。

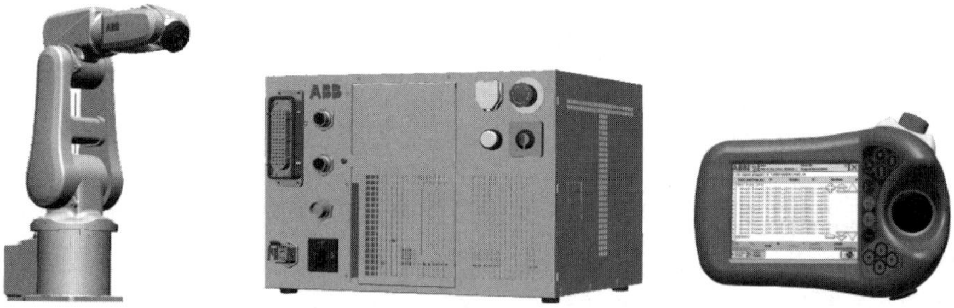

（a）工业机器人本体　（b）控制柜　（c）示教器

图 1-1-6　工业机器人的组成

工业机器人本体是工业机器人的机械主体，是用来完成规定任务的执行机构。

控制柜用来控制工业机器人按规定要求完成动作，是工业机器人的核心部分。

示教器是工业机器人的人机交互接口，针对机器人的所有操作基本上都是通过示教器完成的，如点动机器人，编写、测试和运行机器人程序等。

1.1.3.1　工业机器人本体

1. 工业机器人本体组成

工业机器人本体是工业机器人的支承基础，也是工业机器人完成作业任务的执行机构。工业机器人本体主要由传动部件、机身、臂部、腕部和手部五个部分组成。

（1）传动部件：包括各种驱动电机、减速器、齿轮、轴承、传动带等部件。

（2）机身：又称基座，是整个工业机器人的支撑部分，具有一定的刚度和稳定性。基座有固定式和移动式两类：若基座不具备行走功能，则构成固定式工业机器人；若基座具备移动机构，则构成移动式工业机器人。

（3）臂部：一般由大臂和小臂（或多臂）组成，用来支撑腕部和手部，实现较大的运动范围。

（4）腕部：位于工业机器人手部和臂部之间，其主要作用是帮助手部呈现期望的姿态，扩大臂部的运动范围。

（5）手部：又称为末端执行器或末端工具，是工业机器人执行任务的工具，一般安装在工业机器人末端的法兰上。根据应用功能手部可以分为夹钳式、吸附式、专用手部工具和工具快换装置等多种形式。

本书中各任务所使用的是 ABB IRB 120 工业机器人（图 1-1-7）。该型号的工业机器人具有敏捷、紧凑、轻量的特点，主要用于装配、搬运、上下料等。

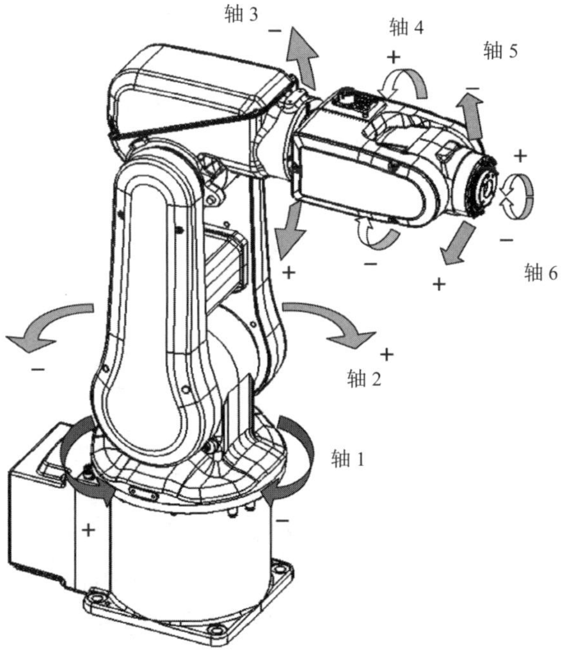

图 1-1-7　ABB IRB 120 工业机器人

2. 主要接口

工业机器人本体基座上有动力电缆接口、编码器电缆接口、4 路集成气源接口和 10 路集成信号接口，如图 1-1-8 所示。

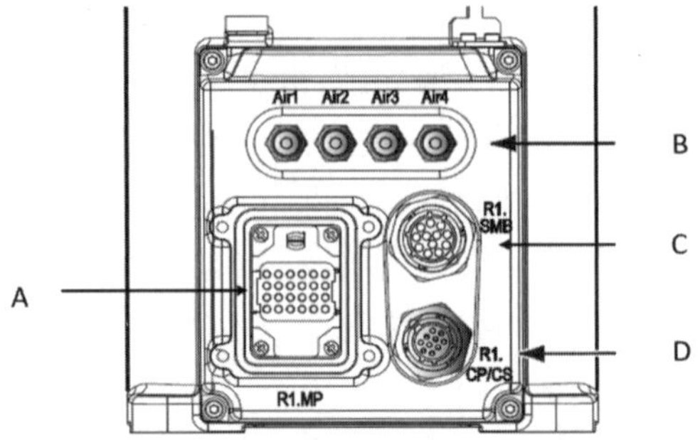

A—动力电缆接口；B—4 路集成气源接口；C—编码器电缆接口；D—10 路集成信号接口

图 1-1-8　工业机器人本体基座接口

IRB 120 工业机器人四轴上有 4 路集成气源接口和 10 路集成信号接口，如图 1-1-9 所示。

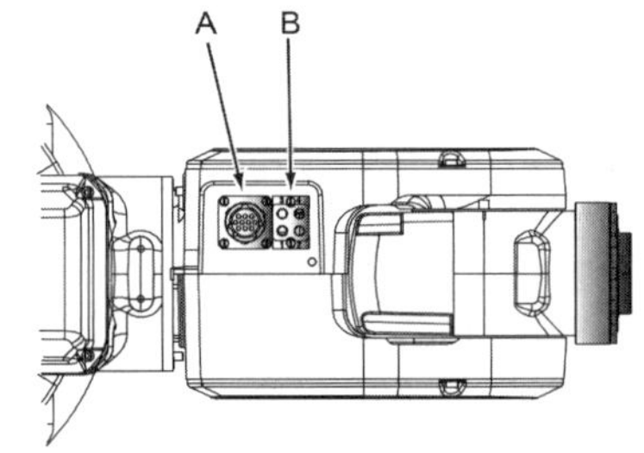

A—10 路集成信号接口；B—4 路集成气源接口

图 1-1-9　IRB 120 工业机器人四轴上方接口

3. IRB 120 工业机器人主要的技术参数

IRB 120 工业机器人是 ABB 公司推出的一款小型多用途机器人，本体质量为 25 kg，载荷质量为 3 kg，工作范围为 0~580 mm，重复定位精度为 0.01 mm。其规格与特性如表 1-1-1 所示。

表 1-1-1　IRB 120 工业机器人的规格与特性

规格			
型号	工作范围	有效荷载	手臂荷载
IRB 120-3/0.6	0~580 mm	3 kg	0.3 kg
特性			
集成信号源	手腕设 10 路信号		
集成气源	手腕设 4 路空气（5 bar）		
重复定位精度	0.01 mm		
本体安装角度	任意角度		
防护等级	IP30		
控制器	IRC5 紧凑型/IRC5 单柜型		

工业机器人操作与运维
（实训手册）

杨耀臣　于　婷　主编

天津大学出版社
TIANJIN UNIVERSITY PRESS

目录

Contents

项目 1　认识工业机器人 ······ 1

任务 1.1　工业机器人概述 ······ 1

实训 1　工业机器人工作站认识及自动运行 ······ 1

任务 1.2　工业机器人编程方式及典型应用 ······ 9

实训 2　工业机器人安装 ······ 9

项目 2　工业机器人手动操纵 ······ 17

任务 2.1　坐标系认识及操作安全注意事项 ······ 17

实训 1　工业机器人安全操作 ······ 17

任务 2.2　手动操纵工业机器人 ······ 20

实训 2　关节轴运动范围测定 ······ 20

实训 3　矩形描绘 ······ 23

实训 4　五角星描绘 ······ 26

实训 5　“山”字轨迹描绘 ······ 29

项目 3　工业机器人涂胶应用 ······ 33

任务 3.1　简单轨迹的涂胶编程 ······ 33

实训 1　小车模型直线涂胶编程 ······ 33

任务 3.2　工业机器人涂胶轨迹创建 ······ 37

实训 2　斜面曲线图形绘图编程 ······ 37

项目 4　工业机器人搬运应用 ······ 41

任务 4.1　料块搬运编程 ······ 41

实训 1　料块码垛搬运 ······ 41

任务 4.2　料块出入库搬运编程 ······ 45

实训 2　料块出库码垛 ······ 45

拓展任务　工业机器人维护维修……48
实训 3　传送带故障检修……48
实训 4　气缸故障检修……53
项目 5　工业机器人装配应用……61
任务 5.1　快换程序创建……61
实训 1　夹爪工具取放……61
任务 5.2　工业机器人斜面装配……64
实训 2　小物块视觉检测装配……64
项目 6　工业机器人抛光打磨应用……67
任务 6.1　工业机器人抛光打磨程序创建……67
实训 1　物块抛光打磨及归位……67
任务 6.2　触摸屏、PLC 与工业机器人联调运行……70
实训 2　物块边缘打磨综合调试……70
拓展任务　PLC 控制程序编写……73
实训 3　PLC 启保停程序编写……73

项目 1

认识工业机器人

任务 1.1　工业机器人概述

实训 1　工业机器人工作站认识及自动运行

1. 实训内容

说出工业机器人工作站主要模块的名称及作用，调用工业机器人程序，并自动运行，完成作业任务。

2. 实训要求

(1)严格按照安全操作规范执行，自动运行时保证自身及设备安全。

(2)自动运行时，运行速度百分比设定为 25%。

3. 实训目标

(1)掌握工业机器人工作站的组成。

(2)了解各功能模块的作用。

(3)能够选择程序并自动运行。

4. 实训场所

机器人实训室。

5. 实训课时

4 课时。

6. 实训设备

实训设备及人员分组见表 1。

表 1　实训设备及人员分组

设备名称	数量/组	每组人数
工业机器人工作站	3	6

7. 实训步骤

步骤 1:根据教师对工业机器人工作站的介绍完成表 2。

表 2　工业机器人工作站主要构成模块

名称	图片	功能描述
轨迹模块	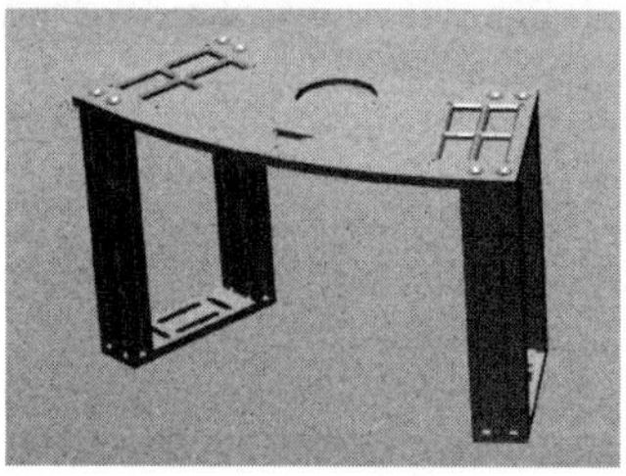	
料仓	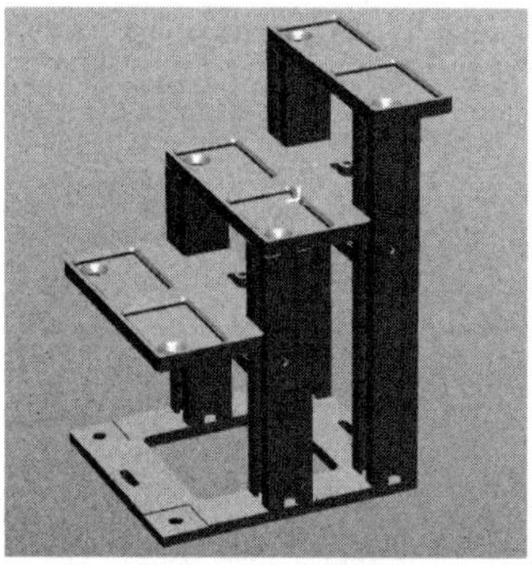	
搬运及码垛模块		
焊接模块	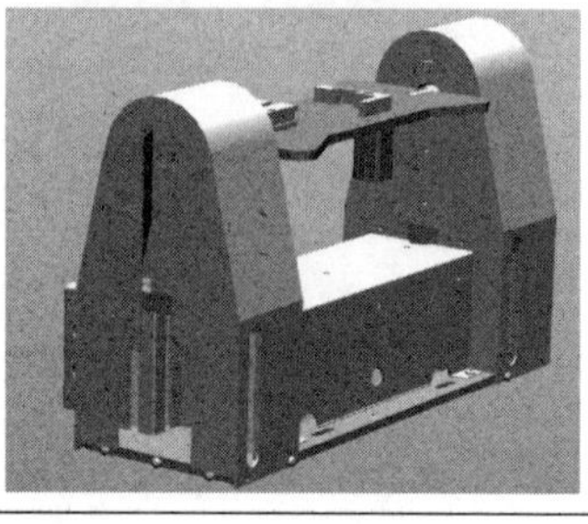	

续表

名称	图片	功能描述
工具架模块	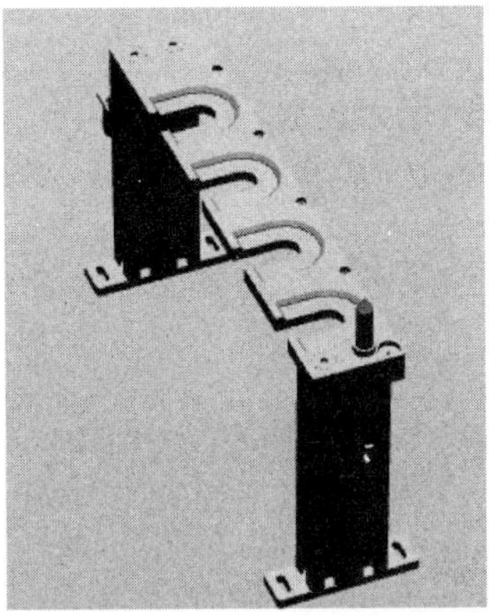	
打磨模块	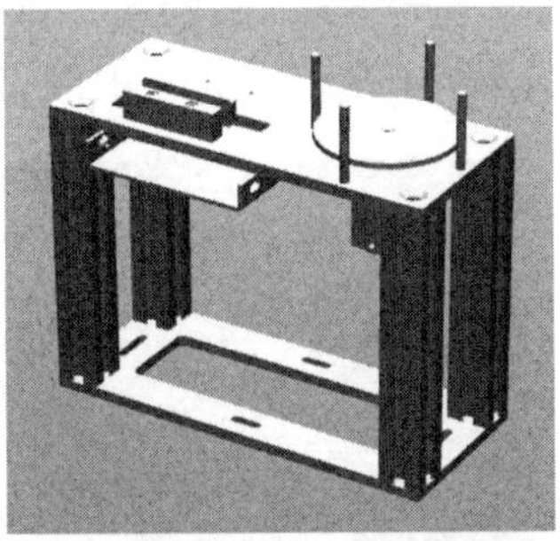	
视觉模块	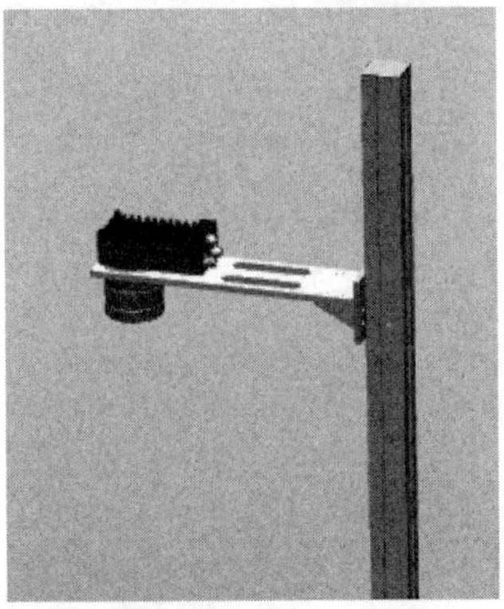	
装配模块	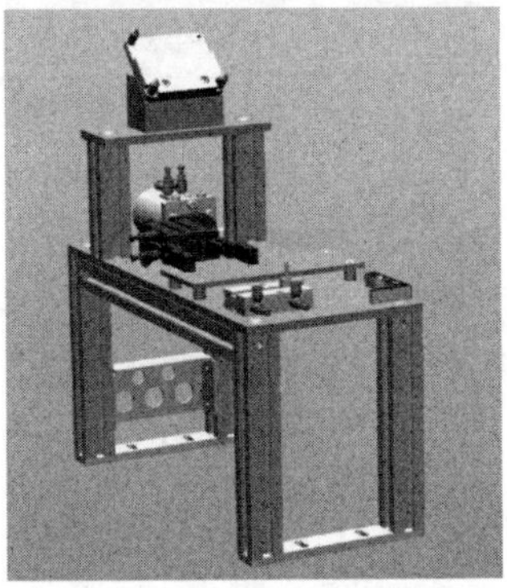	

步骤 2:开机。工业机器人正确的开机步骤如下。

(1)示教器上的急停按钮已经按下,如图 1 所示。

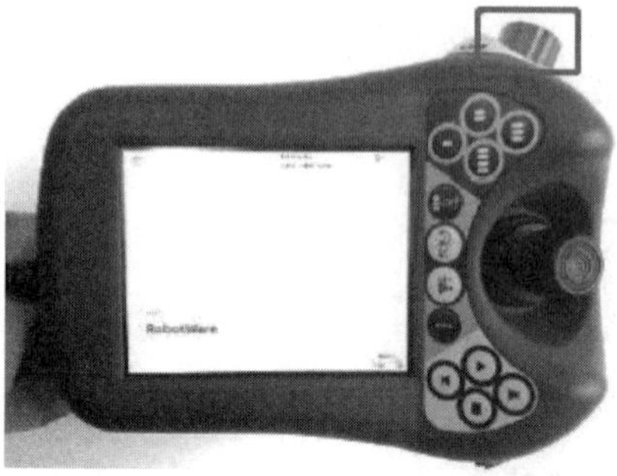

图 1 示教器上的急停按钮(框线内)

(2)将控制台上的电源开关旋至“1”位置,接通平台主电源,如图 2 所示。

(3)将工业机器人电源开关旋至“ON”位置,接通工业机器人主电源,如图 3 所示。

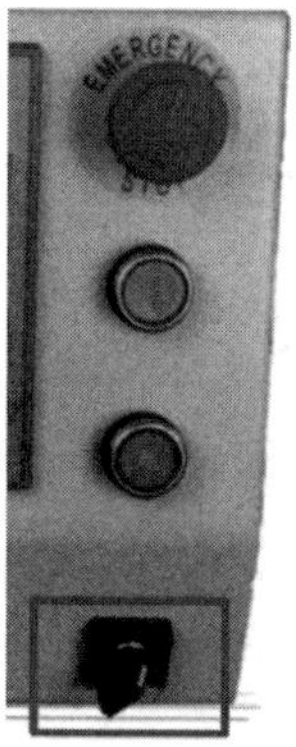

图 2 平台电源(框线内)

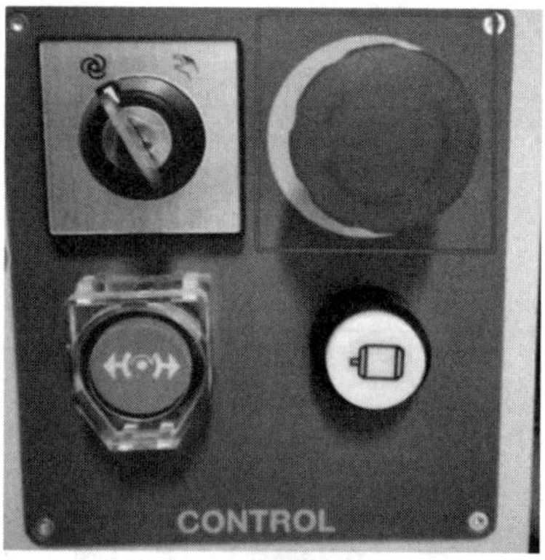

图 3 控制柜电源(框线内)

(4)如图 4 所示,将气泵开关向上拉起,气泵上电,将气泵阀门旋至与气管方向平行打开阀门,如图 5 所示。

图 4 气泵开关

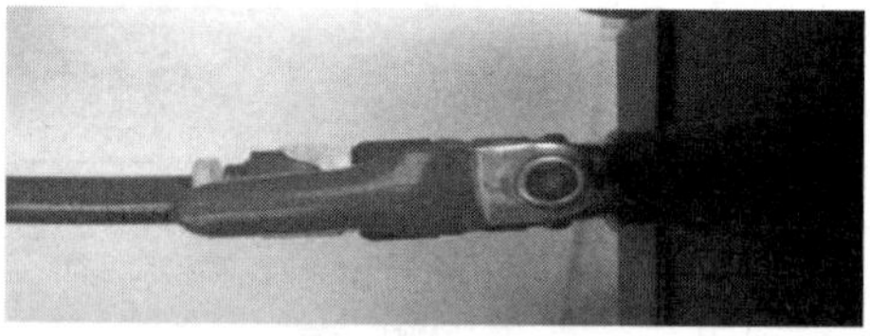

图 5 气泵阀门

(5)等待 20 s 左右,示教器画面自动开启,机器人开机完成。

根据工业机器人已有的程序,完成工业机器人自动运行。程序运行有单周和连续两种模式:单周即程序运行完一次之后自动停止运行;连续即程序运行完一次之后自动从头开始运行,即循环运行。在本任务中,选择单周模式。

步骤 3:单击左上角主菜单按钮,选择“程序编辑器”命令,如图 6 所示。

步骤 4:单击“文件”菜单,选择“加载模块”命令,如图 7 所示。

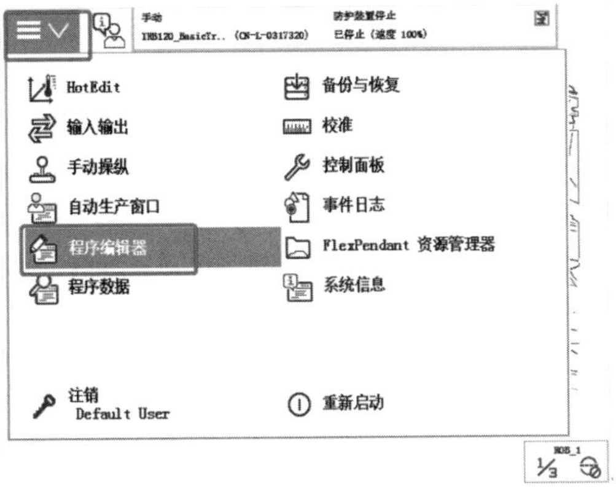

图 6　程序编辑器

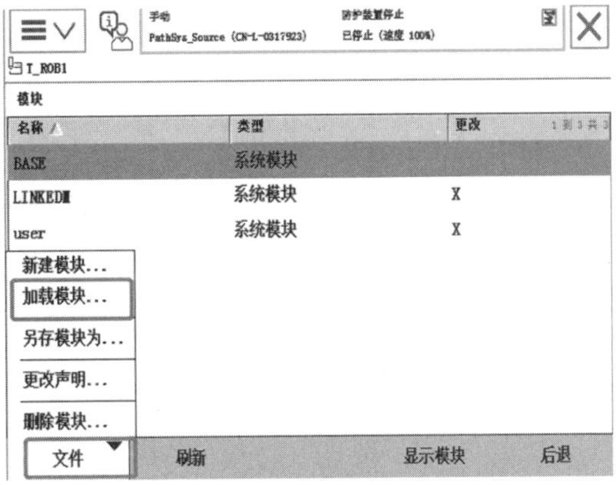

图 7　加载模块

步骤 5:选中“Module1”,单击“显示模块”,如图 8 所示。

步骤 6:单击“例行程序”,如图 9 所示。

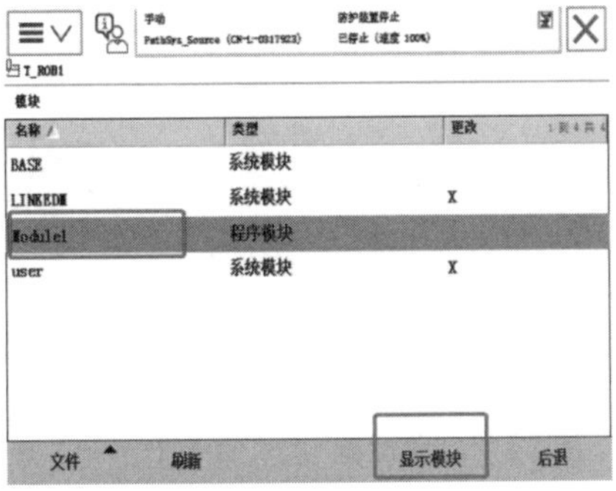

图 8　显示模块

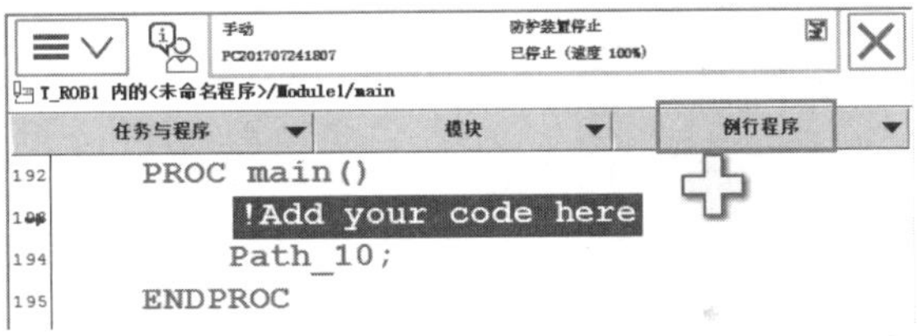

图 9　例行程序

步骤 7:选中“main( )”,单击“显示例行程序”,如图 10 所示。

步骤 8:单击触摸屏右下角的快捷键,选择第三个控件,接着选择“单周”,然后再单击一次快捷键即可关闭此弹出菜单,如图 11 所示。

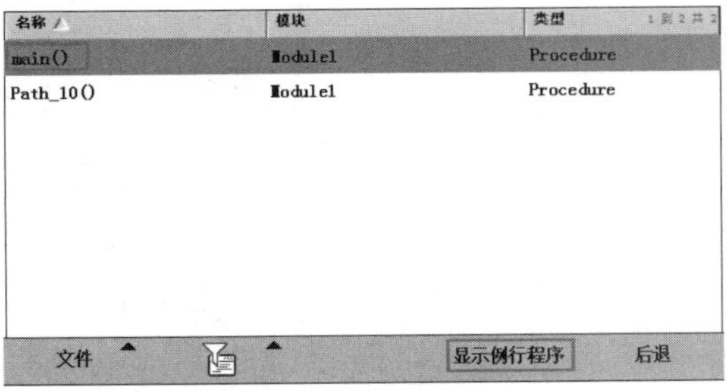

图 10　显示例行程序

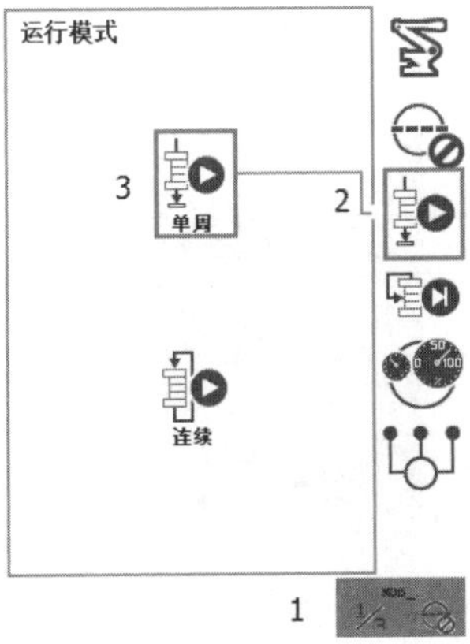

图 11　单周运行

步骤 9:单击“调试”菜单,选择“PP 移至 Main”命令,如图 12 所示;之后单击“启动开始”,进行程序整体调试,观察机器人运动是否满足要求。

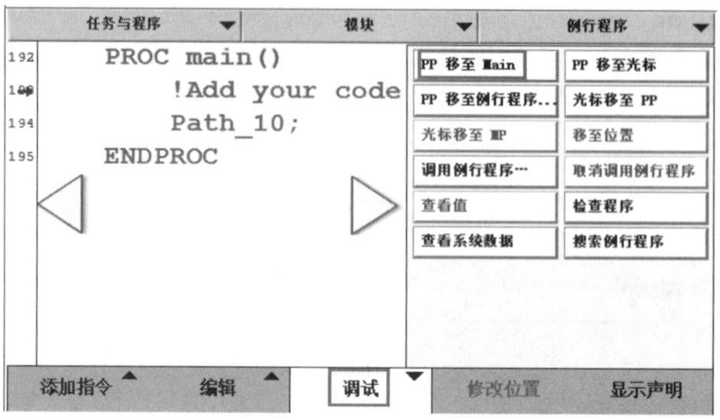

图 12　PP 移至 Main

步骤 10:在控制柜面板上通过钥匙将机器人切换至左侧的自动模式,如图 13 所示。

步骤 11:示教器屏幕会自动切换至自动生产窗口,单击“PP 移至 Main”,从主程序开始运行,如图 14 所示。

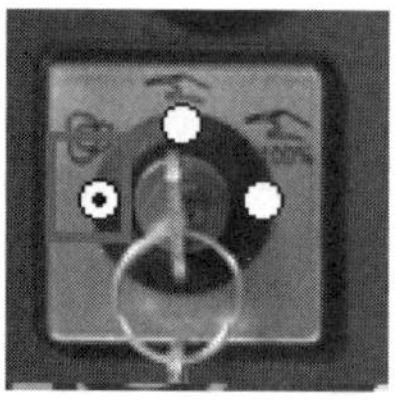

图 13　自动模式(框线内)

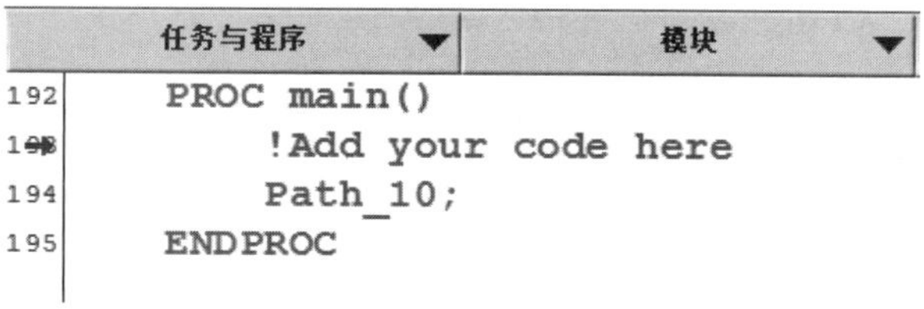

图 14　自动运行

步骤 12:按下控制柜面板上面的白色马达上电按钮,如图 15 所示。

步骤 13:首次自动运行,建议先将程序运行速度调低,运行没问题后再恢复至 100%速度运行;单击触摸屏右下角快捷键,在弹出的窗口中单击第五个控件,然后修改运行速度百分比为 25%,如图 16 所示。之后,启动程序,观察机器人运动是否满足要求。

图 15　马达上电

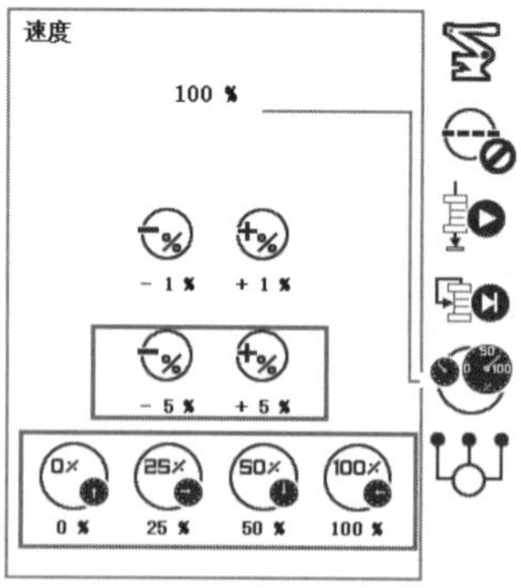

图 16　速度调试

步骤 14:关机。

(1)将工业机器人控制柜上的模式选择开关切换到手动模式。

（2）手动操作机器人返回到原点位置。
（3）按下示教器上的急停按钮。
（4）按下控制柜上的急停按钮。
（5）将示教器放置到指定位置。
（6）关闭控制柜上的电源开关。
（7）关闭气泵开关和供气阀门。
（8）关闭实训平台电源开关。
（9）整理机器人系统周边设备、电缆、工件等物品。

8. 实训问答

（1）简要写出程序选择的流程及步骤。

（2）自动运行时第一遍运行为什么采取低速运行？

9. 项目验收

将项目验收情况记在表 3 中。

表 3　项目验收报告

<table>
<tr><td>姓名</td><td colspan="2"></td><td>实施日期</td><td></td><td>分数</td><td></td></tr>
<tr><td>项目名称</td><td colspan="6">工业机器人工作站认识及自动运行</td></tr>
<tr><td rowspan="4">项目验收</td><td colspan="4">验收内容</td><td colspan="2">完成情况</td></tr>
<tr><td colspan="4">(1)说出工业机器人工作站各模块的名称</td><td colspan="2">□完成　□未完成</td></tr>
<tr><td colspan="4">(2)说出工业机器人工作站各模块的组成及功能</td><td colspan="2">□完成　□未完成</td></tr>
<tr><td colspan="4">(3)完成工业机器人工作站的自动运行</td><td colspan="2">□完成　□未完成</td></tr>
<tr><td rowspan="4">实训总结</td><td>实训过程</td><td colspan="5"></td></tr>
<tr><td>遇到问题</td><td colspan="5"></td></tr>
<tr><td>解决办法</td><td colspan="5"></td></tr>
<tr><td>心得体会</td><td colspan="5"></td></tr>
</table>

任务 1.2　工业机器人编程方式及典型应用

实训 2　工业机器人安装

1. 实训内容

按照技术文件的要求及安装规范，完成工业机器人本体的安装、控制柜及示教器的连接。

2. 实训目标

（1）能够正确选择工具对工业机器人本体进行安装。

（2）能够正确连接控制柜及示教器。

（3）能够正确安装快换工具。

3. 实训场所

机器人实训室。

4. 实训课时

2 课时。

5. 实训设备

实训设备及人员分组见表 1。

表 1　实训设备及人员分组

设备名称	数量/组	每组人数
工业机器人工作站	3	6

6. 实训准备

机械装配图、螺母、内六角螺栓、钢尺、内六角扳手、扭矩扳手、记号笔。

7. 实训步骤

步骤 1：工业机器人底座安装，详见表 2。

表 2　工业机器人底座安装

序号	操作步骤	图片示例
1	根据安装尺寸，依照基准对安装板安装尺寸进行画线，以左侧围栏内侧为基准线，在 830 mm 处画线	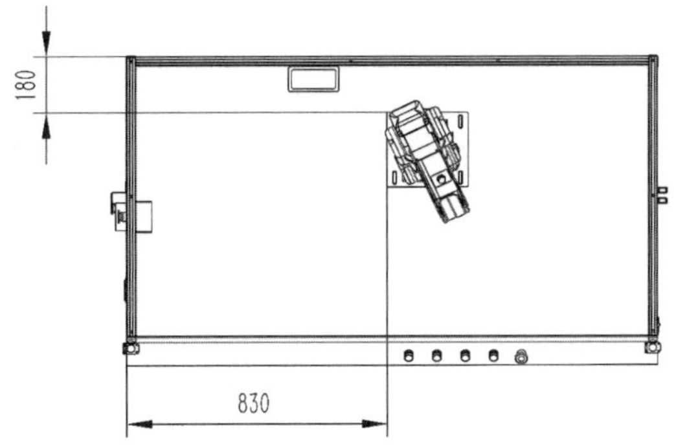

续表

序号	操作步骤	图片示例

2	根据安装尺寸，依照基准对安装板安装尺寸进行画线，以正面围栏内侧为基准线，在 180 mm 处画第二条线	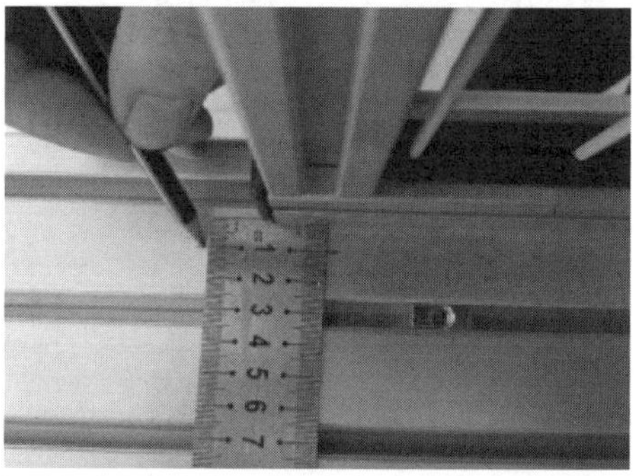
3	根据画线位置，进行安装板固定；使用 M8 × 30 螺栓对安装板进行固定；首先将螺栓插入第一个螺栓孔内	
4	插入对角螺栓，之后插入第三个和第四个螺栓，使用内六角扳手旋转螺栓，进行预紧。预紧时，注意对角预紧	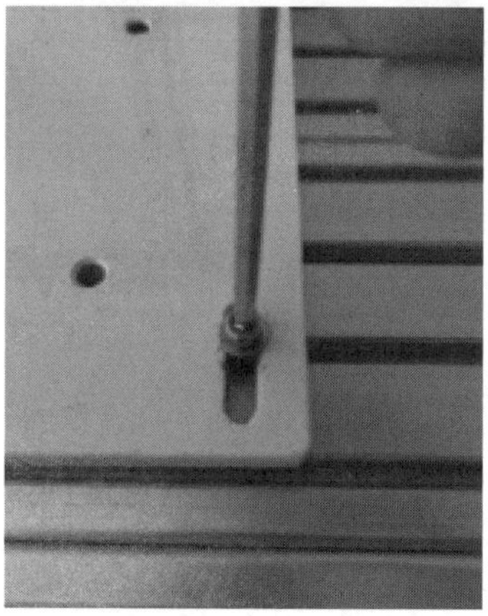

续表

序号	操作步骤	图片示例
5	待四个螺栓预紧完成，调整扭矩扳手扭矩为 10 N·m，使用扭矩扳手进行锁紧，锁紧时，仍然按照对角方向进行锁紧。当锁紧力矩到达预设力矩时，力矩扳手会咔咔响。所有螺丝锁紧完成后，使用力矩扳手进行检查。检查完成后，做好防松标记。安装板安装完成	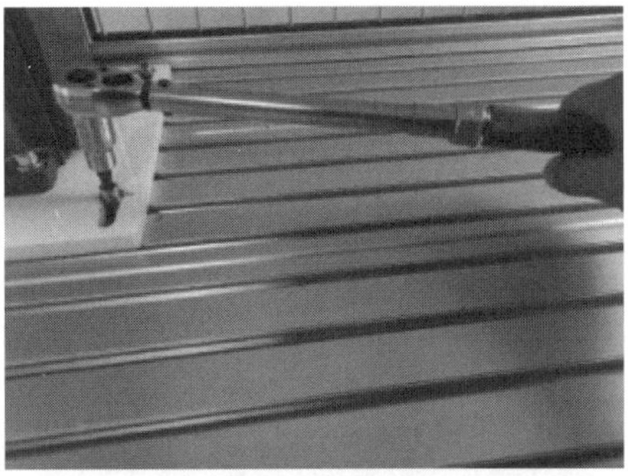
6	使用吊装工具按照吊装方法，将机器人本体吊装或两人合作将工业机器人本体放置到安装板上，调整机器人底座固定孔与机器人安装板孔对齐，将 M10 螺栓插入第一个螺栓孔	
7	插入对角螺栓，之后插入第三个和第四个螺栓，使用内六角扳手旋转螺栓进行预紧。预紧时，注意对角预紧	
8	待四个螺栓预紧完成，调整扭矩扳手扭矩为 25 N·m，使用扭矩扳手进行锁紧，锁紧时，仍然按照对角方向进行锁紧。当锁紧力矩到达预设力矩时，力矩扳手会咔咔响。所有螺丝锁紧完成后，使用力矩扳手进行检查。检查完成后，做好防松标记。机器人本体安装完成	

续表

序号	操作步骤	图片示例
10	调整快换工具方向，将快换工具安装孔与末端法兰安装孔对齐；根据机器人安装板安装经验，使用内六角扳手将快换工具固定在机器人末端法兰盘上，并将螺栓预紧	
11	调整扭矩扳手扭矩为 5 N·m，使用扭矩扳手进行锁紧，锁紧时，仍然按照对角方向进行锁紧。当锁紧力矩到达预设力矩时，力矩扳手会咔咔响。所有螺丝锁紧完成后，使用力矩扳手进行检查。检查完成后，做好防松标记。机器人快换工具安装完成	

步骤 2：机器人控制柜与本体连接，详见表 3。

表 3　机器人控制柜与本体连接

序号	操作步骤	图片示例
1	手持电缆的航空插头，插入机器人控制柜电缆接口中，并紧固安装螺栓	
2	手持电缆的航空插头，插入到机器人本体电缆接口中	

续表

序号	操作步骤	图片示例
3	紧固本体接口的安装螺栓	

步骤 3:控制柜与示教器电缆连接,详见表 4。

表 4　控制柜与示教器电缆连接

序号	操作步骤	图片示例
1	找到控制柜上的示教器电缆接口 XS4	
2	手持示教器电缆,对准控制柜电缆接口插入,顺时针紧固电缆接头	
3	示教器的连接电缆连接到控制柜	

8. 实训问答

（1）机器人本体安装时需要哪些工具？

（2）简述工业机器人本体安装的步骤。

（3）简述示教器电缆的连接过程。

9. 项目验收

将项目验收情况记在表 5 中。

表 5　项目验收报告

<table>
<tr><td>姓名</td><td></td><td>实施日期</td><td></td><td>分数</td><td></td></tr>
<tr><td>项目名称</td><td colspan="5">工业机器人安装</td></tr>
<tr><td rowspan="4">项目验收</td><td colspan="3">验收内容</td><td colspan="2">完成情况</td></tr>
<tr><td colspan="3">（1）工业机器人本体安装准确</td><td colspan="2">□完成　□未完成</td></tr>
<tr><td colspan="3">（2）工业机器人控制柜与本体连接正确</td><td colspan="2">□完成　□未完成</td></tr>
<tr><td colspan="3">（3）工业机器人示教器连接正确</td><td colspan="2">□完成　□未完成</td></tr>
<tr><td rowspan="4">实训总结</td><td>实训过程</td><td colspan="4"></td></tr>
<tr><td>遇到问题</td><td colspan="4"></td></tr>
<tr><td>解决办法</td><td colspan="4"></td></tr>
<tr><td>心得体会</td><td colspan="4"></td></tr>
</table>

项目 2

工业机器人手动操纵

任务 2.1　坐标系认识及操作安全注意事项

实训 1　工业机器人安全操作

1. 实训内容

掌握工业机器人安全操作注意事项,掌握安全帽等防护用品的穿戴方法。

2. 实训要求

(1)遵守实训室安全规范,严格按要求进行实训。

(2)能收集、分析、整理工业机器人安全操作注意事项。

(3)能通过查阅资料完成安全帽正确穿戴。

3. 实训目标

(1)掌握工业机器人安全操作注意事项。

(2)能正确穿戴安全帽。

(3)能正确处理机器人紧急情况。

4. 实训场所

机器人实训室。

5. 实训课时

2 课时。

6. 实训设备

实训设备及人员分组见表 1。

表 1　实训设备及人员分组

设备名称	数量/组	每组人数
工业机器人工作站	3	6

7. 实训步骤

步骤 1:搜集资料并整理工业机器人安全操作注意事项,填入表 2 中(注:表格可扩展)。

表 2　工业机器人安全操作注意事项

序号	内容

步骤 2:搜索并观看安全帽正确穿戴教学视频,整理注意事项,填写表 3。

表 3　安全帽正确穿戴步骤及说明

步骤	操作说明	关键点

步骤 3:一人穿戴安全帽,另一人检查是否正确,然后换人操作互相检查。

步骤 4:交流汇报实训收获。

8. 实训问答

(1)说出工业机器人的安全操作事项,要求不少于三条。

(2)总结安全帽的正确穿戴流程。

9. 项目验收

将项目验收情况记在表 4 中。

表 4　项目验收报告

<table>
<tr><td>姓名</td><td></td><td>实施日期</td><td></td><td>分数</td><td></td></tr>
<tr><td>项目名称</td><td colspan="5">工业机器人安全操作</td></tr>
<tr><td rowspan="4">项目验收</td><td colspan="3">验收内容</td><td colspan="2">完成情况</td></tr>
<tr><td colspan="3">(1)搜集资料并列表整理工业机器人安全操作注意事项</td><td colspan="2">□完成　□未完成</td></tr>
<tr><td colspan="3">(2)正确穿戴安全帽</td><td colspan="2">□完成　□未完成</td></tr>
<tr><td colspan="3">(3)衣着整齐规范,遵守操作规程,讲文明礼貌,操作结束要清理现场</td><td colspan="2">□完成　□未完成</td></tr>
<tr><td rowspan="4">实训总结</td><td>实训过程</td><td colspan="4"></td></tr>
<tr><td>遇到问题</td><td colspan="4"></td></tr>
<tr><td>解决办法</td><td colspan="4"></td></tr>
<tr><td>心得体会</td><td colspan="4"></td></tr>
</table>

任务 2.2　手动操纵工业机器人

实训 2　关节轴运动范围测定

1. 实训内容

购买的工业机器人在收到货后，要完成性能测试及验收。本实训中我们要完成工业机器人各轴运动范围的测定。

2. 实训要求

（1）在关节坐标系下手动操作工业机器人各轴，记录下各轴的最大运动范围。

（2）有的轴已经安装了设备，在转动各轴时要保证设备不被损坏。

3. 实训目标

（1）掌握工业机器人各轴移动的方法。

（2）测量各轴的运动范围并记录在表格中。

4. 实训场所

机器人实训室。

5. 实训课时

2 课时。

6. 实训设备

实训设备及人员分组见表 1。

表 1　实训设备及人员分组

设备名称	数量/组	每组人数
工业机器人工作站	3	6

7. 实训步骤

步骤 1：开机上电。

步骤 2：动作模式选择“单轴运动”，首先选择“轴 1-3”，将各轴的最大运动范围填入表 2 中。

步骤 3：选择“轴 4-6”，将各轴的最大运动范围填入表 2 中。

表 2　各轴的最大运动范围

轴号	最大值	最小值	备注
轴 1			
轴 2			
轴 3			
轴 4			
轴 5			
轴 6			

8. 实训问答

（1）简要写出操作杆操作幅度与轴移动速度的关系。

（2）简要写出关机的步骤及流程。

9. 项目验收

将项目验收情况记在表 3 中。

表 3　项目验收报告

<table>
<tr><td>姓名</td><td colspan="2"></td><td>实施日期</td><td></td><td>分数</td><td></td></tr>
<tr><td>项目名称</td><td colspan="6">关节轴运动范围测定</td></tr>
<tr><td rowspan="3">项目验收</td><td colspan="4">验收内容</td><td colspan="2">完成情况</td></tr>
<tr><td colspan="4">(1)完成轴 1-3 运动范围的测量</td><td colspan="2">□完成　□未完成</td></tr>
<tr><td colspan="4">(2)完成轴 4-6 运动范围的测量</td><td colspan="2">□完成　□未完成</td></tr>
<tr><td rowspan="4">实训总结</td><td>实训过程</td><td colspan="5"></td></tr>
<tr><td>遇到问题</td><td colspan="5"></td></tr>
<tr><td>解决办法</td><td colspan="5"></td></tr>
<tr><td>心得体会</td><td colspan="5"></td></tr>
</table>

实训 3　矩形描绘

1. 实训内容

在项目应用中,需要根据实际情况线性操纵工业机器人移动。本实训中我们要手动操作工业机器人完成矩形图案(图 1)的描绘。

图 1　矩形图案

2. 实训要求

(1)选择合适的坐标系。

(2)线性操纵工业机器人沿着矩形轨迹描绘图案。

(3)描绘的轨迹连续、完整、清晰、美观。

3. 实训目标

(1)掌握工业机器人线性运动手动操纵的方法。

(2)在线性运动的情况下,掌握各轴线性移动机器人的正负方向。

(3)能够熟练地操纵工业机器人做线性运动,准确操纵机器人描绘图案。

4. 实训场所

机器人实训室。

5. 实训课时

2 课时。

6. 实训设备

实训设备及人员分组见表 1。

表 1　实训设备及人员分组

设备名称	数量/组	每组人数
工业机器人工作站	3	6

7. 实训步骤

步骤 1:开机上电。

步骤 2:将要描绘的图案固定在工作台的相应位置。

步骤 3:动作模式选择“线性”。

步骤 4:单击“工具坐标”,机器人的线性运动要在工具坐标中指定对应的工具。

步骤 5:操纵工业机器人开始描绘,记录描绘时间。

步骤 6:完成描绘图形后,填写表 2。

表 2　完成情况评价

小组成员	完成情况打分(满分 100)	用时

8. 实训问答

(1)什么是线性运动方式?

(2)简述操纵工业机器人做线性运动的流程及注意事项。

9. 项目验收

将项目验收情况记在表 3 中。

表 3　项目验收报告

<table>
<tr><td>姓名</td><td colspan="2"></td><td>实施日期</td><td></td><td>分数</td><td></td></tr>
<tr><td>项目名称</td><td colspan="6">矩形描绘</td></tr>
<tr><td rowspan="4">项目验收</td><td colspan="4">验收内容</td><td colspan="2">完成情况</td></tr>
<tr><td colspan="4">（1）线性操纵工业机器人方向准确</td><td colspan="2">□完成　□未完成</td></tr>
<tr><td colspan="4">（2）熟练操纵工业机器人</td><td colspan="2">□完成　□未完成</td></tr>
<tr><td colspan="4">（3）描绘几何图形轨迹精确</td><td colspan="2">□完成　□未完成</td></tr>
<tr><td rowspan="4">实训总结</td><td>实训过程</td><td colspan="5"></td></tr>
<tr><td>遇到问题</td><td colspan="5"></td></tr>
<tr><td>解决办法</td><td colspan="5"></td></tr>
<tr><td>心得体会</td><td colspan="5"></td></tr>
</table>

实训4　五角星描绘

1. 实训内容

在项目应用中,需要根据实际情况调整机器人的姿态沿着斜线运动。本项目我们要手动操纵工业机器人完成五角星图案的描绘,如图1所示。

图1　五角星图案

2. 实训要求

(1)选择合适的坐标系,调整工业机器人的姿态。

(2)线性操纵工业机器人沿着五角星轨迹描绘图案。

(3)描绘的轨迹连续、完整、清晰、美观。

3. 实训目标

(1)掌握工业机器人手动重定位移动的方法。

(2)在手动重定位运动的情况下,掌握各轴旋转机器人的方向。

(3)能够熟练操纵工业机器人做手动重定位运动,准确操纵机器人描绘图案。

4. 实训场所

机器人实训室。

5. 实训课时

2课时。

6. 实训设备

实训设备及人员分组见表1。

表1　实训设备及人员分组

设备名称	数量/组	每组人数
工业机器人工作站	3	6

7. 实训步骤

步骤1:开机上电。

步骤2:将要描绘的图案固定在工作台的相应位置。

步骤3:单击“工具坐标”,机器人的线性运动要在工具坐标中指定对应的工具。

步骤4:在描绘斜线时,首先调整工业机器人的姿态,使工具坐标系的 X 轴或 Y 轴的方向与斜线相平行,动作模式选择“线性”。

步骤5:操纵工业机器人开始描绘,记录描绘时间。

步骤 6:完成描绘图形后,填写表 2。

表 2　完成情况评价

小组成员	完成情况打分(满分 100)	用时

8. 实训问答

(1)什么是手动重定位?

(2)简述手动重定位调整工业机器人姿态的方法。

9. 项目验收

将项目验收情况记在表 3 中。

表 3　项目验收报告

<table>
<tr><td>姓名</td><td></td><td>实施日期</td><td></td><td>分数</td><td></td></tr>
<tr><td>项目名称</td><td colspan="5">五角星描绘</td></tr>
<tr><td rowspan="4">项目验收</td><td colspan="3">验收内容</td><td colspan="2">完成情况</td></tr>
<tr><td colspan="3">(1)手动重定位工业机器人方向准确</td><td colspan="2">□完成　□未完成</td></tr>
<tr><td colspan="3">(2)熟练操纵工业机器人</td><td colspan="2">□完成　□未完成</td></tr>
<tr><td colspan="3">(3)描绘几何图形轨迹精确</td><td colspan="2">□完成　□未完成</td></tr>
<tr><td rowspan="4">实训总结</td><td>实训过程</td><td colspan="4"></td></tr>
<tr><td>遇到问题</td><td colspan="4"></td></tr>
<tr><td>解决办法</td><td colspan="4"></td></tr>
<tr><td>心得体会</td><td colspan="4"></td></tr>
</table>

实训 5　“山”字轨迹描绘

1. 实训内容

使用合理的运动方式来手动操纵工业机器人，描绘“山”字的轨迹（图 1）。

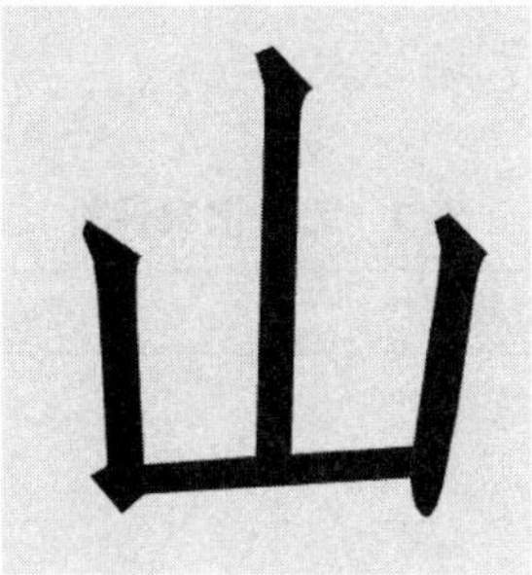

图 1　“山”字轨迹

2. 实训要求

（1）手动操作机器人，在 20 min 内完成“山”字轨迹的描绘。

（2）机器人运行速度百分比不超过 20%。

（3）笔尖与纸张保持垂直的姿态。

（4）描绘的“山”字轨迹连续、完整、清晰、美观。

3. 实训目标

（1）掌握机器人手动操作注意事项。

（2）掌握机器人手动操作的方式与方法。

（3）掌握机器人快捷菜单的使用方法。

（4）熟练手动操作机器人。

（5）熟悉掌握机器人在各坐标系下的运动方向。

4. 实训场所

机器人实训室。

5. 实训课时

4 课时。

6. 实训设备

实训设备及人员分组见表 1。

表 1　实训设备及人员分组

设备名称	数量/组	每组人数
工业机器人工作站	1	2

7. 实训步骤

步骤 1：按照两人一组分组，配合完成。

步骤 2:将要描绘的字体固定在工作台的相应位置。

步骤 3:老师选取一名同学计时。

步骤 4:计时开始,第一位同学描绘外部模型,在第一位同学描绘完成后,第二位同学开始描绘内部图形,描绘完成后停止计时。

步骤 5:老师根据描绘用时和描绘质量评定分数。

步骤 6:评分。完成描绘图形后,填写表 2。

表 2　完成情况评价

小组成员	用时,评定分数	完成质量	总分

8. 实训问答

(1)斜线描绘有哪些注意事项?

(2)自己总结一下,如何做才能更快完成图形描绘。

9. 项目验收

将项目验收情况记在表 3 中。

表 3　项目验收报告

<table>
<tr><td>姓名</td><td></td><td>实施日期</td><td></td><td>分数</td><td></td></tr>
<tr><td>项目名称</td><td colspan="5">“山”字轨迹描绘</td></tr>
<tr><td rowspan="5">项目验收</td><td colspan="3">验收内容</td><td colspan="2">完成情况</td></tr>
<tr><td colspan="3">（1）20 min 内完成“山”字轨迹的描绘</td><td colspan="2">□完成　□未完成</td></tr>
<tr><td colspan="3">（2）机器人运行速度百分比不超过 20%</td><td colspan="2">□完成　□未完成</td></tr>
<tr><td colspan="3">（3）笔尖与纸张保持垂直的姿态</td><td colspan="2">□完成　□未完成</td></tr>
<tr><td colspan="3">（4）“山”字轨迹连续、完整、清晰、美观</td><td colspan="2">□完成　□未完成</td></tr>
<tr><td rowspan="4">实训总结</td><td>实训过程</td><td colspan="4"></td></tr>
<tr><td>遇到问题</td><td colspan="4"></td></tr>
<tr><td>解决办法</td><td colspan="4"></td></tr>
<tr><td>心得体会</td><td colspan="4"></td></tr>
</table>

项目 3

工业机器人涂胶应用

任务 3.1　简单轨迹的涂胶编程

实训 1　小车模型直线涂胶编程

1. 实训内容

根据任务 6.1 的流程及方法，继续完成小车模型直线涂胶的程序编写。

图 1　小车模型

2. 实训目标

（1）掌握基本指令 MoveL、MoveJ 的创建方法。

（2）掌握基本指令 MoveL、MoveJ 的使用方法。

（3）掌握机器人示教编程的方法及流程。

（4）能够正确调试机器人的轨迹并适当修改参数。

（5）能够自动运行机器人。

3. 实训场所

机器人实训室。

4. 实训课时

4 课时。

5. 实训设备

实训设备及人员分组见表 1。

表 1　实训设备及人员分组

设备名称	数量/组	每组人数
ABB 机器人工作站	1	4

6. 实训步骤

步骤 1：回顾直线运动指令 MoveL 和关节运动指令 MoveJ 的参数含义。

步骤 2：新建名称为“zhixiantujiao”的程序。

步骤 3：完成直线涂胶轨迹规划，并将关键点位及代表的意义写在下面。

步骤 4：根据规划的轨迹完成涂胶程序的创建，注意运动指令的选择、速度的设置、转弯区半径的设置。

步骤 5：先手动单步调试，再手动连续调试，最后自动运行。

7. 实训问答

（1）简述线性运动指令 MoveL 和关节运动指令 MoveJ 的定义，并写出它们的不同点。

（2）写出程序语句“MoveL p1，v50，z0，tool1\Wobj:=wobj1”中每个参数代表的含义。

（3）简单写出示教器中程序创建的步骤。

8. 项目验收

将项目验收情况记在表2中。

表2　项目验收报告

<table>
<tr><td>姓名</td><td></td><td>实施日期</td><td></td></tr>
<tr><td>项目名称</td><td colspan="3">小车模型直线涂胶编程</td></tr>
<tr><td rowspan="4">项目验收</td><td colspan="2">验收内容</td><td>完成情况</td></tr>
<tr><td colspan="2">(1)完成程序的创建</td><td>□完成　□未完成</td></tr>
<tr><td colspan="2">(2)完成轨迹的规划</td><td>□完成　□未完成</td></tr>
<tr><td colspan="2">(3)完成程序修改及优化</td><td>□完成　□未完成</td></tr>
<tr><td rowspan="4">实训总结</td><td>实训过程</td><td colspan="2"></td></tr>
<tr><td>遇到问题</td><td colspan="2"></td></tr>
<tr><td>解决办法</td><td colspan="2"></td></tr>
<tr><td>心得体会</td><td colspan="2"></td></tr>
</table>

任务 3.2　工业机器人涂胶轨迹创建

实训 2　斜面曲线图形绘图编程

1. 实训内容

完成工业机器人斜面曲线图形的绘图编程，选择其中一个图形（图 1）完成图形的描绘（也可以由学生自己创造曲线图形）。

图 1　曲线图形

2. 实训目标

（1）掌握基本指令 MoveC 的创建方法。

（2）掌握基本指令 MoveC 的使用方法。

（3）掌握机器人示教编程的方法及流程。

（4）能够正确调试机器人的轨迹并适当修改参数。

（5）能够自动运行机器人。

3. 实训场所

机器人实训室。

4. 实训课时

6 课时。

5. 实训设备

实训设备及人员分组见表 1。

表 1　实训设备及人员分组

设备名称	数量/组	每组人数
ABB 机器人工作站	1	4

6. 实训步骤

步骤 1:小组讨论:什么是线性运动指令 MoveC,写出其指令结构。

步骤 2:完成平面图形示教编程,如图 1 所示。

步骤 2:新建名称为"quxianmiaohui"的程序。

步骤 3:完成曲线描绘轨迹规划,并将关键点位标注在图 1 上。

步骤 4:根据规划的轨迹完成程序的创建,注意运动指令的选择、速度的设置、转弯区半径的设置。

步骤 5:先手动单步调试,再手动连续调试,最后自动运行。

7. 实训问答

(1)什么是线性运动指令 MoveC?

(2)写出程序语句"MoveC p1, p2, v50, z0, tool1\Wobj: =wobj1"中每个参数代表的含义。

8. 项目验收

将项目验收情况记在表 2 中。

表 2　项目验收报告

<table>
<tr><td>姓名</td><td colspan="2"></td><td>实施日期</td><td></td></tr>
<tr><td>项目名称</td><td colspan="4">斜面曲线图形绘图编程</td></tr>
<tr><td rowspan="5">项目验收</td><td colspan="3">验收内容</td><td>完成情况</td></tr>
<tr><td colspan="3">(1)掌握基本运动指令 MoveC 的用法</td><td>□完成　□未完成</td></tr>
<tr><td colspan="3">(2)完成运动轨迹规划</td><td>□完成　□未完成</td></tr>
<tr><td colspan="3">(3)完成程序参数修改及轨迹优化</td><td>□完成　□未完成</td></tr>
<tr><td colspan="3">(4)完成曲线图形的绘图编程</td><td>□完成　□未完成</td></tr>
<tr><td rowspan="4">实训总结</td><td>实训过程</td><td colspan="3"></td></tr>
<tr><td>遇到问题</td><td colspan="3"></td></tr>
<tr><td>解决办法</td><td colspan="3"></td></tr>
<tr><td>心得体会</td><td colspan="3"></td></tr>
</table>

项目 4

工业机器人搬运应用

任务 4.1 料块搬运编程

实训 1 料块码垛搬运

1. 实训内容

完成工业机器人料块码垛搬运编程。手动安装夹爪工具到工业机器人第六轴的法兰盘上,通过编程使工业机器人分别将 A、B、C 处的料块码垛到 A1、B1、C1 处,如图 1 所示。

2. 实训要求

(1)完成码垛搬运轨迹规划。

(2)码垛过程中工业机器人姿态和轨迹要合适,中间搬运过程中不能出现卡顿现象。

(3)三个料块的码垛时间不超过 20 s。

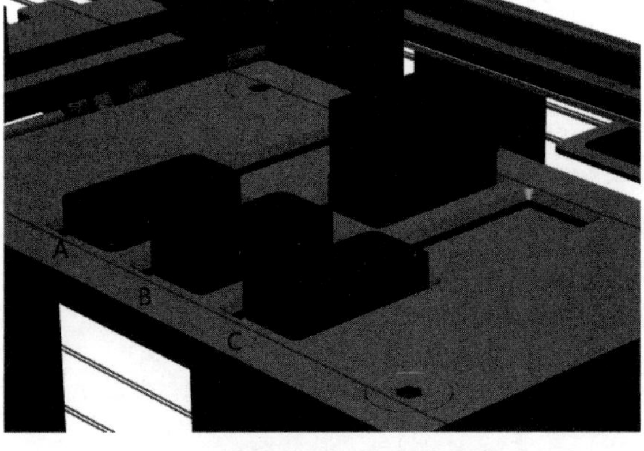

图 1 电机装配完成后的状态

3. 实训目标

（1）掌握搬运点位的轨迹规划。

（2）掌握搬运程序的创建流程及方法。

（3）能够准确示教搬运点位。

（4）能够调试程序，实现控制功能。

4. 实训场所

机器人实训室。

5. 实训课时

4 课时。

6. 实训设备

实训设备及人员分组见表 1。

表 1 实训设备及人员分组

设备名称	数量/组	每组人数
工业机器人工作站	3	6

7. 实训步骤

步骤 1：完成搬运点位的轨迹规划。

步骤 2：写出运动轨迹规划过程中必须要用 MoveL 指令的轨迹。

步骤 3：创建名称为“maduo_自己名字”的程序。

步骤 4：按照教材任务 3.1 创建程序。

步骤 5：优化轨迹。优化码垛轨迹，在不与外围设备发生碰撞的情况下，力求码垛轨迹最短。

步骤 6：优化参数。程序编写完成后要对参数进行优化，以保证轨迹运行流畅。

步骤 7：先手动运行，确认程序及轨迹无误后再自动运行。

提示：当 DO03 为 1 时，控制吸盘吸附；当 DO03 为 0 时，控制吸盘释放。

8. 实训问答

（1）搬运轨迹规划至少包含几个点？每个点的名称是什么？

（2）搬运示教点位时，先示教抓取点还是先示教接近点？

（3）抓取点或者放置点的转弯区数据为 z10 可以吗？

9. 项目验收

将项目验收情况记在表 2 中。

表 2　项目验收报告

<table>
<tr><td>姓名</td><td></td><td>实施日期</td><td></td><td>分数</td><td></td></tr>
<tr><td>项目名称</td><td colspan="5">料块码垛搬运</td></tr>
<tr><td rowspan="4">项目验收</td><td colspan="3">验收内容</td><td colspan="2">完成情况</td></tr>
<tr><td colspan="3">(1)说出码垛轨迹规划</td><td colspan="2">□完成　□未完成</td></tr>
<tr><td colspan="3">(2)完成料块码垛程序创建</td><td colspan="2">□完成　□未完成</td></tr>
<tr><td colspan="3">(3)完成料块码垛轨迹及参数的优化,实现控制功能</td><td colspan="2">□完成　□未完成</td></tr>
<tr><td rowspan="4">实训总结</td><td>实训过程</td><td colspan="4"></td></tr>
<tr><td>遇到问题</td><td colspan="4"></td></tr>
<tr><td>解决办法</td><td colspan="4"></td></tr>
<tr><td>心得体会</td><td colspan="4"></td></tr>
</table>

任务 4.2　料块出入库搬运编程

实训 2　料块出库码垛

1. 实训内容

根据任务 4.2 的方法及流程继续完成其余五个料块的出库与码垛任务，码垛的垛型如图 1 所示。

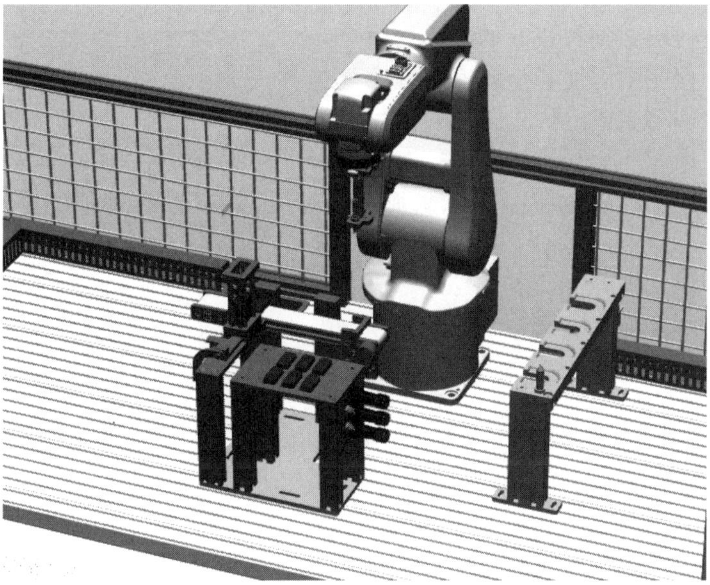

图 1　码垛垛型

2. 实训要求

(1)用吸盘完成五个料块的码垛。

(2)抓取位置要精确，工业机器人姿态要合理，码垛时间不超过 50 s。

(3)完善轨迹，避免在工业机器人运行时出现中间过渡点的停顿。

3. 实训目标

(1)掌握气缸及直流电机的控制方法。

(2)能够编写工业机器人搬运程序。

(3)能够优化搬运轨迹。

4. 实训场所

机器人实训室。

5. 实训课时

4 课时。

6. 实训设备

实训设备及人员分组如表1所示。

表1 实训设备及人员分组

设备名称	数量/组	每组人数
工业机器人工作站	3	6

7. 实训步骤

步骤1:创建料块2的入库程序。

步骤2:创建料块3到料块6的入库程序。

步骤3:在主程序中添加各个入库子程序。

步骤4:程序编写完成后优化轨迹并调试运行。

8. 实训问答

(1)料块2到料块6,除了分别示教搬运位置外,还有没有其他的办法来确定码垛的位置?

(2)轨迹优化的方法有哪些?

9. 项目验收

将项目验收情况记在表 2 中。

表 2　项目验收报告

<table>
<tr><td>姓名</td><td></td><td>实施日期</td><td></td><td>分数</td><td></td></tr>
<tr><td>项目名称</td><td colspan="5">料块出库码垛</td></tr>
<tr><td rowspan="4">项目验收</td><td colspan="3">验收内容</td><td colspan="2">完成情况</td></tr>
<tr><td colspan="3">（1）料块入库程序创建</td><td colspan="2">□完成　□未完成</td></tr>
<tr><td colspan="3">（2）主程序编写</td><td colspan="2">□完成　□未完成</td></tr>
<tr><td colspan="3">（3）搬运轨迹优化</td><td colspan="2">□完成　□未完成</td></tr>
<tr><td rowspan="4">实训总结</td><td>实训过程</td><td colspan="4"></td></tr>
<tr><td>遇到问题</td><td colspan="4"></td></tr>
<tr><td>解决办法</td><td colspan="4"></td></tr>
<tr><td>心得体会</td><td colspan="4"></td></tr>
</table>

拓展任务　工业机器人维护维修

实训 3　传送带故障检修

1. 实训内容

根据工业机器人工作站的电气原理图，排除传送带（图 1）无法启动的故障，完成电气故障检修。

2. 实训要求

（1）识读机器人工作站传送带电气控制图纸。

（2）查找传送带无法启动故障的原因并进行检修。

图 1　传送带

3. 实训目标

（1）能够识读传送带电气控制原理图。

（2）能够分析传送带无法启动故障的原因。

（3）能够使用万用表检测出故障位置。

4. 实训场所

机器人实训室。

5. 实训课时

2 课时。

6. 实训设备

实训设备及人员分组见表 1。

表 1　实训设备及人员分组

设备名称	数量/组	每组人数
工业机器人实训台	6	3
数字万用表	6	

7. 实训步骤

故障现象:主程序运行中,执行传送带启动指令后,传送带无动作。

在检修工作开始前,首先要准备测量工具万用表,做好安全防护措施,识读传送带电气控制原理图。传送带电气控制原理图如图 2 所示。

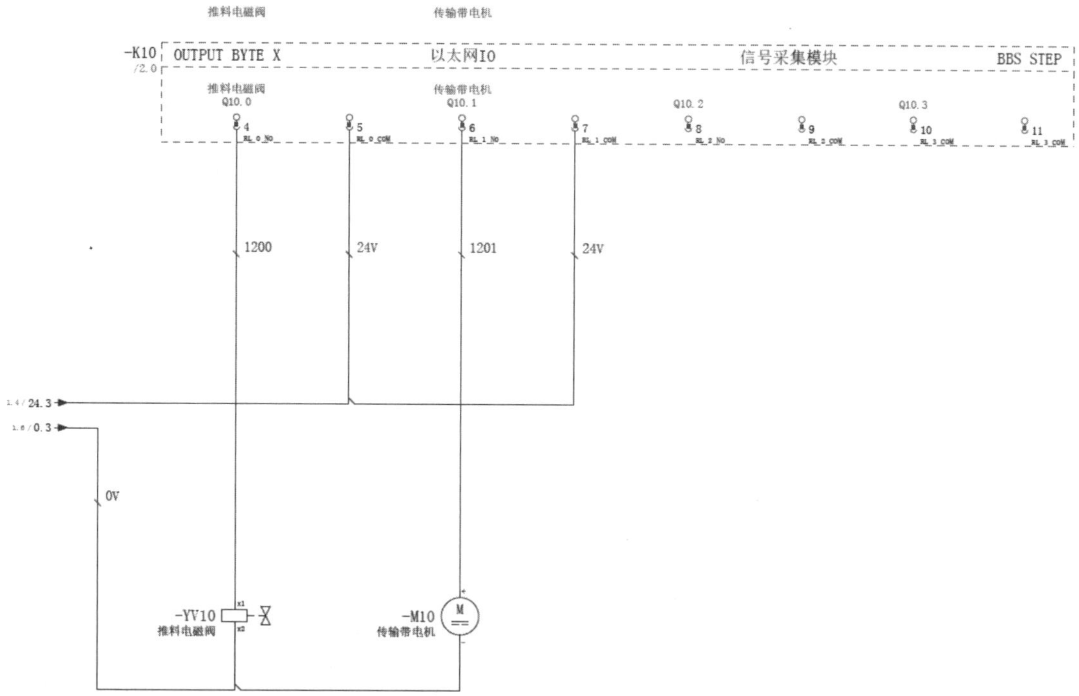

图 2 传送带电气控制原理图

根据老师的随堂讲解,简述传送带的电气控制原理,并写在下面。

步骤 1:通过示教器检查数字输出信号状态。启动工业机器人实训台,单击示教器左上角主菜单按钮,选择“输入输出”命令,打开“视图”菜单,选择“数字输出”命令,如图 3 所示。

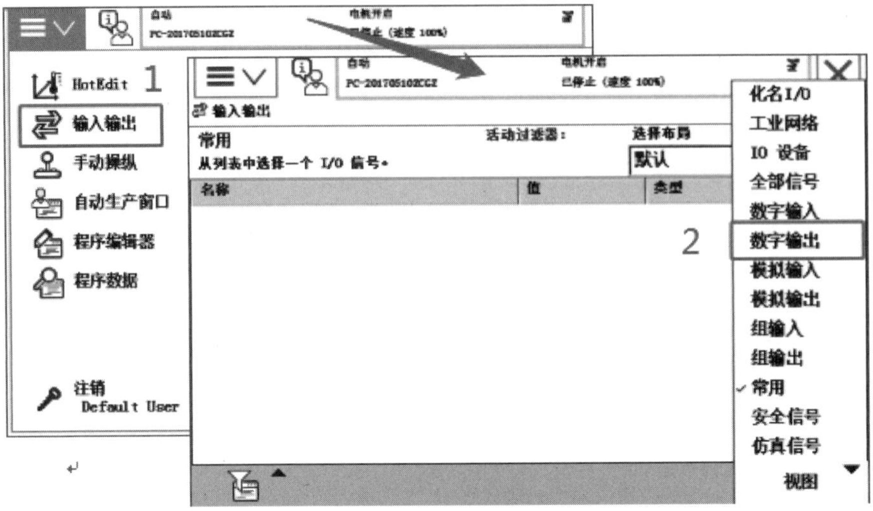

图 3　输入输出界面

步骤 2:检查数字输出信号 PN_DO21 是否为 1,如果信号值为 0,则将其置 1,如图 4 所示。

提示:数字输出信号 PN_DO21 控制传送带启动、停止。

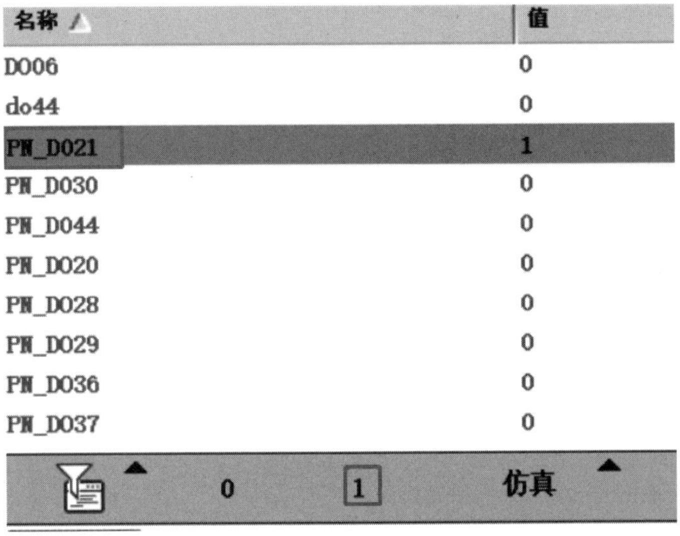

图 4　数字输出信号 PN_DO21 置 1

步骤 3:观察传送带是否动作,如果启动则再次执行程序;若未启动;则检查传送带故障原因(表 2)。

表 2　传送带故障原因

序号	故障可能的原因
1	工业机器人工作台控制柜断路器未闭合
2	控制传送带的继电器未吸合
3	传送带电源线断线

步骤 4:根据故障原因,依次查找故障位置。

(1)检查控制柜断路器是否闭合,如图 5 所示。

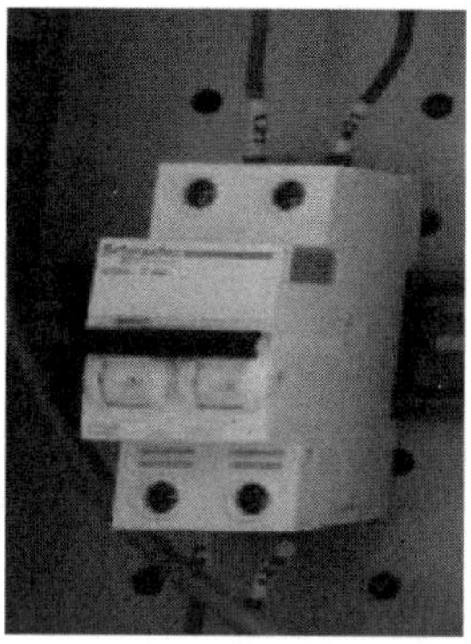
(a)开关闭合状态

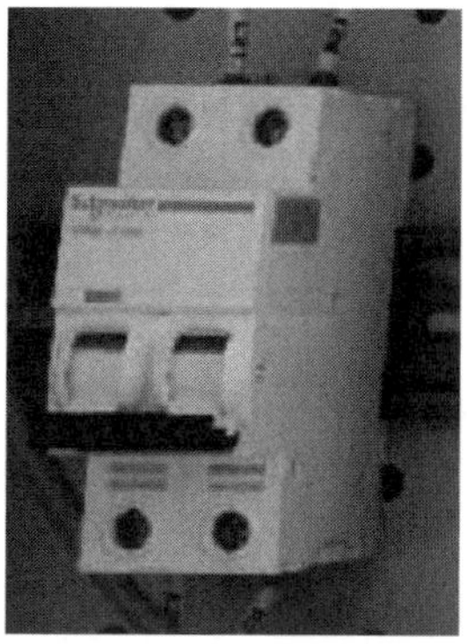
(b)开关断开状态

图 5　断路器状态

(2)检查操作盒面板上的开关是否闭合。

(3)检查传送带继电器是否正常通电,是否吸合。

(4)根据电气控制原理图,依次查找故障断线位置。

8. 实训问答

(1)简述可能造成传送带故障的原因。

(2)测量传送带是否有电压时,万用表选用什么挡位?检测控制柜电源进线是否有电压时,万用表选用什么挡位?

9. 项目验收

将项目验收情况记在表 3 中。

表 3　项目验收报告

<table>
<tr><td>姓名</td><td></td><td>实施日期</td><td></td><td>分数</td><td></td></tr>
<tr><td>项目名称</td><td colspan="5">传送带故障检修</td></tr>
<tr><td rowspan="4">项目验收</td><td colspan="3">验收内容</td><td colspan="2">完成情况</td></tr>
<tr><td colspan="3">（1）用万用表测量传送带线路通断情况</td><td colspan="2">□完成　□未完成</td></tr>
<tr><td colspan="3">（2）识读传送带电气控制原理图</td><td colspan="2">□完成　□未完成</td></tr>
<tr><td colspan="3">（3）分析传送带故障原因</td><td colspan="2">□完成　□未完成</td></tr>
<tr><td rowspan="4">实训总结</td><td>实训过程</td><td colspan="4"></td></tr>
<tr><td>遇到问题</td><td colspan="4"></td></tr>
<tr><td>解决办法</td><td colspan="4"></td></tr>
<tr><td>心得体会</td><td colspan="4"></td></tr>
</table>

实训 4　气缸故障检修

1. 实训内容

根据工业机器人实训台的气缸电气控制原理图及气缸气动原理图，排除气缸无动作及误动作的故障，完成工业机器人实训台的气缸故障检修。

2. 实训要求

（1）根据气缸电气控制原理图和气动原理图查找故障原因。

（2）排除气缸误动作及无动作故障。

3. 实训目标

（1）能够识读气缸电气控制原理图及气动原理图。

（2）能够分析气缸误动作和误动作故障的原因。

（3）能够使用万用表测量电磁阀通断情况，掌握电磁阀的工作原理。

4. 实训场所

机器人实训室。

5. 实训课时

2 课时。

6. 实训设备

实训设备及人员分组见表 1。

表 1　实训设备及人员分组

设备名称	数量/组	每组人数
工业机器人实训台	6	3
数字万用表	6	

7. 实训步骤

故障现象 1：当程序执行 Set PN_D020 语句后，气缸收缩；执行 Reset PN_D020 语句后，气缸伸出。（与正常置位情况不同）

故障现象 2：当程序执行 Set PN_D020 语句后，气缸未动作。

在检修工作开始前，首先要准备测量工具万用表，做好安全防护措施，识读气缸电气控制原理图（图 1）、气动原理图。

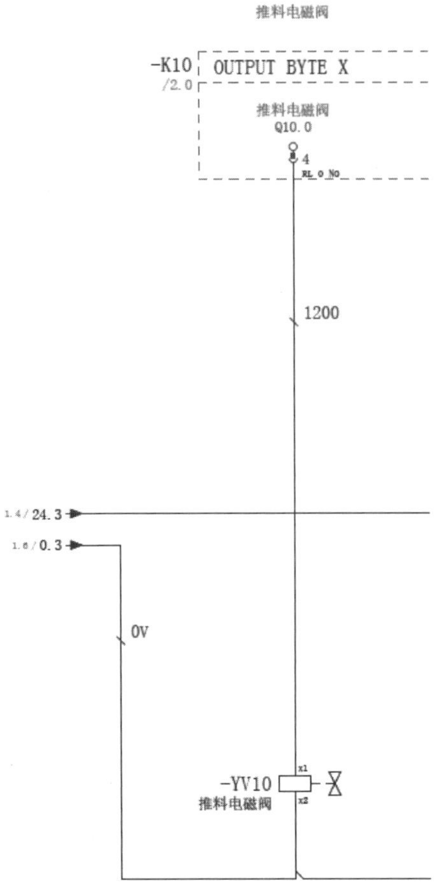

图 1　气缸电气控制原理图

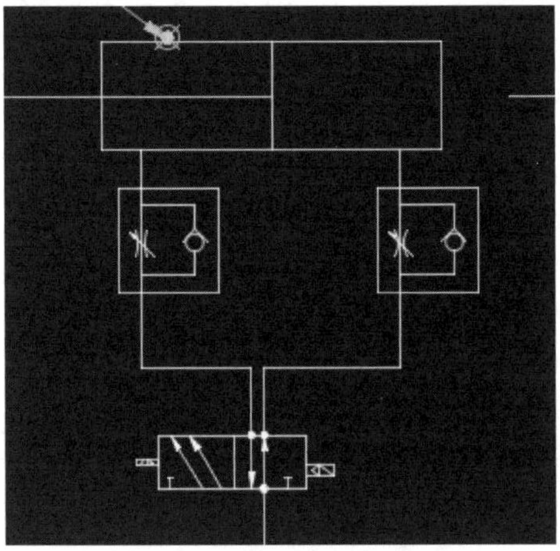

图 2　气缸气动原理图

根据老师的随堂讲解，简述气缸的电气控制原理及气动原理，并将控制原理写在下面。

步骤 1:通过示教器检查数字输出信号状态。启动智能制造实训台,通过示教器打开输入输出界面,选择“数字输出”命令,如图 3 所示。

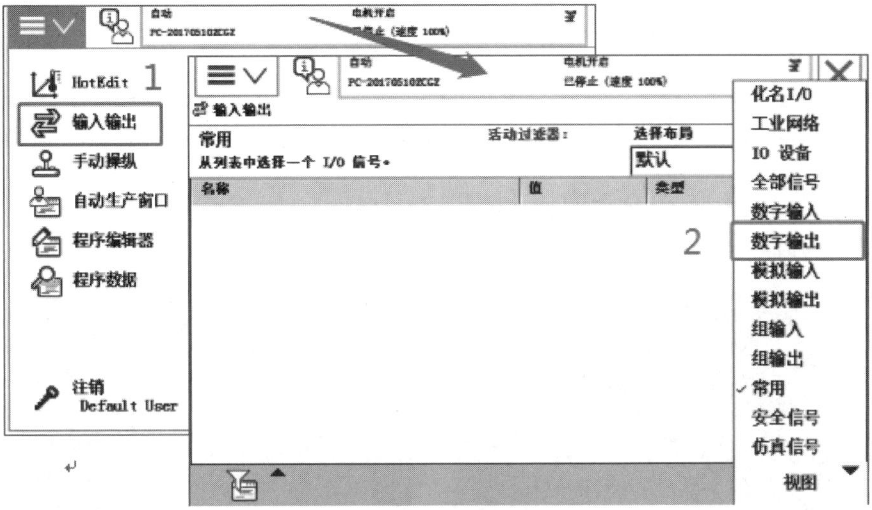

图 3　输入输出界面

步骤 2:检查数字输出信号 PN_DO20 是否为 1,如果信号值为 0,则将其置 1,如图 4 所示。

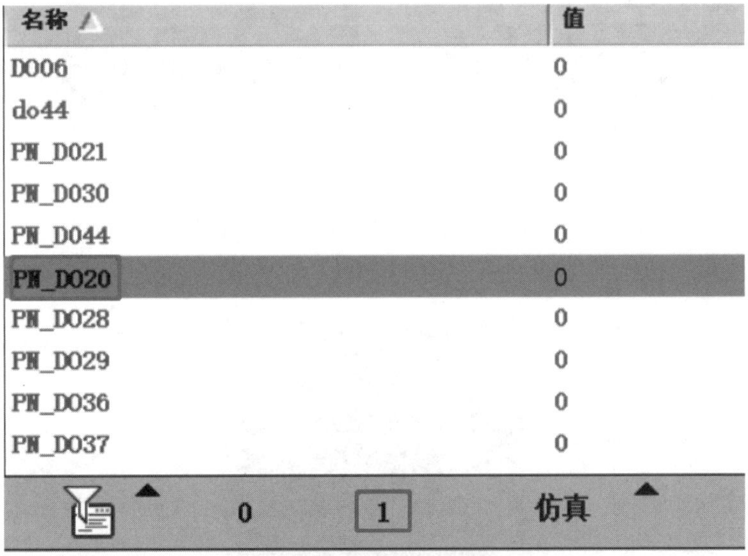

图 4　数字输出信号 PN_DO20 置 1

步骤 3:观察气缸是否动作,如果启动则执行程序,若未启动则检查气缸故障原因(表 2)。

表 3　气缸故障原因

序号	故障可能的原因
1	工业机器人工作台控制柜空气开关未闭合
2	空气压缩机未打开，二联件气压过低
3	电磁阀电源断线，电磁阀无动作
4	气管接线顺序颠倒导致信号置位不同

步骤 4：根据故障原因，依次查找故障位置。

（1）检查控制柜空气开关是否闭合，如图 5 所示。

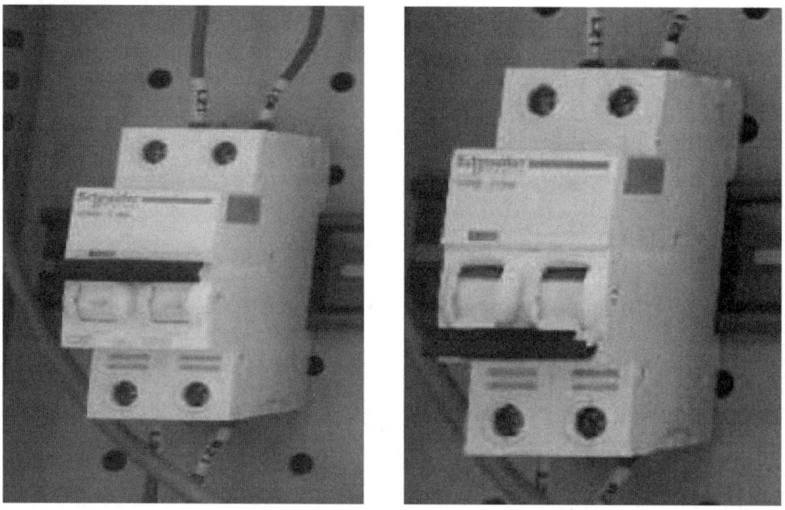

（a）开关闭合状态　　（b）开关断开状态

图 5　断路器状态

（2）检查空气压缩机是否打开，检查二联件气压是否正常。

①检查空气压缩机气压是否正常，如图 6 所示。

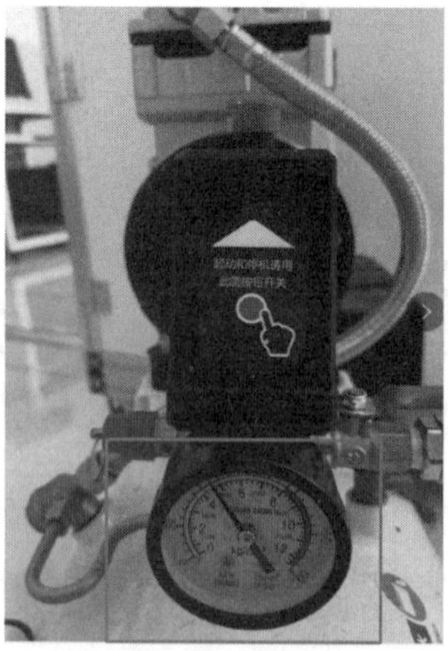

图 6　空气压缩机压力表

②检查空气压缩机按钮开关是否打开，如果未打开，则将按钮开关拔起，如图 7 所示。

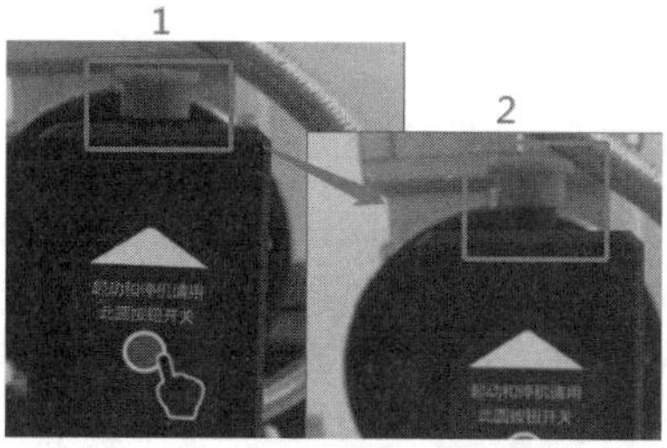

图 7　拔起按钮开关

③检查空气压缩机阀门是否打开，如果关闭则将阀门打开，如图 8 所示。

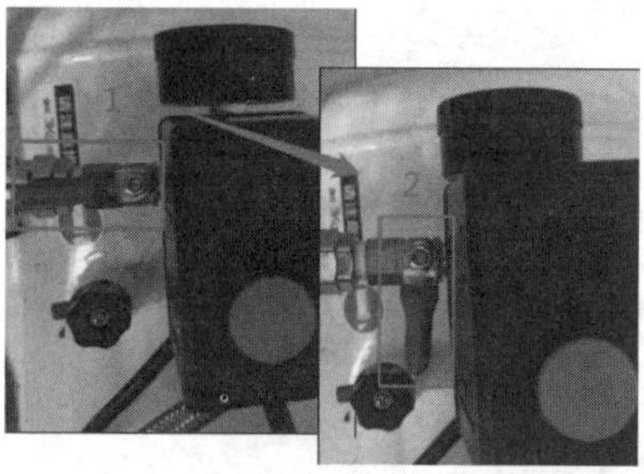

图 8　空气压缩机阀门开关

④检查二联件气压是否正常，如图 9 所示。

(a)二联件气压为 0　　(b)二联件气压正常

图 9　二联件气压表

(3)根据气缸电气控制原理图,检查电磁阀电源是否断线。

①检查气缸电源线是否断线。

②检查气缸气路是否断线。

(4)将电磁阀上的气管接线位置调换后,如图 10 所示,通过示教器置位气缸,检查置位信号是否正常。

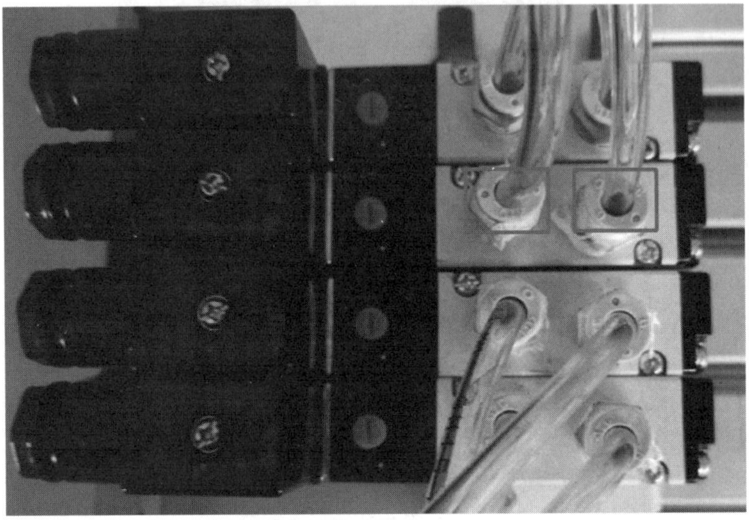

图 10　气缸气管接线

8. 实训问答

(1)电磁阀的电源为多少伏?使用万用表测量时打至什么挡位?

(2)智能制造实训台的工作气压为多少兆帕?二联件有哪些作用?

9. 项目验收

将项目验收情况记在表 2 中。

表 2　项目验收报告

姓名		实施日期		分数	
项目名称	气缸故障检测				
项目验收	验收内容			完成情况	
	（1）简述电磁阀工作原理			□完成　□未完成	
	（2）简述气缸工作原理			□完成　□未完成	
	（3）分析气缸故障原因			□完成　□未完成	
实训总结	实训过程				
	遇到问题				
	解决办法				
	心得体会				

项目 5

工业机器人装配应用

任务 5.1　快换程序创建

实训 1　夹爪工具取放

1. 实训内容

根据任务 5.1 的流程及方法,完成夹爪工具(图 1)的取放编程。

图 1　夹爪工具

2. 实训目标

(1)掌握工具快换程序的编程方法。

(2)巩固 MoveL、MoveJ 指令的使用。

(3)掌握 offs 指令的使用方法。

(4)巩固示教器的使用。

3. 实训场所

机器人实训室。

4. 实训课时

6 课时。

5. 实训设备

实训设备及人员分组见表 1。

表 1　实训设备及人员分组

设备名称	数量/组	每组人数
1+X 工业机器人操作与运维实训台	1	4

6. 实训步骤

步骤 1:回顾吸盘工具拿取与放回程序创建的步骤。

步骤 2:新建名称为“QJZ”与“FJZ”的程序。

步骤 3:完成 QJZ 与 FJZ 程序的示教编程。

步骤 4:先手动单步调试,再手动连续调试,最后自动运行。

7. 实训问答

(1)描述取放夹爪工具的路径规划。

(2)说明 Offs 指令各个参数的含义。

8. 项目验收

将项目验收情况记在表 2 中。

表 2　项目验收报告

<table>
<tr><td>姓名</td><td colspan="2"></td><td>实施日期</td><td></td></tr>
<tr><td>项目名称</td><td colspan="4">夹爪工具取放实训</td></tr>
<tr><td rowspan="4">项目验收</td><td colspan="3">验收内容</td><td>完成情况</td></tr>
<tr><td colspan="3">（1）完成程序的创建</td><td>□完成　□未完成</td></tr>
<tr><td colspan="3">（2）完成轨迹的规划</td><td>□完成　□未完成</td></tr>
<tr><td colspan="3">（3）完成程序的运行测试</td><td>□完成　□未完成</td></tr>
<tr><td rowspan="4">实训总结</td><td>实训过程</td><td colspan="3"></td></tr>
<tr><td>遇到问题</td><td colspan="3"></td></tr>
<tr><td>解决办法</td><td colspan="3"></td></tr>
<tr><td>心得体会</td><td colspan="3"></td></tr>
</table>

任务 5.2　工业机器人斜面装配

实训 2　小物块视觉检测装配

1. 实训内容

完成小物块视觉检测（图 1）程序创建，并手动操纵机器人将检测合格的小物块放置到装配台斜面，然后按照任务 5.2 的内容完成整体装配。

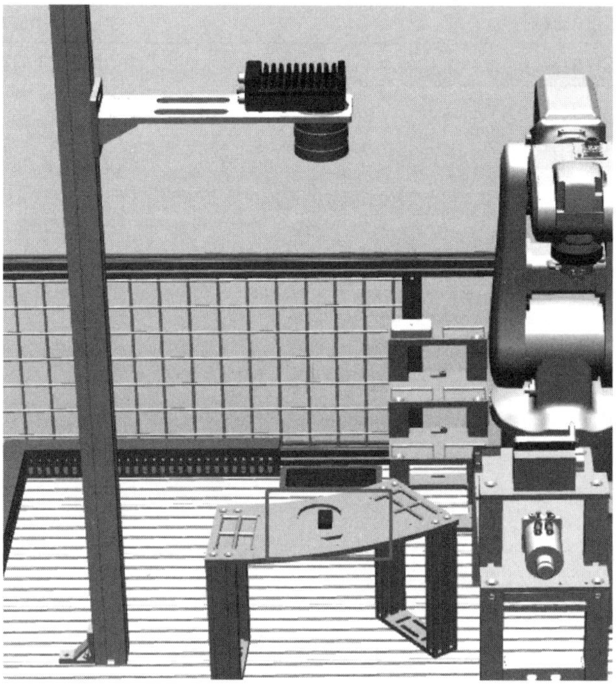

图 1　小物块视觉检测

2. 实训目标

（1）掌握基础视觉检测程序的创建。

（2）巩固 Offs 指令的使用及机器人手动操作。

（3）能够快速准确完成斜面装配。

3. 实训场所

机器人实训室。

4. 实训课时

6 课时。

5. 实训设备

实训设备及人员分组见表 1。

表 1　实训设备及人员分组

设备名称	数量/组	每组人数
1+X 工业机器人操作与运维实训台	1	4

6. 实训步骤

步骤 1:将小物块放置到视觉检测区,编写视觉检测程序检测小物块的外形尺寸。

步骤 2:在装配台斜面建立工件坐标系。

步骤 3:编写程序将检测合格的小物块搬运至装配台斜面(PN_DI53 信号为相机拍照完成信号,PN_DI54 为视觉检测合格信号)。

步骤 4:若检测不合格,将机器人移动到原点位置,重新放置一块小物块开始视觉检测流程。

步骤 4:编写程序完成斜面装配。

步骤 5:完成程序调试、运行与优化,在程序运行过程中认真细心,关注机器人的运行状态,不可在使用示教器运行程序的过程中与其他同学交头接耳。

7. 实训问答

(1)在视觉检测程序的编写过程用到了哪些指令？各有什么作用?

(2)使用自己创建的工件坐标系可在编程中带来哪些方便之处?

8. 项目验收

将项目验收情况记在表 2 中。

表 2　项目验收报告

<table>
<tr><td>姓名</td><td colspan="2"></td><td>实施日期</td><td></td></tr>
<tr><td>项目名称</td><td colspan="4">小物块视觉检测装配</td></tr>
<tr><td rowspan="5">项目验收</td><td colspan="3">验收内容</td><td>完成情况</td></tr>
<tr><td colspan="3">(1)掌握基础视觉程序的创建方法</td><td>□完成　□未完成</td></tr>
<tr><td colspan="3">(2)能够正确建立工件坐标系并使用</td><td>□完成　□未完成</td></tr>
<tr><td colspan="3">(3)完成斜面装配程序编写</td><td>□完成　□未完成</td></tr>
<tr><td colspan="3">(4)完成程序调试与优化</td><td>□完成　□未完成</td></tr>
<tr><td rowspan="4">实训总结</td><td>实训过程</td><td colspan="3"></td></tr>
<tr><td>遇到问题</td><td colspan="3"></td></tr>
<tr><td>解决办法</td><td colspan="3"></td></tr>
<tr><td>心得体会</td><td colspan="3"></td></tr>
</table>

项目6

工业机器人抛光打磨应用

任务 6.1　工业机器人抛光打磨程序创建

实训 1　物块抛光打磨及归位

1. 实训内容

根据任务 6.1 的流程及方法,完成大物块的抛光打磨,然后将打磨完成的大物块放回到料仓。打磨工作站如图 1 所示。

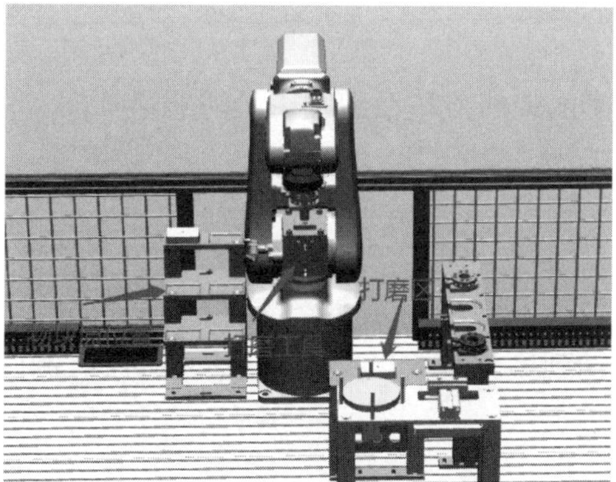

图 1　打磨工作站

2. 实训目标

(1)掌握物块抛光打磨程序的编写。

(2)巩固程序编写过程中各个 I/O 信号的逻辑衔接。

(3)掌握手动示教机器人至复杂点位的操作。

3. 实训场所

机器人实训室。

4. 实训课时

4 课时。

5. 实训设备

实训设备及人员分组见表 1。

表 1　实训设备及人员分组

设备名称	数量/组	每组人数
1+X 工业机器人操作与运维实训台	1	4

6. 实训步骤

步骤 1:编写初始化程序,程序名称由自己命名。

步骤 2:新建打磨程序,将吸盘工具手动安装到机器人上,完成大物块取放过程关键点位的示教并添加指令记录。

步骤 3:手动取下吸盘工具并安装打磨工具,完成抛光打磨过程关键点位的示教并添加指令记录。

步骤 4:手动取下打磨工具并安装吸盘工具,完成大物块放置回料仓过程关键点的示教并添加指令记录。

步骤 5:通过 Offs 指令或手动示教其他点位的方法完成程序的编写。

步骤 6:程序调试运行与优化,程序运行过程中要严谨认真,注意观察机器人运行状态,出现意外情况及时按下急停按钮。

7. 实训问答

(1)描述整个抛光打磨的程序流程及编程中的注意事项。

(2)描述将机器人移动到换片装置区点位时的操作过程,例如动作模式的切换、机器人速度的修改等。

8. 项目验收

将项目验收情况记在表 2 中。

表 2　项目验收报告

<table>
<tr><td>姓名</td><td colspan="2"></td><td>实施日期</td><td></td></tr>
<tr><td>项目名称</td><td colspan="4">物块抛光打磨及归位</td></tr>
<tr><td rowspan="4">项目验收</td><td colspan="3">验收内容</td><td>完成情况</td></tr>
<tr><td colspan="3">（1）梳理清楚抛光打磨的程序流程</td><td>□完成　□未完成</td></tr>
<tr><td colspan="3">（2）完成程序的创建与编写</td><td>□完成　□未完成</td></tr>
<tr><td colspan="3">（3）完成程序的运行调试</td><td>□完成　□未完成</td></tr>
<tr><td rowspan="4">实训总结</td><td>实训过程</td><td colspan="3"></td></tr>
<tr><td>遇到问题</td><td colspan="3"></td></tr>
<tr><td>解决办法</td><td colspan="3"></td></tr>
<tr><td>心得体会</td><td colspan="3"></td></tr>
</table>

任务 6.2　触摸屏、PLC 与工业机器人联调运行

实训 2　物块边缘打磨综合调试

1. 实训内容

根据任务 6.2 及拓展任务中的部分内容，完成物块边缘打磨（图 1）综合调试实训。

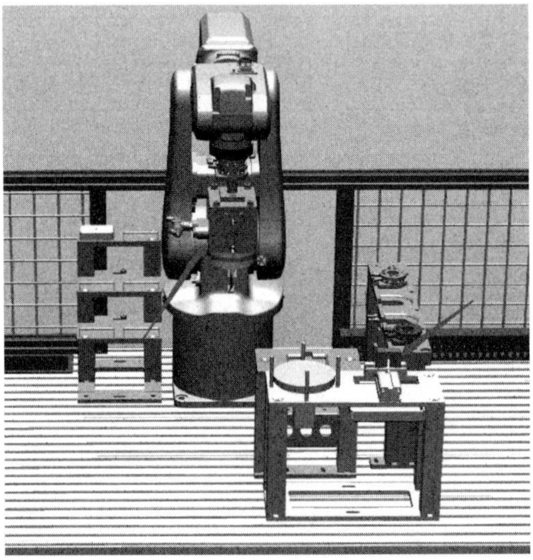

图 6-3-46　物块边缘打磨

2. 实训目标

（1）完成物块边缘打磨程序编写，巩固机器人编程操作。

（2）掌握触摸屏的界面设计。

（3）掌握工作站综合调试的步骤和方法。

3. 实训场所

机器人实训室。

4. 实训课时

8 课时。

5. 实训设备

实训设备及人员分组见表 1。

表 1　实训设备及人员分组

设备名称	数量/组	每组人数
1+X 工业机器人操作与运维实训台	1	4

6. 实训步骤

步骤 1：编写物块边缘打磨程序，并在主程序中调用编写好的程序，自动运行时主程序

中只有物块边缘打磨程序。注:此实训需要用到打磨模块的换片区夹紧气缸固定大物块,在实训开始前使用高度合适的纸盒放在夹紧气缸下或暂时用胶带封闭夹紧气缸下部,防止在夹紧气缸动作前从上方滑落。程序流程如下:

(1)机器人拿取二指夹爪工具,夹爪工具动作信号为 DO02;

(2)机器人使用二指夹爪工具将待打磨大物块夹取放置到打磨换片区,机器人松开二指夹爪,夹紧气缸动作将大物块夹紧;

(3)机器人放回二指夹爪工具;

(4)机器人取打磨工具;

(5)机器人取打磨片对物块上边缘进行打磨;

(6)机器人放回打磨工具。

步骤 2:新建一触摸屏程序,要求如下:

(1)包括主界面、控制界面和报警界面三个界面,主界面中通过两个功能键跳转到控制界面和报警界面;

(2)控制界面和报警界面均可通过功能键跳转回主界面;

(3)控制界面可以实现对顶升气缸、夹紧气缸的控制并能接收传感器的状态;

(4)控制界面可实现机器人自动启动控制;

(5)报警界面可实现对急停信号的显示。

步骤 3:将抛光打磨工作站 PLC 程序下载到 PLC 中。

步骤 4:检测实训台各模块状态,检查机器人状态,检查无误后将实训台上的模式选择开关切换到自动模式。

步骤 5:按下触摸屏上的机器人启动按钮,观察机器人是否正常运行。

步骤 6:观察机器人程序运行状态,有问题及时按下急停按钮。程序运行完成后停止机器人程序,将实训台上的模式选择开关切换到手动模式,恢复工作站各模块到初始状态。

7. 实训问答

(1)简述 PLC 与触摸屏组态的过程。

(2)简述程序的轨迹规划过程。

(3)在自动运行前应检查实训台的哪些方面?

8. 项目验收

将项目验收情况记在表 2 中。

表 2　项目验收报告

<table>
<tr><td>姓名</td><td colspan="2"></td><td>实施日期</td><td></td></tr>
<tr><td>项目名称</td><td colspan="4">搬运工作站综合调试实训</td></tr>
<tr><td rowspan="5">项目验收</td><td colspan="3">验收内容</td><td>完成情况</td></tr>
<tr><td colspan="3">(1)完成 PLC 程序编写</td><td>□完成　□未完成</td></tr>
<tr><td colspan="3">(2)完成触摸屏程序编写</td><td>□完成　□未完成</td></tr>
<tr><td colspan="3">(3)完成物块边缘打磨机器人程序编写</td><td>□完成　□未完成</td></tr>
<tr><td colspan="3">(4)完成物块边缘打磨综合调试</td><td>□完成　□未完成</td></tr>
<tr><td rowspan="4">实训总结</td><td>实训过程</td><td colspan="3"></td></tr>
<tr><td>遇到问题</td><td colspan="3"></td></tr>
<tr><td>解决办法</td><td colspan="3"></td></tr>
<tr><td>心得体会</td><td colspan="3"></td></tr>
</table>

拓展任务　PLC 控制程序编写

实训 3　PLC 启保停程序编写

1. 实训内容

根据拓展任务中的内容编写启保停 PLC 程序,程序示例如图 1 所示。然后根据 PLC 与机器人 PN 通信的方法和步骤,巩固练习 PLC 与机器人通信设置的内容。

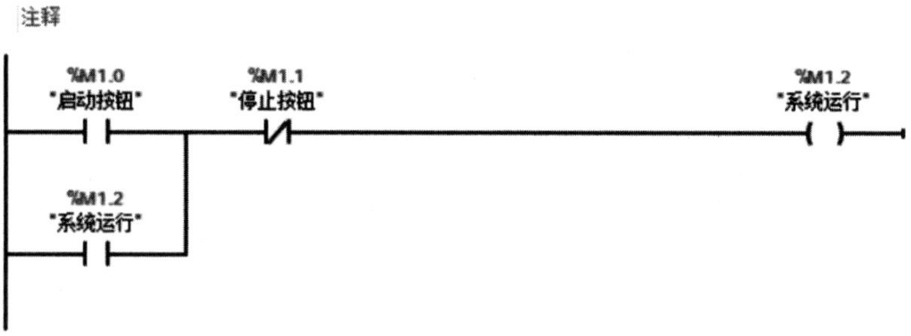

图 1　启保停程序

2. 实训目标

(1)掌握启保停程序编程的方法。

(2)理解启保停程序的编程思路。

(3)掌握 PLC 与机器人 PN 通信的设置方法。

3. 实训场所

机器人实训室。

4. 实训课时

4 课时。

5. 实训设备

实训设备及人员分组见表 1。

表 1　实训设备及人员分组

设备名称	数量/组	每组人数
1+X 工业机器人操作与运维实训台	1	4

6. 实训步骤

步骤 1:新建一 PLC 程序, PLC 型号与任务 6.2 中 PLC 的型号一致, PLC 的 IP 地址为 192.168.1.2。

步骤 2:按照示例程序完成 PLC 程序的编写、编译与下载。

步骤 3:运行 PLC,手动置位 M1.0 变量,观察程序状态:手动复位 M1.0 变量,观察程序运行状态;手动置位 M1.1 变量,观察程序运行状态。

步骤 4:按照任务 6.2 的方法完成 GSD 文件添加等一系列步骤,完成 PLC 端通信设置。

步骤 5:检查机器人是否具备 PN 通信功能,完成机器人端通信设置。

步骤 6:通过输入输出界面验证通信是否成功。

步骤 7:总结启保停程序的作用。

7. 实训问答

(1)简述启保停程序的组成及作用。

(2)如何判断机器人是否具备 PN 通信功能?

(3)简述机器人 GSD 文件的获取过程。

8. 项目验收

将项目验收情况记在表 2 中。

表 2　项目验收报告

<table>
<tr><td>姓名</td><td></td><td>实施日期</td><td colspan="2"></td></tr>
<tr><td>项目名称</td><td colspan="4">PLC 启保停程序编写</td></tr>
<tr><td rowspan="4">项目验收</td><td colspan="2">验收内容</td><td colspan="2">完成情况</td></tr>
<tr><td colspan="2">(1)完成启保停程序编写</td><td colspan="2">□完成　□未完成</td></tr>
<tr><td colspan="2">(2)完成 PLC 与机器人通信设置</td><td colspan="2">□完成　□未完成</td></tr>
<tr><td colspan="2">(3)总结启保停程序的作用及通信设置的注意事项</td><td colspan="2">□完成　□未完成</td></tr>
<tr><td rowspan="4">实训总结</td><td>实训过程</td><td colspan="3"></td></tr>
<tr><td>遇到问题</td><td colspan="3"></td></tr>
<tr><td>解决办法</td><td colspan="3"></td></tr>
<tr><td>心得体会</td><td colspan="3"></td></tr>
</table>

IRB 120 工业机器人的运动范围(单位:mm)如图 1-1-10 所示。

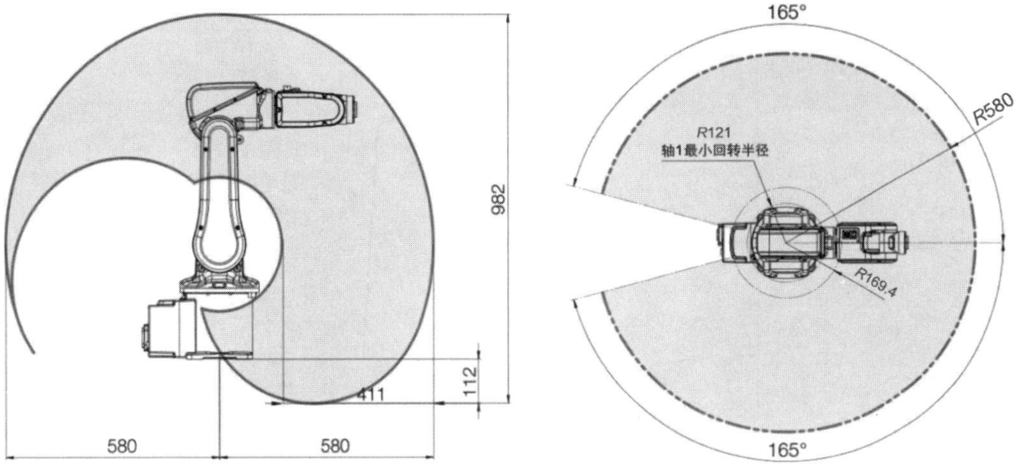

图 1-1-10　IRB 120 工业机器人的运动范围

IRB 120 工业机器人的运动范围及最大速度见表 1-1-2。

表 1-1-2　IRB 120 工业机器人的运动范围及最大速度

轴号	运动范围	最大速度
轴 1	−165° ~ 165°	250° /s
轴 2	−110° ~ 110°	250° /s
轴 3	−90° ~ 70°	250° /s
轴 4	−160° ~ 160°	320° /s
轴 5	−120° ~ 120°	320° /s
轴 6	−400° ~ 400°	420° /s

IRB 120 工业机器人的有效荷载为 3 kg,加装工具后机器人末端的总重心将会转移,从而导致负载减小,在设计时应当合理考虑工具的质量和重心,以保证机器人稳定运行。工业机器人负载与工具重心位置的关系如图 1-1-11 所示。坐标系中 Z 距离指工具重心与机器人第六轴法兰平面的距离,L 距离指工具重心与机器人第六轴重心线的距离。

4. 工业机器人安装方式

工业机器人有四种常见的安装方式,如图 1-1-12 所示。IRB 120 工业机器人本体支持各种角度的安装。在非地面安装时需要设置相关参数以使机器人运动性能最佳。

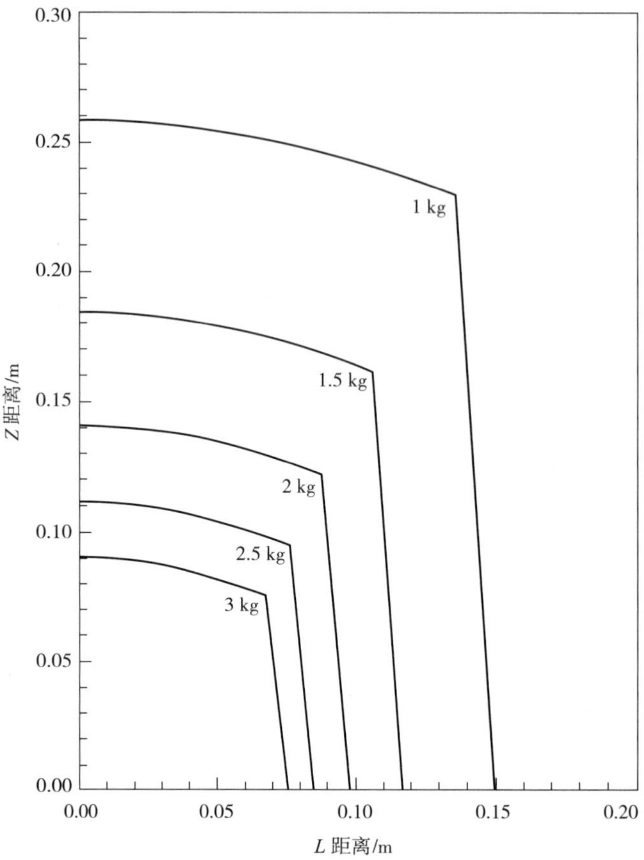

图 1-1-11　工业机器人负载与工具重心位置的关系

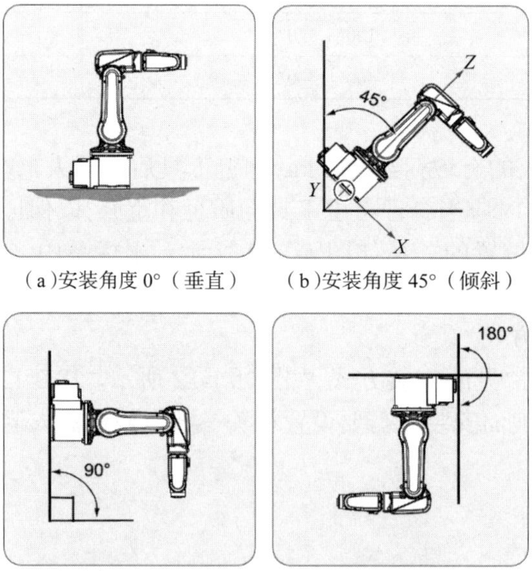

（a）安装角度 0°（垂直）　（b）安装角度 45°（倾斜）

（c）安装角度 90°（壁挂）　（d）安装角度 180°（悬挂）

图 1-1-12　工业机器人常见的安装方式

1.1.3.2　控制柜

IRB 120 工业机器人的控制柜分为标准型和紧凑型两种，本书以 IRC5 紧凑型（Compact）控制柜为例，其面板分为按钮面板、电缆接口面板、电源接口面板三部分，如图 1-1-13 所示。

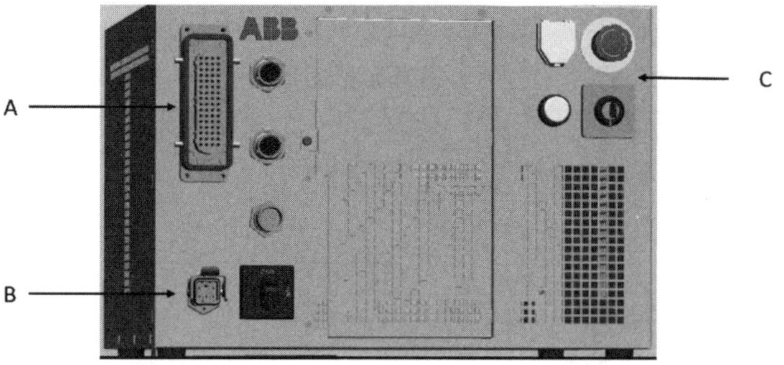

A—电缆接口面板；B—电源接口面板；C—按钮面板

图 1-1-13　IRC5 紧凑型控制柜

IRC5 紧凑型控制柜面板各部分介绍见表 1-1-3。

表 1-1-3　IRC5 紧凑型控制柜面板各部分介绍

面板	图片	说明
按钮面板		模式选择开关：用于切换机器人工作模式
	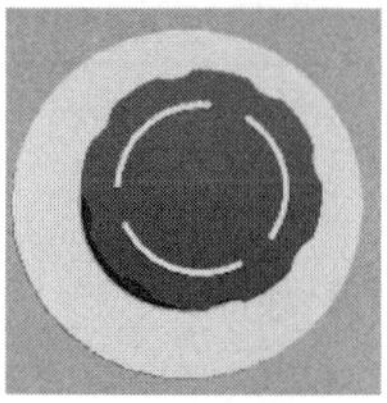	急停按钮：在任何工作模式下按下该按钮，机器人都会立即停止运行
		上电/复位按钮：发生故障时，使用该按钮对控制柜内部状态进行复位；在自动模式下，按下该按钮，机器人电机上电，按键灯常亮
		制动闸按钮：机器人制动闸释放单元。在通电状态下，按下该按钮，可用手旋转机器人的任何一个轴

续表

面板	图片	说明
电缆接口面板	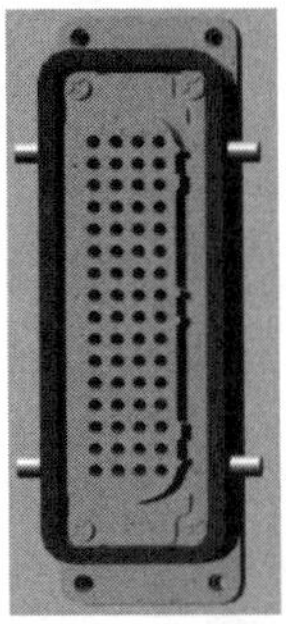	XS1:电机动力电缆接口,用于连接机器人驱动器
		XS4:示教器电缆接口,用于连接机器人示教器
		XS41:外部轴电缆接口,用于连接外部轴
		XS2:编码器电缆接口,用于连接外部编码器
电源接口面板	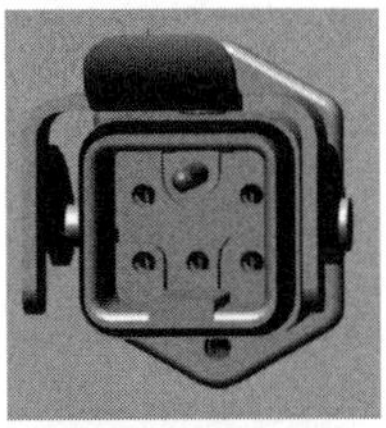	XP0:电源电缆接口,用于给控制柜供电
	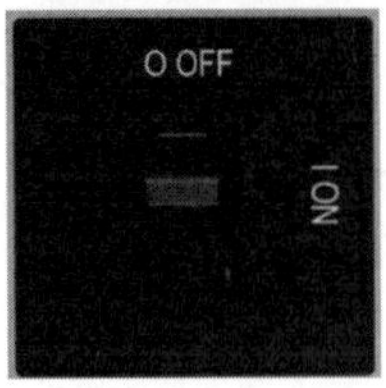	电源开关:控制柜电源开关(ON:开;OFF:关)

1.1.3.3　示教器

1. 示教器组成

示教器是人与工业机器人交互的平台，用于执行与工业机器人系统有关的许多任务，如编写程序、运行程序、修改程序、手动操纵、参数配置、监控工业机器人状态等。

示教器包括使能键、触摸屏、触摸笔、急停按钮、操纵杆和一些功能按钮，如图 1-1-14 所示。示教器功能说明见表 1-1-4。

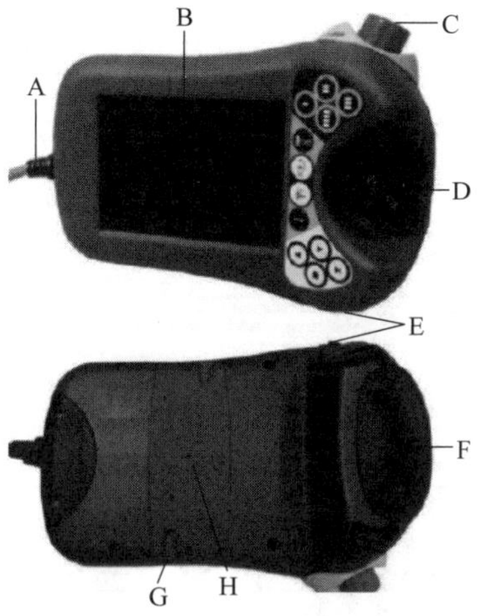

A—连接器；B—触摸屏；C—急停按钮；D—操纵杆；
E—USB 接口；F—使能键；G—触摸笔；H—重置按钮

图 1-1-14　示教器组成

表 1-1-4　示教器功能说明

部件名称	功能描述
连接器	与工业机器人控制柜连接
触摸屏	人机交互界面
急停按钮	在紧急情况下停止工业机器人的运行
操纵杆	控制工业机器人的各种运动
USB 接口	USB 与示教器连接的接口
使能键	释放电机抱闸
触摸笔	与触摸屏配套使用
重置按钮	将示教器重置为出厂状态

2. 示教器使能键

操纵工业机器人时通常左手持示教器，右手进行操作。工业机器人示教器的手持方式如图 1-1-15 所示。如需使用右手持示教器，可在系统中旋转显示画面。

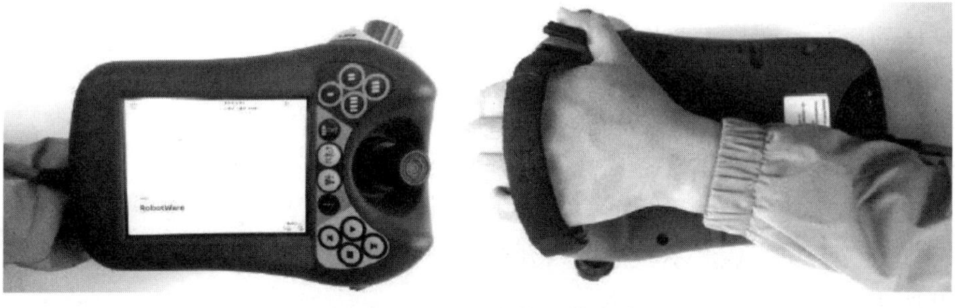

图 1-1-15　示教器的手持方式

手动模式下必须按下使能键来释放电机抱闸，从而使工业机器人能够动作。使能键是 3 位选择开关，位于示教器的侧面。如图 1-1-16 所示，按到中间位时，释放电机抱闸；放开或按到底部时，电机抱闸都会闭合，从而锁住工业机器人。

（a）使能键松开　　（b）使能键按到中间位　　（c）使能键按到底部

图 1-1-16　示教器使能键的位置

3. 示教器操纵杆

操纵杆位于示教器的右侧。操纵杆可以进行上下、左右、斜角、旋转等共十个方向的操作，如图 1-1-17 所示。斜角操作相当于相邻的两个方向的合成动作。在使用操纵杆时，必须时刻观察工业机器人的动作。

图 1-1-17　示教器操纵杆

操纵杆的摇摆幅度与工业机器人的运动速度相关。幅度越小，则工业机器人的运动速度越慢；幅度越大，则工业机器人的运动速度越快。因此，在操作不熟练时尽量以小幅度操作工业机器人慢慢运动，待熟练后再逐渐加快速度。

4. 示教器画面

1）示教器主画面

ABB 机器人开机完成后示教器进入开机完成界面，如图 1-1-18 所示。控制面板界面如图 1-1-19 所示。

示教器控制面板界面各部分说明见表 1-1-5。

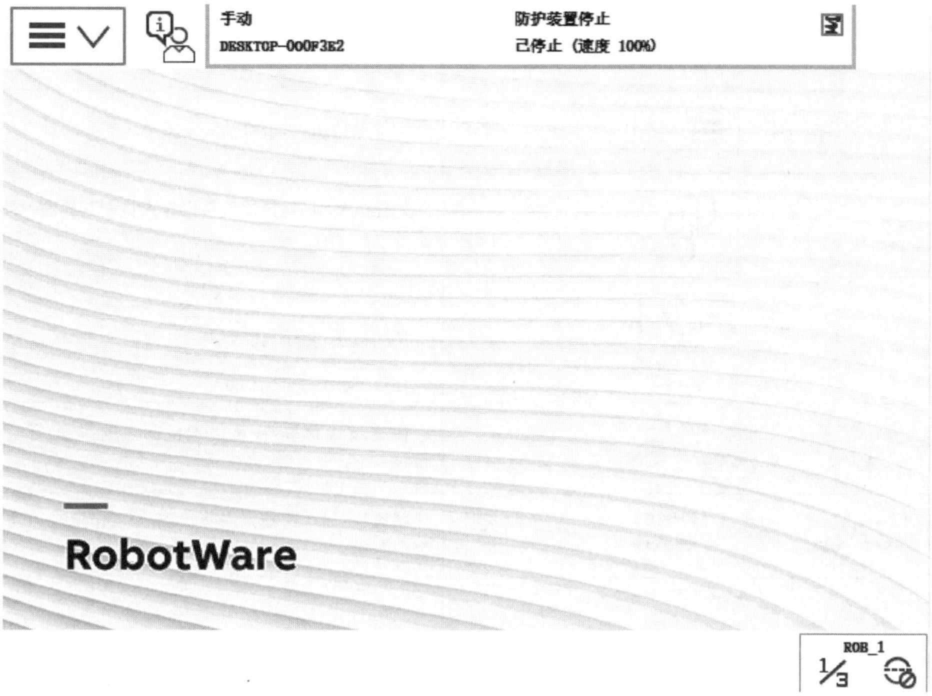

图 1-1-18　开机完成界面

图 1-1-19　控制面板界面

表 1-1-5　示教器控制面板界面各部分说明

序号	图例	说明
1		主菜单按钮:显示机器人主菜单界面
2		操作人员窗口:机器人与操作人员交互界面,显示当前状态信息
3		关闭按钮:关闭当前窗口
4	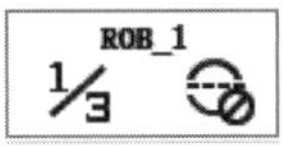	快速设置菜单:快速设置机器人的速度、运行模式、增量等
5		状态栏:显示机器人当前状态,如工作模式、电机状态、报警信息等
6		主界面:示教器人机交互的主要窗口,根据不同的状态显示不同的信息
7		任务栏:显示当前打开界面的任务列表,最多支持打开六个界面

2)示教器主菜单

点击界面左上角主菜单按钮,弹出示教器主菜单,如图 1-1-20 所示。

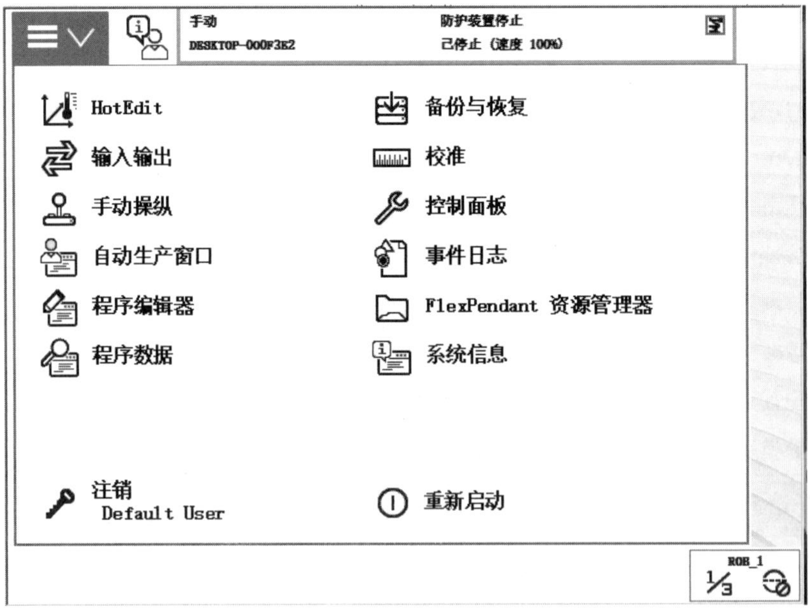

图 1-1-20　示教器主菜单

示教器主菜单各部分说明见表 1-1-6。

表 1-1-6　示教器主菜单各部分说明

序号	图例	说明
1	HotEdit	用于对编写的程序中的点做一定的补偿
2	输入输出	用于查看并操作 I/O（输入/输出）信号
3	手动操纵	用于查看并配置手动操纵属性
4	自动生产窗口	用于自动运行时显示程序界面
5	程序编辑器	用于对机器人进行编程调试
6	程序数据	用于查看并配置变量数据
7	备份与恢复	用于对系统数据进行备份和恢复
8	校准	用于对机器人的机械零点进行校准
9	控制面板	用于对系统参数进行配置
10	事件日志	用于查看系统的所有事件
11	FlexPendant 资源管理器	用于对系统资源、备份文件等进行管理
12	系统信息	用于查看系统控制器属性及硬件和软件信息
13	注销 Default User	用于退出当前用户权限
14	重新启动	用于重新启动系统

练习题

1. 判断题

（1）IRB 120 工业机器人是并联工业机器人。　（　　）

（2）智能制造装备包括工业机器人。　（　　）

2. 简答题

（1）写出我国对工业机器人的定义。

（2）工业机器人的典型结构有哪些？

（3）工业机器人由哪几部分组成？

任务完成报告

姓名		学习日期	
任务名称	工业机器人概述		
学习自评	考核内容		完成情况
	（1）说出工业机器人的典型机构		□好　□良好　□一般　□差
	（2）说出工业机器人的组成		□好　□良好　□一般　□差
	（3）说出工业机器人工作站各模块的名称、组成及作用，能够自动运行工业机器人		□好　□良好　□一般　□差
学习心得			

任务 1.2　工业机器人编程方式及典型应用

工业机器人广泛应用于多个行业中，为这些行业的智能化生产和发展提供有力支持：在汽车制造业中，它承担焊接、装配、搬运和喷涂等任务，以提高生产效率和作业质量；在电子电气行业中，它用于零部件组装、检测以及物料搬运，以满足高精度生产需求；在铸造行业中，它在恶劣的环境下完成铸件搬运、清理和精确铸造工艺操作；在化工行业中，它负责危险化学品处理和高精度生产控制；在食品行业中，它用于包装、加工处理和码垛搬运，以确保卫生、高效；在家电行业中，它参与组装、检测等环节；在冶金行业中，它用于金属加工和物料搬运；在玻璃行业中，它完成玻璃加工和搬运工作。

任务要求

（1）了解国内外主要的工业机器人生产厂家。

（2）说出工业机器人的典型应用。

学习目标

知识目标：

（1）熟悉工业机器人的编程方式；

（2）熟悉工业机器人主要的生产厂家；

（3）熟悉工业机器人的应用领域。

能力目标：

（1）能够说出工业机器人的编程方式；

（2）能够分析不同工业机器人生产厂家的特点；

（3）能够分析工业机器人主要的应用行业。

素养目标：

（1）培养学生总结归纳、统计分析的能力；

（2）引导学生关注我国工业机器人的发展，培养学生的民族自豪感和爱国主义。

1.2.1　工业机器人编程方式

工业机器人的编程方式主要有示教编程、离线编程和自主编程三种。

1.2.1.1　示教编程

在这种编程方式下，操作人员利用示教器移动机器人的末端焊枪跟踪焊缝，并及时记录焊件焊缝轨迹和焊接工艺参数，然后机器人根据记录的信息采用逐点示教的方式再现焊接过程。这种逐点记录焊枪姿态再重现的方法需要操作人员充当外部传感器的角色。这种机器人自身缺乏外部信息传感，灵活性较差，而且对于结构复杂的焊件，需要操作人员花费大量的时间进行示教，所以编程效率低。图 1-2-1 为示教编程图。

图 1-2-1　示教编程图

1.2.1.2　离线编程

离线编程采用部分传感技术，依靠计算机图形学技术建立机器人工作模型。在这种编程方式下，可以对编程结果进行三维图形学动画仿真，以检测编程的可靠性。最后将生成的代码传递给机器人控制柜，以控制机器人的运行。与示教编程相比，离线编程可以缩短机器人编程工作时间，结合 CAD（计算机辅助设计）技术，就达到了简化编程的效果。图 1-2-2 为离线编程图。

图 1-2-2　离线编程图

1.2.1.3　自主编程

自主编程是实现机器人智能化的基础。自主编程技术应用各种外部传感器，使机器人能够全方位感知真实的焊接环境，识别焊接工作台信息，从而确定工艺参数。

自主编程既不需要繁重的示教工作，也不需要根据焊接工作台信息对焊接过程中的偏差进行纠正，因此提高了机器人的自主性和适应性，成为未来机器人发展的趋势。图 1-2-3 为自主编程示意图，图中机器人采用了位移传感器和力传感器等外部传感器。

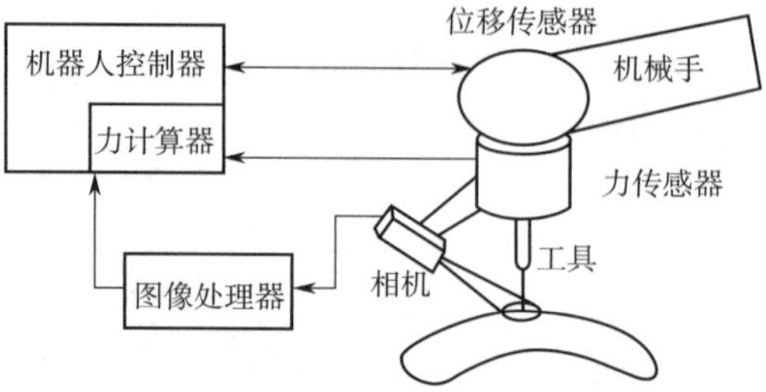

图 1-2-3　自主编程示意图

1.2.2　主流工业机器人生产厂家

目前国内工业机器人产业刚刚起步，但增长的势头非常强劲，涌现出一批工业机器人的生产厂家，比如埃夫特智能机器人股份有限公司、沈阳新松机器人自动化股份有限公司、广州数控设备有限公司等。结合市面上主流工业机器人的发展历程，下面介绍国内外主要的工业机器人生产厂家。

1.2.2.1　国内主要生产厂家

1. 埃夫特智能机器人股份有限公司

埃夫特智能机器人股份有限公司（简称“埃夫特公司”）是一家专门从事工业机器人与成套系统、非标自动化设备设计和制造的高新技术企业。图 1-2-4 所示为埃夫特六轴机器人。该公司在意大利设有智能喷涂机器人研发中心和智能机器人应用工程中心。

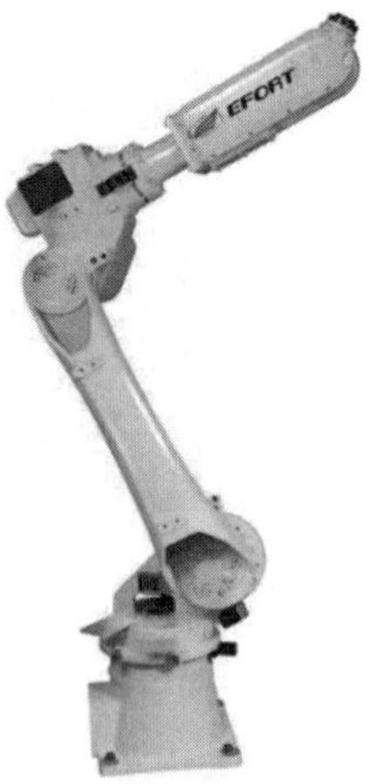

图 1-2-4　埃夫特六轴机器人

埃夫特公司目前是国家机器人产业集聚区内的核心企业，埃夫特机器人在奇瑞汽车等企业中历经五年的苛刻考验和充分验证之后，被广泛推广到汽车及其零部件行业、家电行业、卫浴行业、机床行业、机械制造行业、日化行业、食品和药品行业、钢铁行业等。

2. 沈阳新松机器人自动化股份有限公司

沈阳新松机器人自动化股份有限公司（简称“新松公司”）隶属于中国科学院，是一家以机器人技术和智能制造解决方案为核心的高科技上市公司。该公司的机器人产品线涵盖工业机器人、洁净（真空）机器人、移动机器人、特种机器人及智能服务机器人五大系列，其中：工业机器人产品填补多项国内空白，创造了中国机器人产业发展史上多项行业“第一”；洁净（真空）机器人产品多次打破国外技术垄断与封锁，大量替代进口产品；移动机器人产品综合竞争优势在国际上处于领先水平，被美国通用等众多国际知名企业列为重点采购目标；特种机器人产品在国防重点领域得到批量应用。该公司在高端智能装备方面已形成智能物流、自动化成套装备、洁净装备、激光技术装备、轨道交通装备、节能环保装备、能源装备、特种装备产业群组化发展。

新松公司现已形成融自主核心技术、关键零部件、领先产品及行业系统解决方案为一体的完整产业链，并将产业战略提升到涵盖产品全生命周期的数字化、智能化制造全过程。图 1-2-5 所示为新松六轴机器人。

图 1-2-5　新松六轴机器人

3. 广州数控设备有限公司

广州数控设备有限公司（简称“广数公司”）是国内技术领先的专业成套机床数控系统供应商。主营业务包括数控系统、伺服驱动装置、伺服电机、工业机器人研发生产，数控机床连锁营销，机床数控化工程等。

广数公司拥有覆盖 3~400 kg 不同负载，自由度包括 3~6 个关节的机器人产品。图 1-2-6 所示为广数六轴机器人，其应用领域包括搬运、机床上下料、焊接、码垛、涂胶、打磨抛光等，涉及数控机床、五金机械、电子、家电、建材等行业。

图 1-2-6　广数六轴机器人

1.2.2.2　国外主要生产厂家

国外工业机器人生产厂家主要分为日系和欧系。日系生产厂家主要有 FANUC（发那科）、YASKAWA（安川），欧系生产厂家主要有瑞士的 ABB（艾波比）、德国的 KUKA（库卡）。

1. ABB（艾波比）

瑞士的 ABB 是世界上最大的机器人制造商之一。1974 年 ABB 研发了第一台全电控式工业机器人 IRB6，主要用于工件取放和物料搬运。1975 年 ABB 生产出第一台焊接机器人。到 1980 年兼并 Trallfa 公司后，其机器人产品趋于完备。图 1-2-7 所示为 ABB 机器人单机系统，包括本体、控制柜及示教器。ABB 制造的工业机器人广泛应用在焊接、装配、铸造、密封涂胶、材料处理、包装、喷漆、水切割等领域。

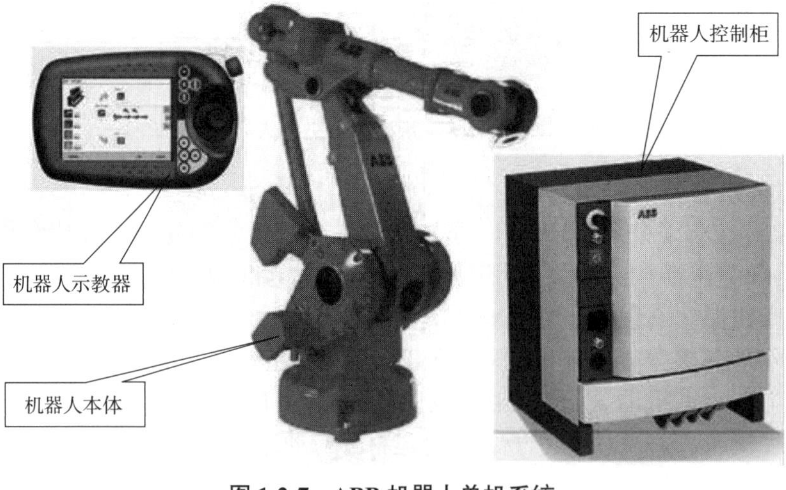

图 1-2-7　ABB 机器人单机系统

ABB 的核心技术是运动控制系统。掌握了运动控制技术的 ABB 可以轻易实现循径精度、运动速度、周期时间、可程序设计等机器人的性能指标，大幅提高生产的质量、效率以及可靠性。

2. KUKA（库卡）

德国的 KUKA 是世界上几家顶级工业机器人制造商之一。1973 年 KUKA 研制开发了第一台工业机器人。KUKA 为纯工业机器人公司，业务包括工业机器人和系统集成，所生产的机器人广泛应用在仪器、汽车、航天、食品、制药、医学、铸造、塑料等工业，主要用于材料处理、机床装备、包装、堆垛、焊接、表面修整等领域。图 1-2-8 所示为 KUKA 机器人单机系统。作为世界领先的工业机器人提供商之一和机器人领域中的科技先锋，KUKA 在业界被誉为“创新发电机”。

图 1-2-8　KUKA 机器人单机系统

KUKA 码垛机器人的显著特点是速度快，因为机器人的手臂采用高分子碳素纤维材料制造而成，既满足了机器人手臂在高速运行过程中对刚度的特殊需求，又大幅提高了机器人的动惯性能以及加速能力。机器人控制器采用和标准机器人完全相同的标准，另外，码垛专用的软件功能包 KUKA.PalletLayout、KUKA.PalletPro、KUKA.PalletTech 可以根据客户要求提供非常轻松的码垛应用和编程环境。

3. FANUC（发那科）

FANUC 是世界上最大的机器人制造商之一。FANUC 的前身致力于数控设备和伺服电机系统的研制和生产，1972 年从日本富士通公司的计算机控制部门独立出来，成立了 FANUC。FANUC 的主要业务分为两部分：工业机器人和工厂自动化。

FANUC 将在数控系统方面的优势用于机器人，使得工业机器人有很高的精度。此外，FANUC 工业机器人与其他企业的产品相比，其独特之处在于：工艺控制更加便捷；同类型机器人的底座尺寸更小，拥有独有的手臂设计。图 1-2-9 所示为 FANUC 机器人单机系统。

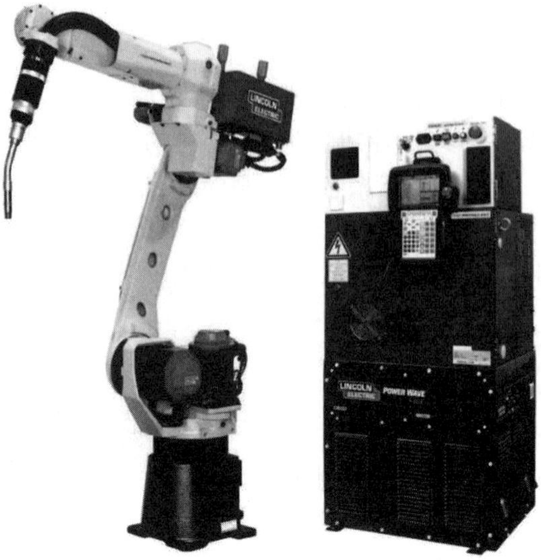

图 1-2-9　FANUC 机器人单机系统

4. YASKAWA（安川）

1977 年安川研制出第一台全自动工业机器人，旗下拥有 Motoman（美国、瑞典、德国）以及 Synetics Solutions（美国）等子公司。其核心的工业机器人有点焊和弧焊机器人、LCD（液晶显示器）玻璃板传输机器人和半导体晶片传输机器人等。近年来安川生产的新型液晶玻璃板搬运机器人受到市场欢迎。此外，安川还是最早将工业机器人应用于半导体领域的厂商之一。图 1-2-10 所示为安川机器人单机系统。

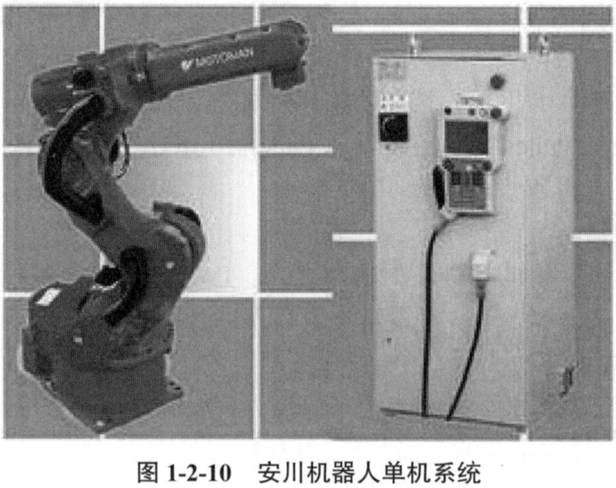

图 1-2-10　安川机器人单机系统

安川是从电机开始做起的，因此它可以把电机的惯量做到最大化，所以安川机器人最大的特点就是负载大，稳定性高，在满负载满速度运行的过程中不会报警，甚至能够过载运行。因此，安川在重负载机器人的应用领域（比如汽车行业）的市场是相对较大的。

综上所述，四家主要生产厂家的简要对比见表 1-2-1。

表 1-2-1　四家主要生产厂家的简要对比

对比项	生产厂家			
	ABB	KUKA	FANUC	YASKAWA
国家	瑞士	德国	日本	
外观	旧系列为深橙色,新系列为灰白色	主系列为橙色,3 kg 负载协作机器人为白色,少量系列为银灰色,间杂黑色	主系列为亮黄色,少量系列为银灰色、绿色	主系列为蓝色,少量系列为灰白色
本体	中规中矩,定制化程度低,实用至上	时尚、活泼、厚重,流线感强	精致,工业感强	简单,工业感强
控制柜	X86 架构, VxWorks 系统负责机器人任务规划、外部通信、参数配置等任务	X86 架构, VxWorks+ Windows 系统	与自己的数控系统拥有统一的控制平台	电机的惯量做到最大化,能实现较高速度
示教器	FlexPendant 示教器,采用 Arm+WinCE 方案,通过 TCP/IP 与主控制器通信	smartPAD 示教器在主控制器上运行,操作简便	按键多,略显复杂	
技术特点	控制技术先进,工艺包完备,专业严谨,实用至上,整体性强	工艺包齐全,新技术应用得多,精度高,大负载性能好	上下游集成度高,拥有数控系统的技术优势,精度高,整体性好	负载大、稳定性高,简单实用
主要应用领域	汽车、3C、食品和饮料、医疗等	汽车、金属加工	汽车、电子电气、金属加工	汽车、电子电气、食品、机械加工
集成特点	支持多种工业总线,易集成,交货期长,价格高。学习资料丰富,其离线编程软件 RobotStudio 功能丰富	支持通用工业总线,易于二次开发,易集成,精度高	自身集成度高,支持常用工业总线,精度高,技术资料相对封闭。其离线编程软件 RobotGuide 功能强大	性价比高,在国内应用得早

1.2.3　工业机器人典型应用

1.2.3.1　汽车行业

历史上出现的第一台工业机器人被用于通用汽车的材料处理工作。随着机器人技术不断进步与发展,工业机器人可以做的工作也变得多样化起来,如用于喷涂、搬运、包装、焊接、装配等作业。从工业机器人在韩国和日本的行业应用经验出发,考虑未来行业应用的可能性,中高端工业机器人将在我国汽车、通信电子、金属制品、化工塑料、家电等行业中有较为广泛且深入的应用。而我国内地广泛存在的其他行业(包括仓储物流、五金卫浴、石油化工、食品饮料、烟草医药、饲料化肥等)则采用中低端工业机器人,众多下游领域的需求还在形成与增长中。表 1-2-2 为工业机器人在各个行业中的具体应用。

表 1-2-2　工业机器人在各个行业中的具体应用

应用行业	主要应用过程	机器人类型	应用成熟度
汽车行业	整车：焊接、喷涂、总装、冲压等。 零配件：注塑、冲压、喷涂等	高精度通用型	最早发展，应用成熟
3C 行业	机构件加工，电子零件生产、组装、测试、包装	通用、直角、SCARA、双臂	机构件加工等简单应用相对成熟，组装、测试等应用不广
金属制品行业	机床上下料、后处理、铸造	通用、直角	相对成熟
食品饮料及医药行业	分拣、处理、包装、检测、码垛	通用、并联、码垛	起步阶段
橡胶与塑料制品行业	冲压、注塑、打磨抛光等	通用、码垛	起步阶段
石木制品行业	加工、雕刻、喷漆、打磨抛光等	通用、桁架	起步阶段

从应用的成熟度来看，目前在汽车、金属制品等行业中，工业机器人的应用相对成熟，而在 3C、食品饮料、医药、橡胶制品、陶瓷等行业中，工业机器人的应用还在发展阶段。

工业机器人自诞生之日起，就与汽车制造密不可分，没有以机器人为代表的自动化技术的支撑，就没有今天汽车产业的快速发展，而以汽车制造为主的制造业的发展又促进了工业机器人的发展。一般来说，适合用工业机器人替代人的领域为人力成本高、对精度要求高的行业以及高危行业。正是由于最初的开发目的及定位，工业机器人从诞生之日起就广泛应用于汽车行业。

汽车制造业属于技术及资金密集型产业，在高度市场化竞争的今天，汽车制造厂商的核心竞争就是高技术、高质量、低成本的生产力竞争。在国内汽车行业中，工业机器人被大量应用，同时，为适应现代汽车生产的需要，汽车零部件生产厂家也开始大量采用机器人替代人，提高了零部件生产的自动化水平及效率，产品质量也得到了保证。

提示

工业机器人在汽车及其零部件行业中的应用最为广泛、成熟，汽车生产的冲压、焊接、喷涂、总装四大工艺过程都广泛采用工业机器人，如下图所示，其中应用最多的是弧焊、点焊机器人。在摩托车、工程机械等行业中，工业机器人亦有广泛的应用，主要的生产应用包括以下方面。

基础应用：弧焊、点焊、打磨、抛光、搬运、喷漆、检测、码放。

周边应用：激光加工、切割处理、机加工上下料、飞边去毛刺、注塑、铸造、模型制作、生产中间环节搬运。

装配应用：同步机器人装配线、小零件高速索引装配单元、完整的多工位自动化装配线、大型机器人装配工作站、一级汽车零部件总成。

1.2.3.2　3C 行业

3C 行业即计算机（Computer）、通信（Communication）和消费电子（Consumer Electronics）行业的统称。中国是家电及消费电子产品的消费大国和生产大国。家电及 3C 行业将成为继汽车及其零部件行业之后工业机器人应用的第二大行业。家电及 3C 行业以往是典型的劳动密集型行业，但这种情况随着近年国内消费与生产两大市场竞争要素的变化而发生改变。

提示

机器人在 3C 行业中的主要应用过程包括：

电子类的 IC（集成电路）、贴片元器件、晶锭晶棒的切割、搬运，PCB（印制线路板）制板中的搬运，非标准品的切割加工，激光塑料焊接，触摸屏检测、擦洗、贴膜等一系列流程的自动化系统的应用；

钣金件加工的上下料、焊接、表面打磨抛光处理、喷涂烤漆；

组件的装配、涂胶黏合；

包装环节的分拣装盒、自动装箱、搬运堆垛。

市场竞争的变化促使 3C 家电厂商进行生产效率的革新：更快速响应市场变化的产品更迭、更高效能的生产制造、更高品质的产品。敏捷制造、柔性制造、精益制造成为 3C 家电厂商发展的方向，而工业机器人的特点顺应了这一制造趋势：高速度、高柔性、高精度。

图 1-2-11 所示为进行 3C 行业作业的机器人。3C 行业拥有生命周期短、持续降低成本及弹性的全球运筹等特性，是目前发展最迅速、变动最频繁的一种行业。相比于传统市场，3C 行业机器人趋向轻量级，但对包括传感器在内的细微技术处理、柔性化以及生产协作集成化程度等方面要求更高。

图 1-2-11　进行 3C 行业作业的机器人

1.2.3.3　金属制品行业

金属制品行业包括结构性金属制品制造、金属工具制造、集装箱及金属包装容器制造、不锈钢及类似日用金属制品制造等。金属制品行业是国民经济建设中的一种基础材料工业，其产品属于工业消费品，广泛用于建筑、交通、汽车、铁路、水利、能源、电力、机械、家具等领域。

机器人与金属加工设备的结合，使得金属加工设备的生产效率达到最高，从而实现最短的供货时间，同时保持赢利和高效生产。甚至极为复杂的部件加工，借助机器人进行自动化生产，也能显著提升机床、机械加工设备的生产力，同时确保待加工部件符合日趋严格的品质要求和顺应小批量生产的趋势。此外，机器人还能够进行清理、装配等后续操作。

提示

工业机器人在金属加工领域的主要应用过程包括以下方面。

切割：氧气乙炔切割、等离子切割、激光切割、机械切割。

成型：压机管理、弯板机管理、弯管。

焊接：弧焊、激光焊、等离子焊、点焊、螺柱焊、铜焊、铆钉焊、卷边、涂胶。

机加工：数控机床加工上下料，工位间的物料搬运、堆栈、拆栈、拾取、堆垛、拆垛。

后处理：去毛刺、研磨、清洁、抛光、精修、上釉、喷涂、密封。

品管：成品检验、在线测量。

练习题

1. 选择题

（1）占据工业机器人市场份额较大的“四大家族”不包括(　　)。

A. ABB　　B. FANUC　　C. KUKA　　D. JEKA

（2）精密装配属于工业机器人在(　　)行业中的应用。

A. 3C　　B. 食品　　C. 药品　　D. 石木制品

（3）车身焊接属于工业机器人在(　　)行业中的应用。

A. 3C　　B. 汽车　　C. 药品　　D. 石木制品

（4）木材组装属于工业机器人在(　　)行业中的应用。

A. 3C　　B. 食品　　C. 药品　　D. 石木制品

2. 判断题

（1）汽车制造业目前是工业机器人应用最多的行业。(　　)

（2）艾波比（ABB）、库卡（KUKA）、发那科（FANUC）、安川（YASKAWA）被称为“四大家族”，占据着工业机器人主要的市场份额。(　　)

（3）FANUC（发那科）是国产工业机器人品牌。(　　)

（4）埃夫特、新松是国产工业机器人品牌。(　　)

3. 填空题

（1）国产工业机器人品牌有__________、__________、__________。

（2）国外工业机器人品牌有__________、__________、__________、__________。

（3）工业机器人广泛应用于__________、__________、__________等行业。

（4）工业机器人在木材加工领域能实现精准的木材______、组装、________、涂装以及木材的搬运与堆垛。

4. 简答题

（1）国内主要的工业机器人生产厂家有哪些？各自的应用特点是什么？

（2）国外主要的工业机器人生产厂家有哪些？各自的应用特点是什么？

任务完成报告

<table>
<tr><td>姓名</td><td></td><td>学习日期</td><td></td></tr>
<tr><td>任务名称</td><td colspan="3">工业机器人编程方式及典型应用</td></tr>
<tr><td rowspan="4">学习自评</td><td colspan="2">考核内容</td><td>完成情况</td></tr>
<tr><td colspan="2">（1）说出工业机器人的编程方式</td><td>□好　□良好　□一般　□差</td></tr>
<tr><td colspan="2">（2）说出国内外主要的工业机器人生产厂家及工业机器人的典型应用</td><td>□好　□良好　□一般　□差</td></tr>
<tr><td colspan="2">（3）完成工业机器人本体的安装、示教器与控制柜的连接</td><td>□好　□良好　□一般　□差</td></tr>
<tr><td>学习心得</td><td colspan="3"></td></tr>
</table>

项目 2

工业机器人手动操纵

学习情境描述

公司新买了一台 ABB IRB 120 型号的工业机器人，需要进行到货检查，并测试其性能是否符合项目的要求。

项目描述

本项目要完成“山”字的描绘，要求工业机器人在选定的坐标系下，夹持着画笔，由操作人员操作其完成。为完成这个任务，要学习工业机器人的坐标系、安全操作规程、手动操纵等内容。图 2-1 所示为工作站中的工业机器人。

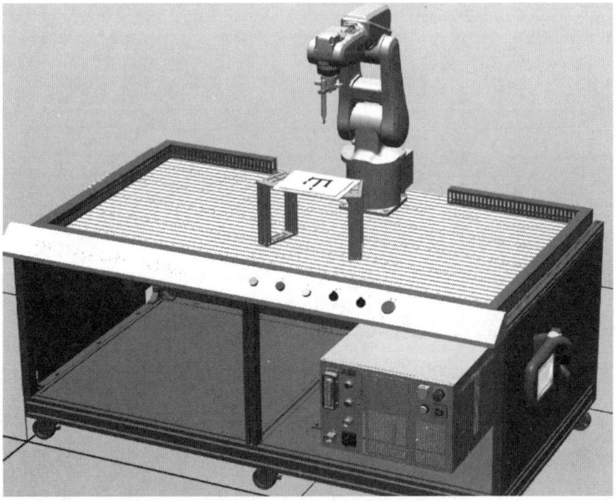

图 2-1　工作站中的工业机器人

本项目要实现的目标如下：

（1）给工作站上电，切换工业机器人到合适的坐标系；

（2）手动操作工业机器人沿着“山”字的外边缘描绘字体。

任务分解

任务 2.1　坐标系认识及操作安全注意事项

本任务要求学生理解工业机器人各坐标系的定义及作用，掌握工业机器人安全操作规程。

任务 2.2　手动操纵工业机器人

本任务要手动操纵机器人完成“山”字的描绘，要求学生掌握工业机器人手动操纵的流程及方法，能够准确、快速地调整工业机器人的姿态以符合工艺的要求。

任务 2.1　坐标系认识及操作安全注意事项

工业机器人在生产过程中动作幅度较大并且速度极快，所以其活动空间就成为危险场所，很有可能发生意外事故。从事工业机器人操作、保养等工作的相关人员，在工业机器人运行过程中一定要确保人身及设备的安全。

根据国家颁布的工业机器人安全法规，只有经过专门培训的人员才能操作工业机器人。

任务要求

（1）理解工业机器人各坐标系的定义及作用。

（2）掌握工业机器人安全操作规程，避免在操作工业机器人时出现意外情况。

学习目标

知识目标：

（1）理解工业机器人各坐标系的定义及作用；

（2）掌握工业机器人安全操作规程。

能力目标：

（1）能够辨别工业机器人各坐标系的使用情景；

（2）能够遵守并严格执行工业机器人安全操作规程。

素养目标：

（1）培养学生良好的工作习惯；

（2）引导学生树立安全意识，培养遵守工业机器人安全操作规程的职业素养。

2.1.1　坐标系认识

小组讨论

> 我们怎么做才能让人知道一个陌生地方的位置或方向?
> 四人一小组,一人负责组织,一人负责书写,一人负责上台展示并讲解,一人负责点评。

坐标系是从一个被称为原点的固定点通过轴定义的平面或空间。工业机器人的目标和位置是通过沿坐标系轴的测量来定位的。

工业机器人相关坐标系包括六种:大地坐标系(World Coordinate System)、基坐标系(Base Coordinate System)、关节坐标系(Joint Coordinate System)、工具坐标系(Tool Coordinate System)、工件坐标系(Work Object Coordinate, System)和用户坐标系(User Coordinate System)。工业机器人各坐标系如图 2-1-1 所示。

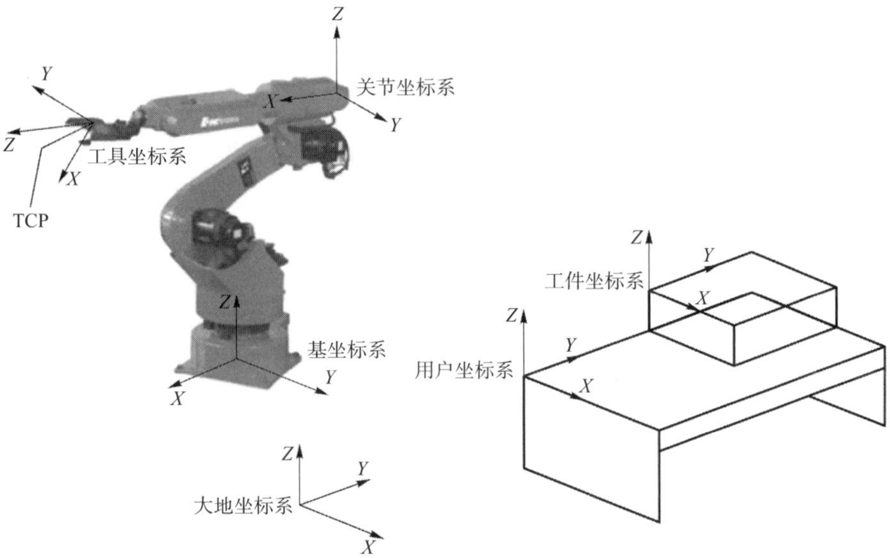

图 2-1-1　工业机器人各坐标系

在机器人系统中可使用若干种坐标系,每种坐标系都适用于特定类型的控制或编程。

1. 大地坐标系

大地坐标系又称为世界坐标系或直角坐标系,是系统的绝对坐标系,作为工业机器人插补动作的基准,其余坐标系都是在它的基础上变换得到的。大地坐标系的 X、Y、Z 三个轴相交于原点,且两两垂直。大地坐标轴的方向满足右手法则(图 2-1-2),大拇指指向 Z 轴正方向,食指指向 X 轴正方向,中指指向 Y 轴正方向。

大地坐标系是以大地作为参考的直角坐标系,主要用于多个机器人联动的场景以及带有外轴的机器人系统中。默认情况下,大地坐标系与基坐标系是一致的(图 2-1-2)。

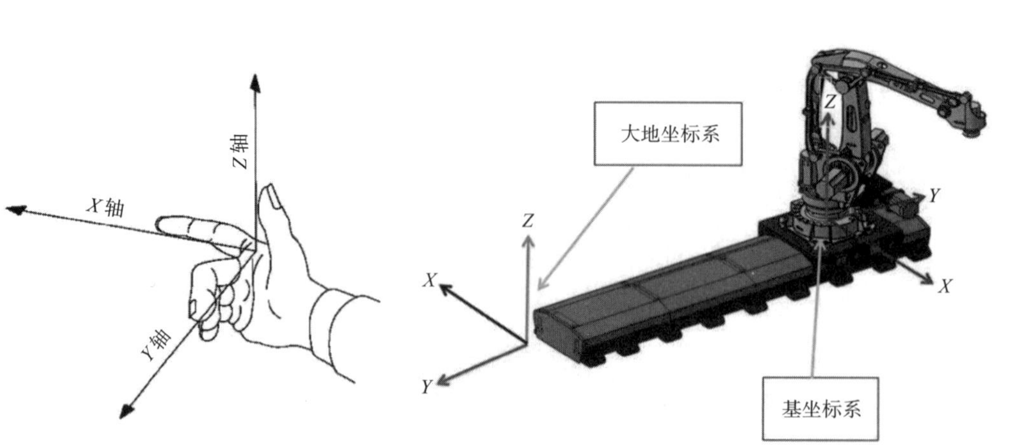

图 2-1-2 大地坐标系

2. 基坐标系

基坐标系是以机器人安装基座为基准，用来描述机器人本体运动的直角坐标系，如图 2-1-3 所示。

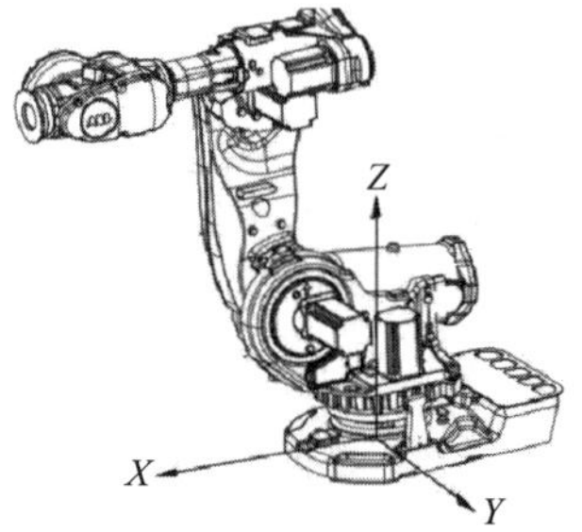

图 2-1-3 基坐标系

任何机器人都离不开基坐标系，基坐标系也是机器人 TCP 在三维空间运动所必需的基本坐标系（面对机器人，前后为 *X* 轴，左右为 *Y* 轴，上下为 *Z* 轴）。

3. 关节坐标系

ABB 机器人由六个伺服电机分别驱动机器人的六个关节轴（图 2-1-4）。每次手动操作一个关节轴的运动称为单轴运动，因此操作机器人各轴进行单轴运动的坐标系称为关节坐标系。相比于其他的手动操作模式，采用单轴运动进行粗略的定位和比较大幅度的移动会更方便、快捷。

4. 工具坐标系

工具坐标系用于定义工业机器人末端执行工具的中心点和工具的姿态。工具坐标系必须事先由用户设定。在没有设定工具坐标系的情况下，系统采用默认的工具坐标系。默认的工具坐标系是工业机器人末端法兰坐标系。

每个工具都应该有对应的工具坐标系，使用不同的工具应该切换到不同的工具坐标系下；否则，在工具坐标系下手动操作工业机器人时，工业机器人的轨迹将难以预测。

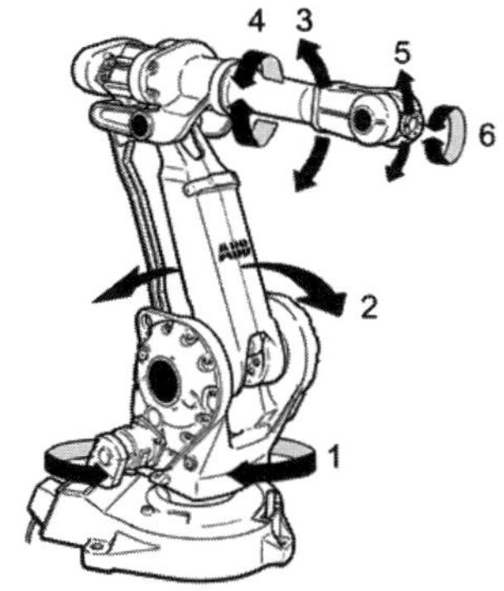

图 2-1-4　机器人各轴

在工具坐标系下线性和重定位动作与在大地坐标系下类似，但由于工具坐标系与大地坐标系的差异，其动作方式有所区别。

工具坐标系下重定位动作的旋转中心为工具的末端点，利用此特性可调整工具或工业机器人的姿态（图 2-1-5）。

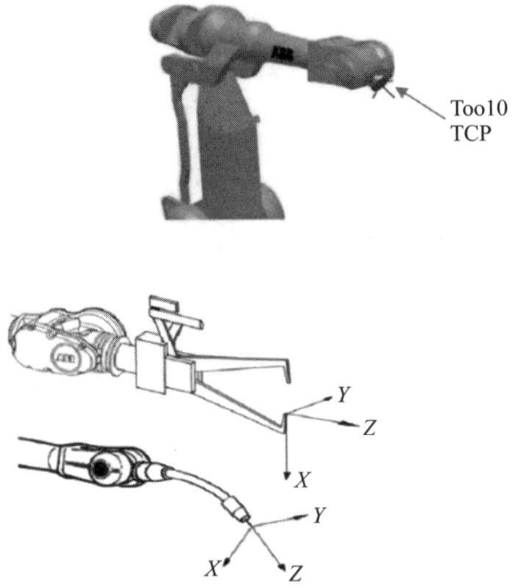

图 2-1-5　工具坐标系

5. 工件坐标系

工件坐标系定义了工件相对于大地坐标系（或其他坐标系）的位置，方便调试人员调试编程，如图 2-1-6 所示。

6. 用户坐标系

用户坐标系用于表示固定装置、工作台等设备，如图 2-1-6 所示。这就在相关坐标系链中提供了一个额外的级别，有助于处理已经标定过工件坐标系或其他坐标系的设备。

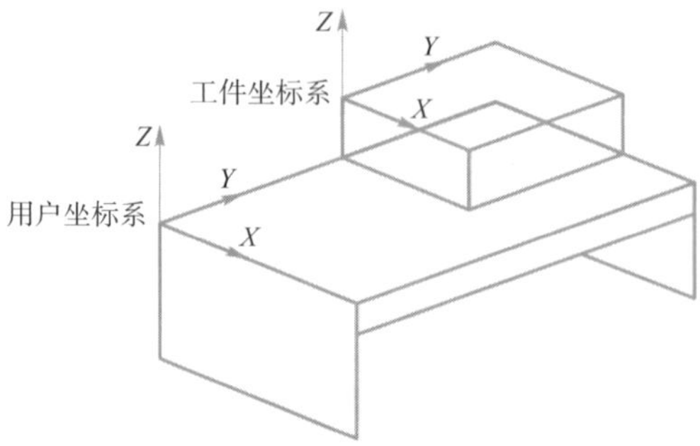

图 2-1-6 工件坐标系和用户坐标系

2.1.2 操作安全注意事项

1. 安全防护

工业机器人编程和操作人员需正确穿戴相应的安全护具,以降低意外带来的伤害。工业机器人编程和操作人员常用的安全护具主要包括安全帽、工作服、劳保鞋、防护眼镜等,如图 2-1-7 所示。

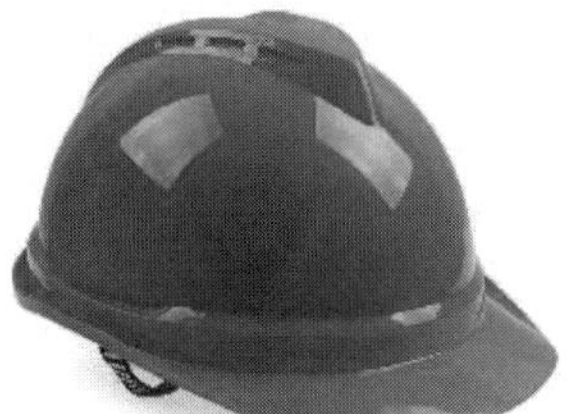

(a)安全帽

(b)工作服

(c)劳保鞋

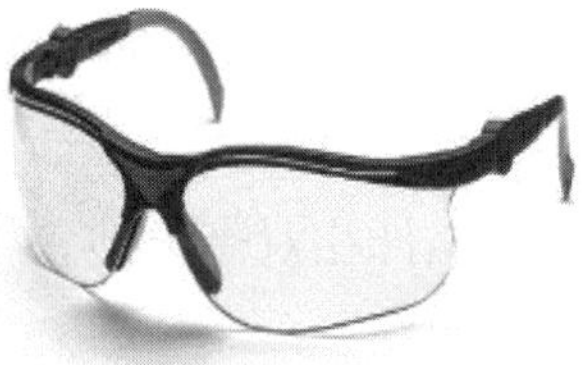

(d)防护眼镜

图 2-1-7 安全护具

2. 紧急停止

紧急停止优先于任何其他工业机器人控制操作,该操作会断开工业机器人电机的驱动电源,停止所有运转部件,并切断由工业机器人系统控制且存在潜在危险的功能部件的电源。图 2-1-8 所示为紧急停止开关(又称急停按钮)。

(a)总电源开关　(b)控制柜的紧急停止开关(框线内)　(c)示教器的紧急停止开关(框线内)

图 2-1-8　紧急停止开关

出现下列情况时,应立即按下任意紧急停止开关:

(1)工业机器人运行中,工作区域内有工作人员;

(2)工业机器人伤害了工作人员或损伤了机器设备。

3. 示教器的安全

示教器是一种高品质的手持式终端,它配备了一流的高灵敏度电子设备。为避免操作不当引起的故障或损害,在操作时应注意以下事项。

(1)小心操作,不要摔打、抛掷或重击示教器,否则会导致示教器破损或发生故障。在不使用该设备时,应将它挂到专门存放它的支架上,以免意外掉到地上。

(2)示教器在使用和存储时应避免被人踩踏电缆。

(3)切勿使用锋利的物体(例如螺钉或笔尖)操作示教器的触摸屏,否则会使触摸屏受损。应用手指或触摸笔(位于带有 USB 端口的示教器的背面)来操作示教器的触摸屏。

(4)定期清洁触摸屏。灰尘和小颗粒可能会挡住屏幕造成故障。

(5)切勿使用溶剂、洗涤剂或擦洗海绵清洁示教器。应使用软布蘸少量水或中性清洁剂清洁。

(6)没有连接 USB 设备时务必盖上 USB 端口的保护盖,如果端口暴露在灰尘中,那么它可能中断连接或发生故障。

2.1.3　工作模式及动作模式

1. 工作模式

ABB 机器人的工作模式分为手动模式和自动模式。

手动模式:调试人员用该模式进行系统参数设置、备份与恢复、程序编辑与调试等操作。在手动模式下,运动速度限制在 250 mm/s 以下。要激活电机上电,必须按下使能键。

自动模式:主要用于工业自动化生产作业,此时机器人使用现场总线或者系统 I/O 与外部设备进行信息交互,可以由外部设备控制运行。

工业机器人的工作模式通过控制柜面板上的模式选择开关进行切换，示教器状态栏会显示当前工作模式。

2. 动作模式

1）动作模式的分类

手动操纵工业机器人运动一共有三种模式：**单轴运动**、**线性运动**和**重定位运动**。

动作模式的分类及说明见表 2-1-1。

表 2-1-1　动作模式的分类及说明

分类	图例	说明
单轴运动	 	用于控制机器人各轴单独运动，方便调整机器人的位置和姿态（简称“位姿”）
线性运动		用于控制机器人在选择的坐标系空间中进行直线运动，便于调整机器人的位置
重定位运动		用于控制机器人绕选定的 TCP 旋转，便于调整机器人的姿态

2）动作模式的切换

动作模式的切换有三种方式，如表 2-1-2 所示。

表 2-1-2　动作模式的切换

方式	图例	说明
1	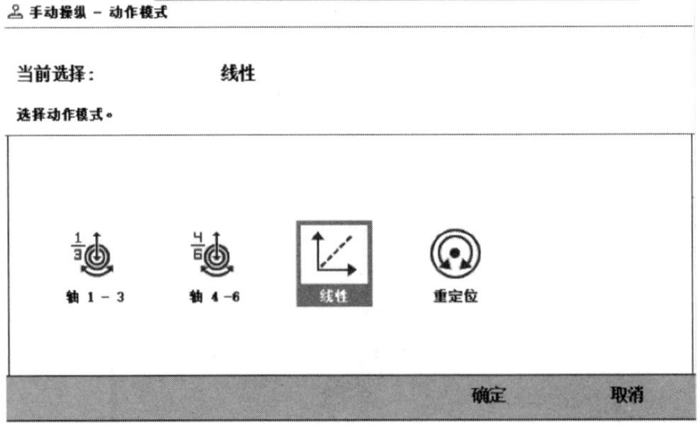	通过手动操纵界面中的动作模式选择界面进行切换

续表

方式	图例	说明
2	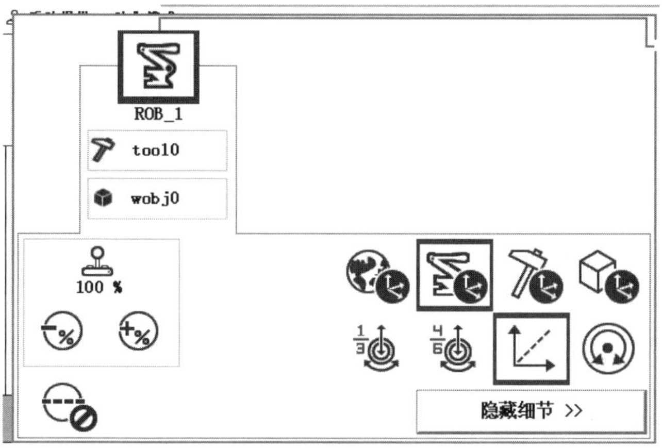	通过快速设置菜单中机械单元下的动作模式选择界面进行切换
3	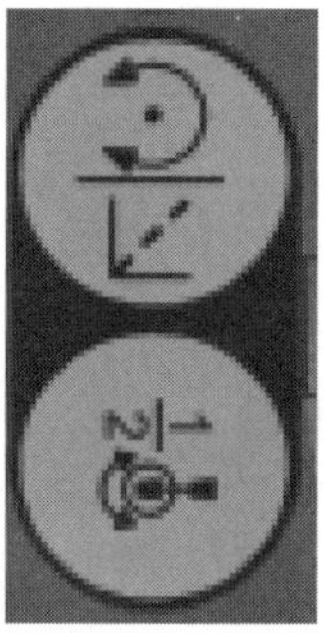	通过示教器上的动作模式切换按键进行快速切换

提示

在手动操纵模式下可以通过下图所示的快捷按键进行切换操作。

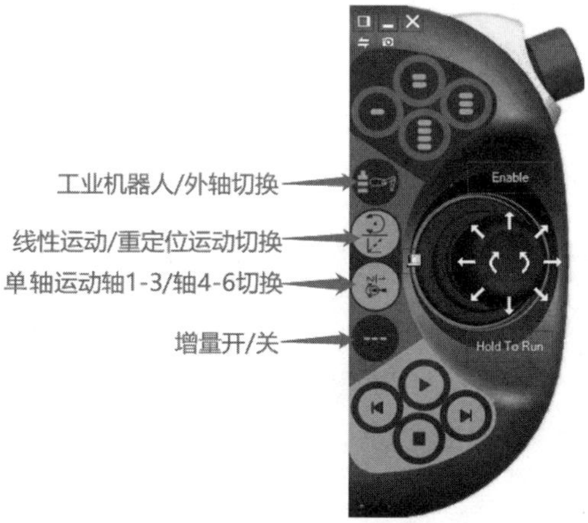

练习题

1. 选择题

（1）由工业机器人系统自定义、坐标原点位于机器人底座正中心的工业机器人坐标系是（　　）。

A. 世界坐标系　　B. 工具坐标系　　C. 工件坐标系　　D. 关节坐标系

（2）允许机器人的各关节单独动作的工业机器人坐标系是（　　）。

A. 世界坐标系　　B. 工具坐标系　　C. 工件坐标系　　D. 关节坐标系

（3）ABB 机器人的基坐标系固定在（　　）。

A. 机器人末端执行器上　　B. 机器人底座上

C. 工作对象上　　D. 机器人关节处

（4）在 ABB 机器人编程中，如果想要机器人末端执行器沿着工具坐标系的 Z 轴方向移动，应该使用（　　）指令。

A. 世界坐标系　　B. 工具坐标系　　C. 工件坐标系　　D. 关节坐标系

2. 判断题

（1）关节坐标系用来描述工业机器人每一个独立关节的运动。（　　）

（2）工件坐标系是对工业机器人本体的位姿描述。（　　）

（3）工具坐标系位于工业机器人末端执行器上。（　　）

3. 填空题

（1）工业机器人相关坐标系包括六种：__________、__________、__________、__________、__________和__________。

（2）常用的安全护具主要包括__________、__________、__________和__________。

4. 简答题

（1）简述工业机器人操作安全注意事项。

（2）简述工业机器人工具坐标系的作用。

（3）简述工业机器人大地坐标系的作用。

任务完成报告

姓名		学习日期	
任务名称	坐标系认识及操作安全注意事项		
学习自评	考核内容		完成情况
	(1)说出工业机器人各坐标系		□好　□良好　□一般　□差
	(2)说出工业机器人操作安全注意事项		□好　□良好　□一般　□差
	(3)说出工业机器人工作模式和动作模式的分类		□好　□良好　□一般　□差
学习心得			

任务 2.2 手动操纵工业机器人

“山”字的描绘是工业机器人在选定的坐标系下，夹持着画笔，由操作人员操纵其完成的。为完成这个任务，要学习工业机器人的坐标系、安全操作规程、手动操纵等内容。

任务要求

（1）手动操纵工业机器人，在 20 min 以内完成“山”字（图 2-2-1）轨迹的描绘。
（2）工业机器人运行速度百分比不超过 20%。
（3）笔尖与纸张保持垂直的姿态。
（4）描绘的“山”字轨迹连续、完整、清晰、美观。

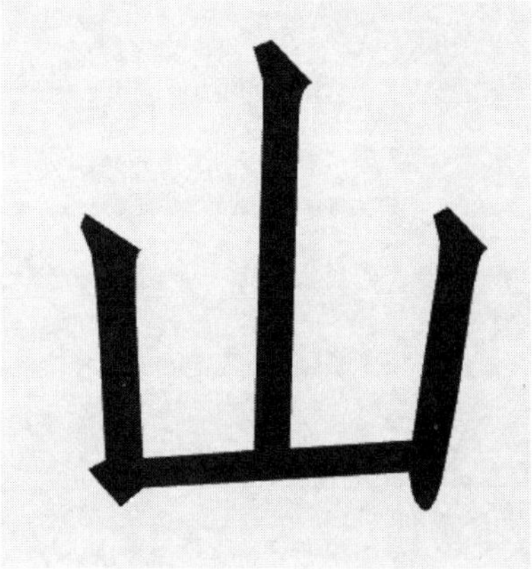

图 2-2-1 “山”字

学习目标

知识目标：
（1）掌握工业机器人手动操纵注意事项；
（2）掌握工业机器人手动操纵的方式与方法；
（3）掌握工业机器人快捷菜单的使用方法；
（4）熟练掌握工业机器人在各模式下各轴的移动方向。
能力目标：
（1）能够在单轴运动模式下准确移动工业机器人；
（2）能够在线性运动模式下准确移动工业机器人；
（3）能够在重定位运动模式下准确移动工业机器人；
（4）能够在手动操纵模式下操纵工业机器人完成字体的描绘。

素养目标：

（1）培养学生的沟通、协调能力；

（2）提高学生的团队合作精神和协作能力。

2.2.1　手动操纵认识

2.2.1.1　手动操纵界面

通过示教器手动操纵界面可以查看机器人当前位姿，查看当前操纵杆方向，选择机器人操作相关参数。点击示教器主菜单按钮，选择“手动操纵”命令，进入手动操纵界面，如图 2-2-2 所示。

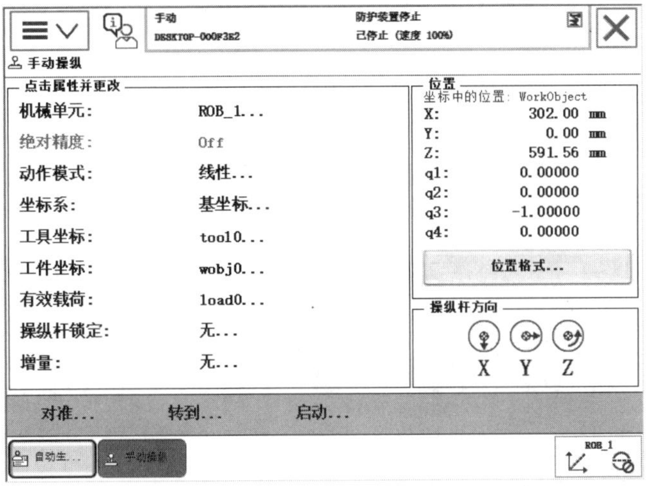

图 2-2-2　手动操纵界面

手动操纵界面图例说明如表 2-2-1 所示。

表 2-2-1　手动操纵界面图例说明

序号	图例	说明
1	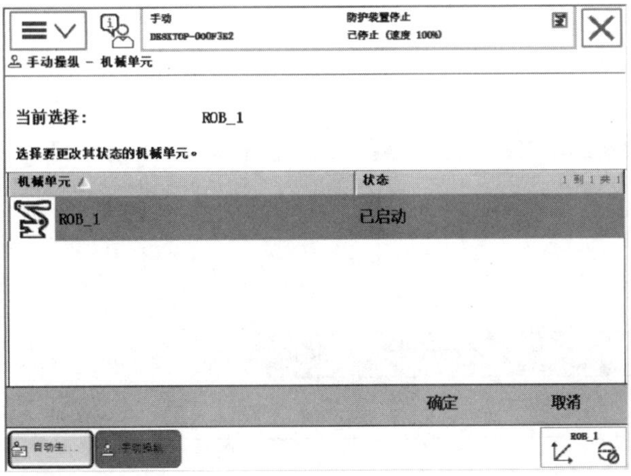	机械单元：机器人系统可能由一个以上的机器人组成，同时也可能包含附加轴等机械单元，可通过该选项进行选择和切换，默认情况下机械单元为“ROB_1”

续表

序号	图例	说明
2		动作模式：ABB 机器人的动作模式有三种，分别为单轴运动模式、线性运动模式和重定位运动模式。其中单轴运动模式包含轴 1-3、轴 4-6 两项
3	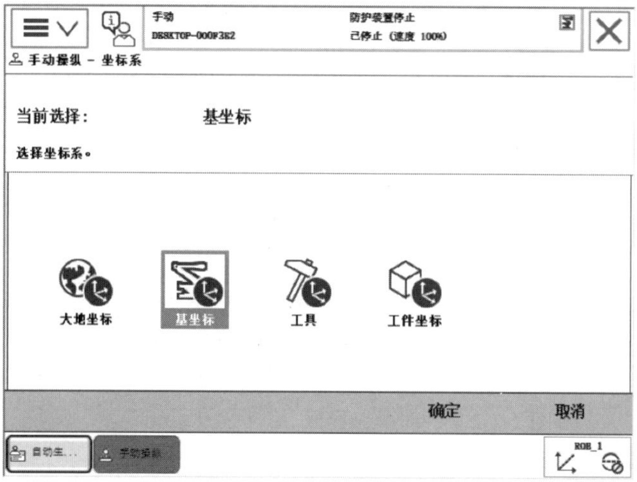	坐标系：选择机器人当前的运动参考坐标系，仅在线性和重定位运动模式下有效
4	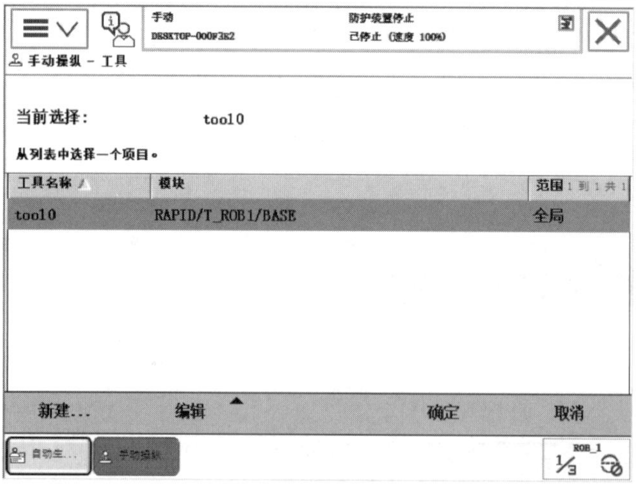	工具坐标：选择或定义机器人当前使用的工具坐标数据

续表

序号	图例	说明
5	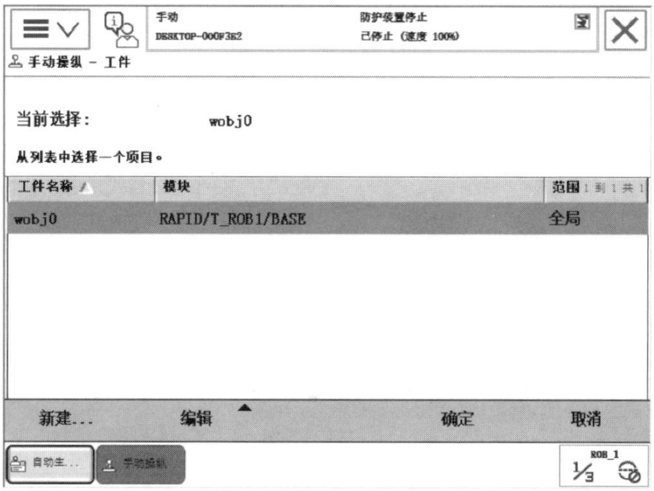	工件坐标:选择或定义机器人当前使用的工件坐标数据
6	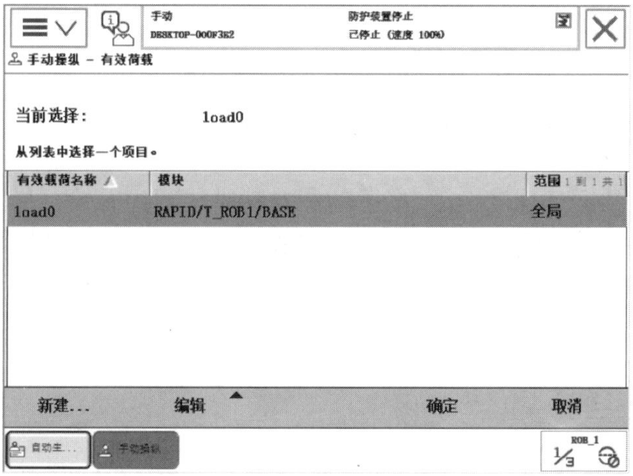	有效荷载:选择或定义机器人当前使用的有效荷载数据
7		操纵杆锁定:选择并锁定操纵杆的特定方向,从而阻止一个或多个轴运动,可以选择多项

续表

序号	图例	说明
8	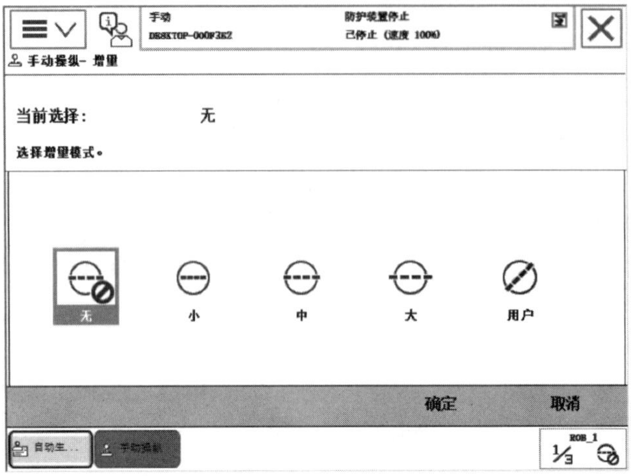	增量:选择或取消机器人的增量移动模式。在增量模式下,操纵杆每偏转一次,机器人移动一步,当操纵杆偏转持续 1 s 或数秒时,机器人将会以 10 步/s 的速率持续运动

2.2.1.2 运行速度

工业机器人的运行速度可分为两部分:全局速度和微动增量速度。

1. 全局速度

全局速度对应工业机器人的运动速度上限,在手动和自动模式下均有效,只是在不同模式下的上限不同。全局速度在示教器界面的上方显示,如图 2-2-3 所示,工业机器人当前全局速度为 100%。全局速度设置界面如图 2-2-4 所示。

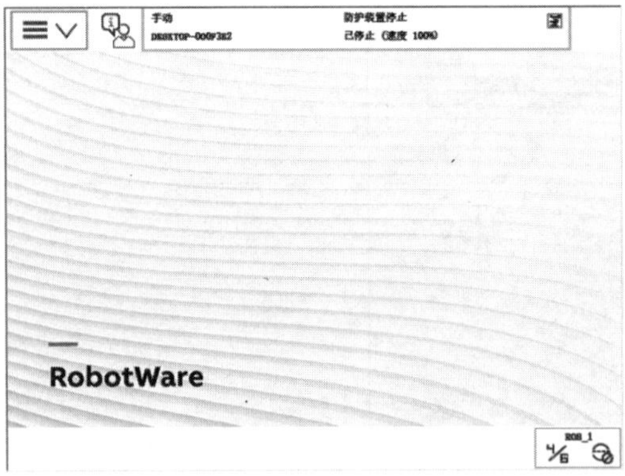

图 2-2-3 全局速度

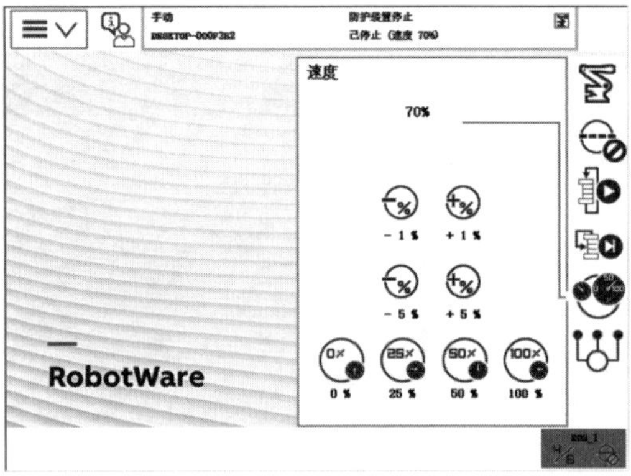

图 2-2-4 全局速度设置界面

2. 微动增量速度

如果对使用操纵杆通过位移幅度来控制机器人运行速度的操作不熟练,那么可以使用增量模式来控制机器人的运动。

在增量模式(图 2-2-5)下,操纵杆每偏转一次,机器人就移动一步。如果操纵杆偏转持续 1 s 或数秒,机器人就会持续移动(速率为 10 步/s)。

也可根据需要选择无增量模式，然后单击“确定”，如图 2-2-6 所示。

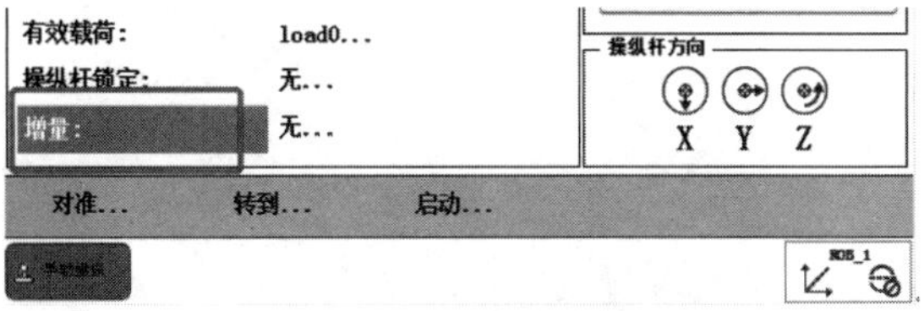

图 2-2-5　增量模式

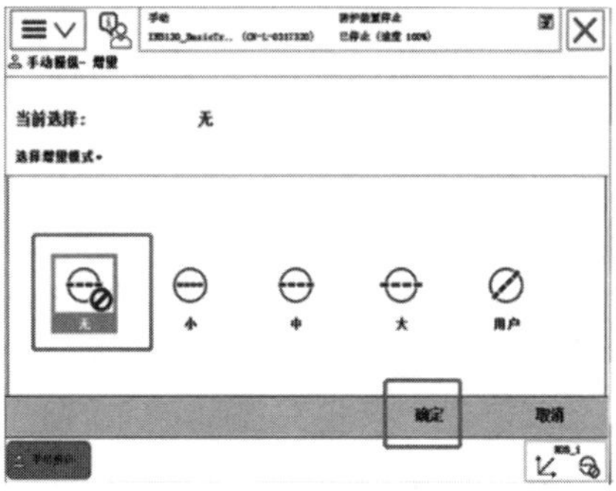

图 2-2-6　无增量模式

增量移动的距离及弧度见表 2-2-2。

表 2-2-2　增量移动的距离及弧度

增量	移动距离/mm	弧度/rad
小	0.05	0.000 5
中	1	0.004
大	5	0.009
用户	自定义	自定义

2.2.2　手动操纵

2.2.2.1　单轴移动工业机器人

每次手动操纵一个关节轴的运动称为单轴运动。

以下就是手动操纵单轴运动的方法。

（1）单击左上角主菜单按钮，选择“手动操纵”命令，如图 2-2-7 所示。

（2）单击“动作模式”，如图 2-2-8 所示。

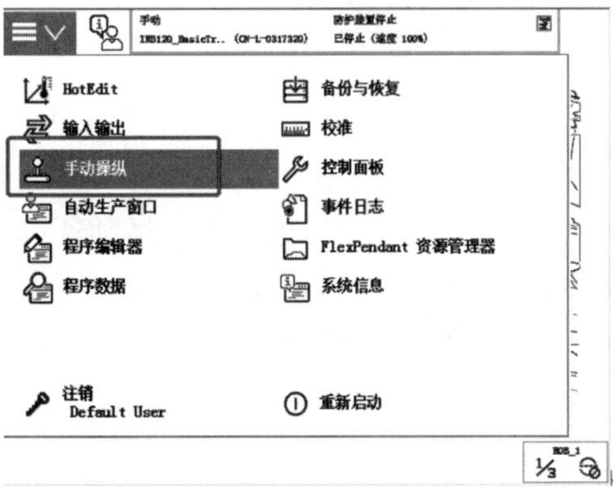

图 2-2-7　手动操纵

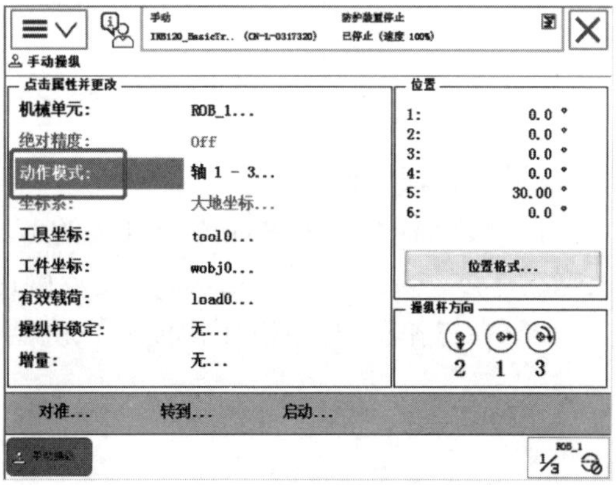

图 2-2-8　动作模式

（3）选中“轴 1-3”（图 2-2-9），然后单击“确定”，则可以操纵轴 1-3；若选中“轴 4-6”，则可以操纵轴 4-6。

（4）用左手按下使能键，使工业机器人进入“电机开启”状态，如图 2-2-10 所示。

图 2-2-9　轴 1-3

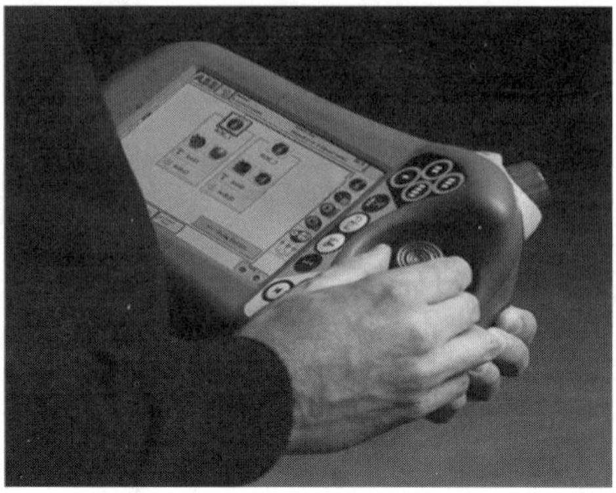

图 2-2-10　电机开启

（5）在状态栏中确认“电机开启”状态，并查看轴 1-3 的操纵杆方向（箭头代表正方向），如图 2-2-11 所示。

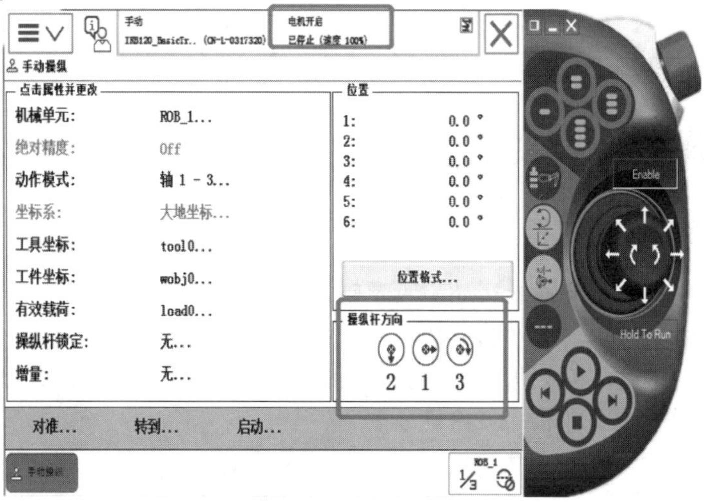

图 2-2-11　操纵杆方向

操纵杆的使用技巧：

可以将机器人的操纵杆比作汽车的节气门，操纵杆的操纵幅度与机器人的运动速度相关：操纵幅度较小，则机器人运动速度较慢；操纵幅度较大，则机器人运动速度较快。

大家在操作时，尽量以小幅度操纵机器人慢慢运动来开始手动操纵学习。

任务

移动操纵杆的时候，观察单个轴的运动速度及方向，验证是否和示教器界面上显示的信息一致。

实操任务

操作操纵杆，分别将机器人的各轴调节到如表 2-2-3 所示的角度。

表 2-2-3　各轴调节的角度

轴号	角度	轴号	角度
轴 1	90°	轴 4	0°
轴 2	-30°	轴 5	90°
轴 3	30°	轴 6	180°

步骤 1：操作操纵杆，分别将工业机器人的轴 1、2、3 移动到 90°、-30°、30° 的位置，如图 2-2-12 所示。

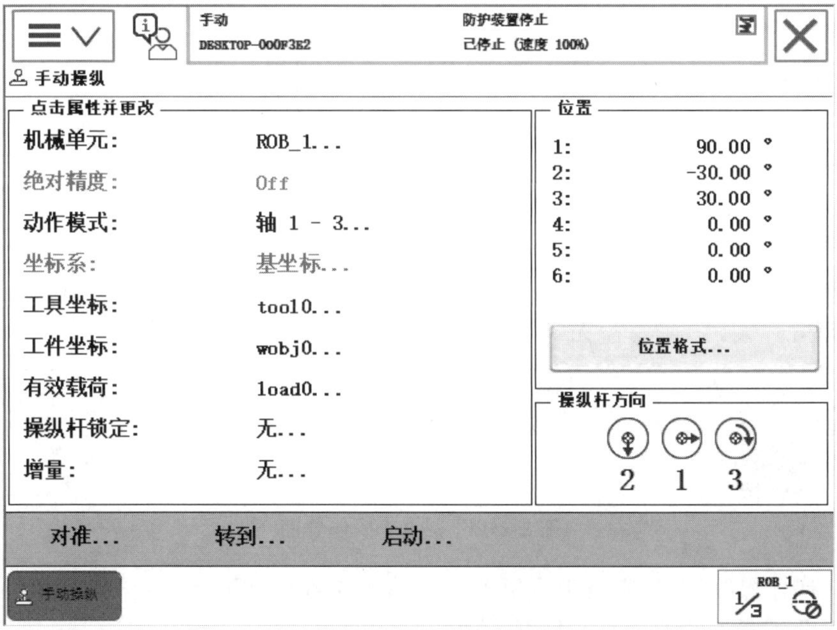

图 2-2-12　轴 1-3 操作界面

步骤 2：查看工业机器人的位姿，图 2-2-13 所示为工业机器人的轴 1、2、3 分别移动到 90°、-30°、30° 位置时的姿态。

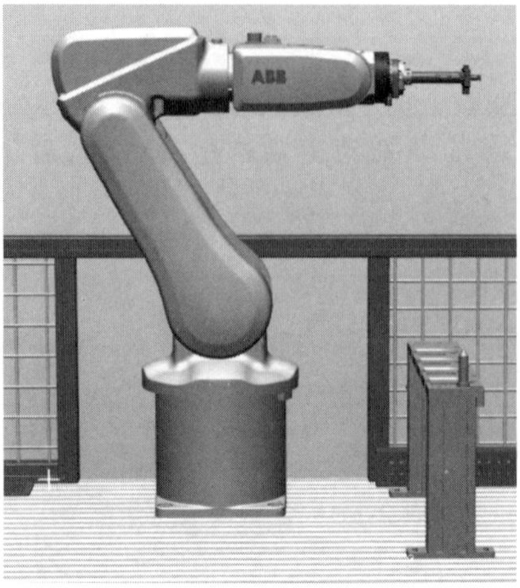

图 2-2-13　轴 1-3 姿态

步骤 3:将动作模式切换为“轴 4-6”,查看轴 4-6 的动作方向,如图 2-2-14 所示。

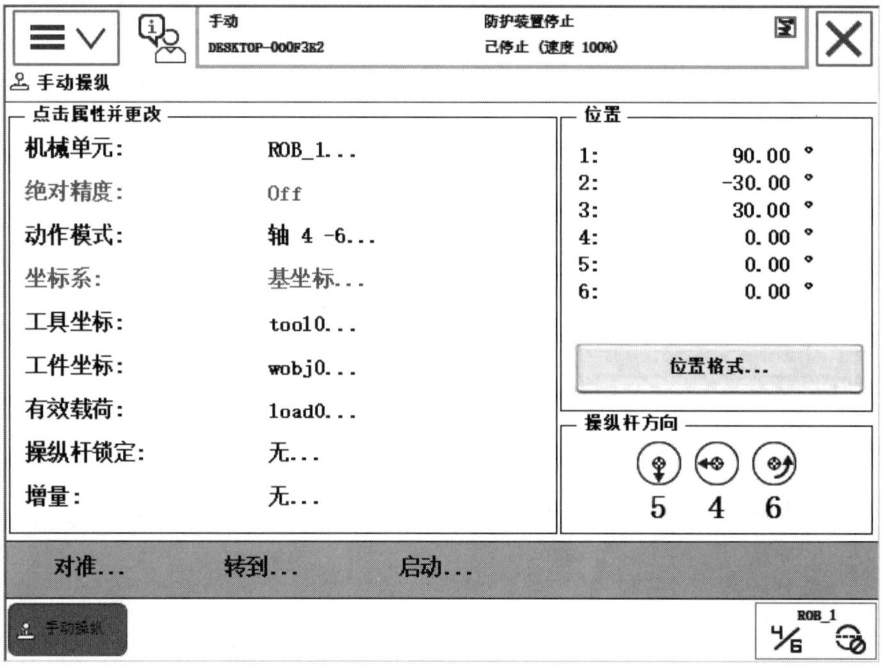

图 2-2-14　轴 4-6 操作界面

步骤 4:操作操纵杆,分别将工业机器人的轴 4、5、6 移动到 0°、90°、0° 的位置。图 2-2-15 所示为工业机器人的轴 4、5、6 分别移动到 0°、90°、0° 位置时的姿态。

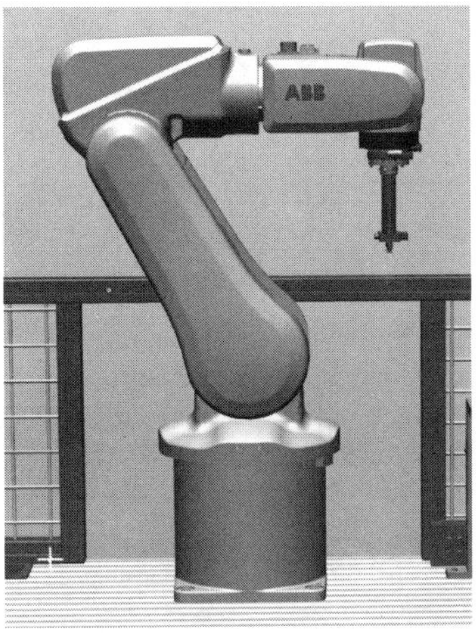

图 2-2-15　轴 4-6 姿态

2.2.2.2　线性移动工业机器人

工业机器人的线性运动是指安装在工业机器人第六轴法兰盘上的工具的中心点在空间中做线性运动。

以下就是手动操纵线性运动的方法。

(1)选择“手动操纵”命令,如图 2-2-16 所示。

(2)单击“动作模式”,如图 2-2-17 所示。

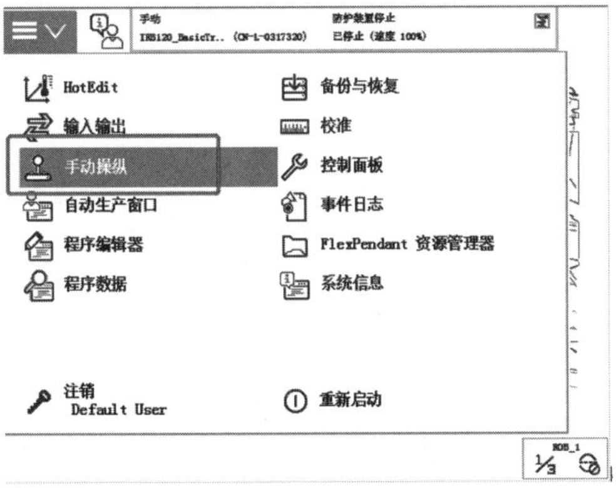

图 2-2-16　手动操纵

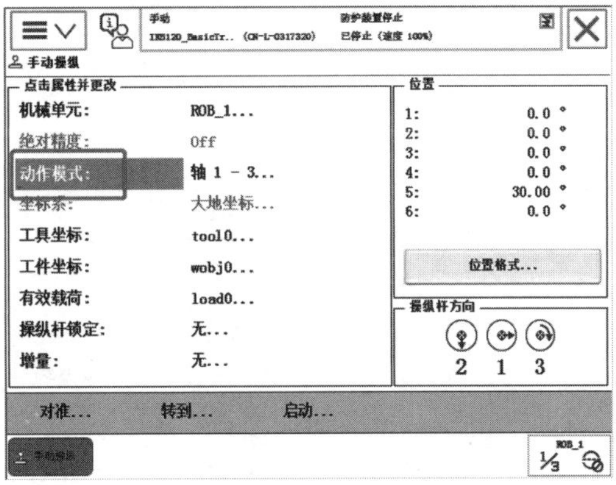

图 2-2-17　动作模式

(3)选择“线性”,然后单击“确定”,如图 2-2-18 所示。

(4)单击“坐标系”,选择“大地坐标”,如图 2-2-19 所示。

(5)工具坐标选择默认的“tool0”,工件坐标选择默认的“wobj0”,如图 2-2-20 所示。

(6)在状态栏中确认“电机开启”状态,并查看轴 X、Y、Z 的操纵杆方向(箭头代表正方向),如图 2-2-21 所示。操作示教器上的操纵杆,工具的中心点在空间中做线性运动。

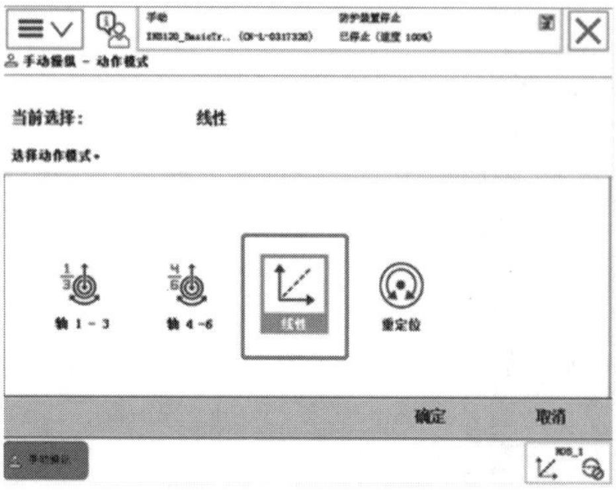

图 2-2-18　线性

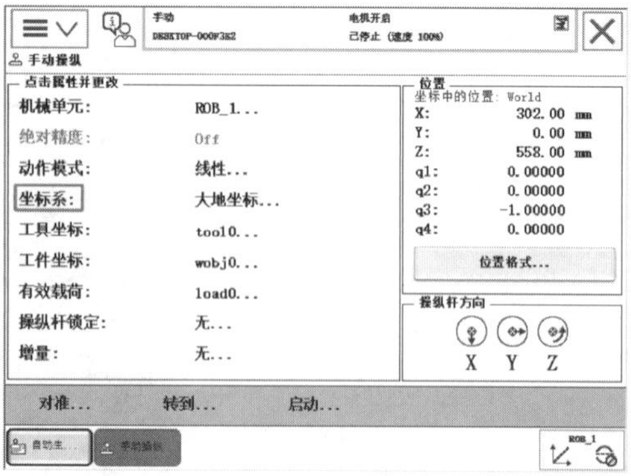

图 2-2-19　大地坐标

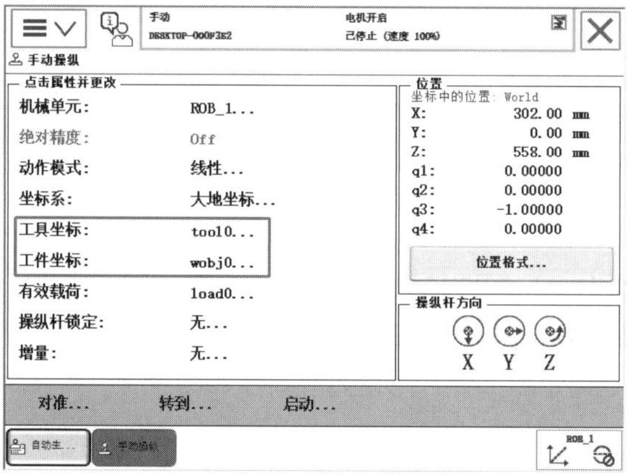

图 2-2-20　选择工具坐标及工件坐标

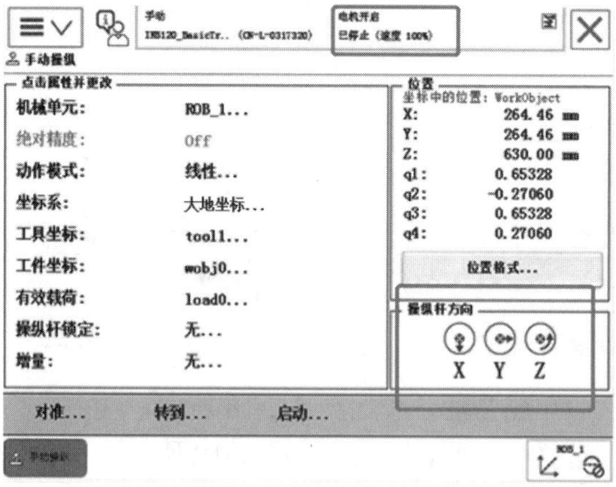

图 2-2-21　操纵杆方向

实操任务

操作操纵杆，将工业机器人的工具 tool0 移动到 X 轴方向 200 mm、Y 轴方向 100 mm、Z 轴方向 400 mm 的位置。

步骤 1：使用操纵杆移动工业机器人，使其在大地坐标系下分别沿 X、Y、Z 轴方向运动，直到 X、Y、Z 值分别接近 200 mm、100 mm、400 mm 的位置，如图 2-2-22 所示。

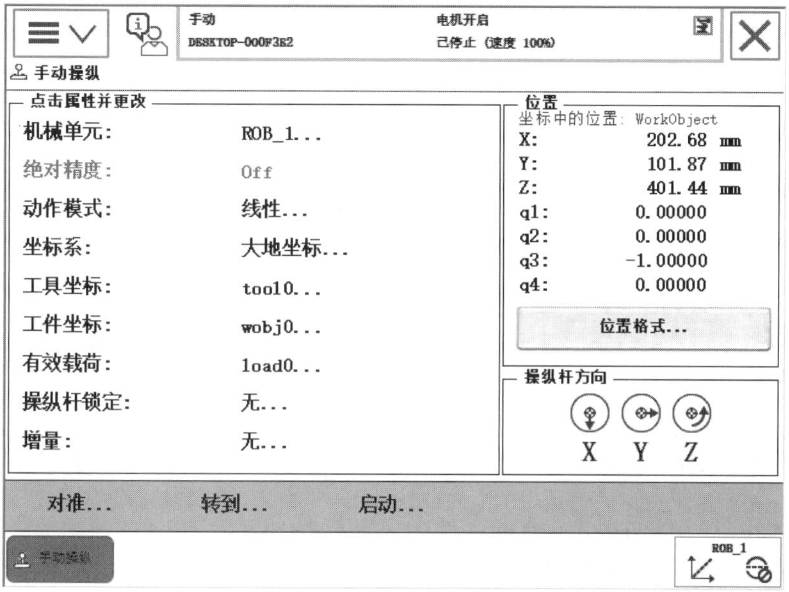

图 2-2-22　位置显示

步骤 2：查看工业机器人当前位姿，此时工业机器人姿态如图 2-2-23 所示。

步骤 3：打开增量模式，设定为“小”，如图 2-2-24 所示。

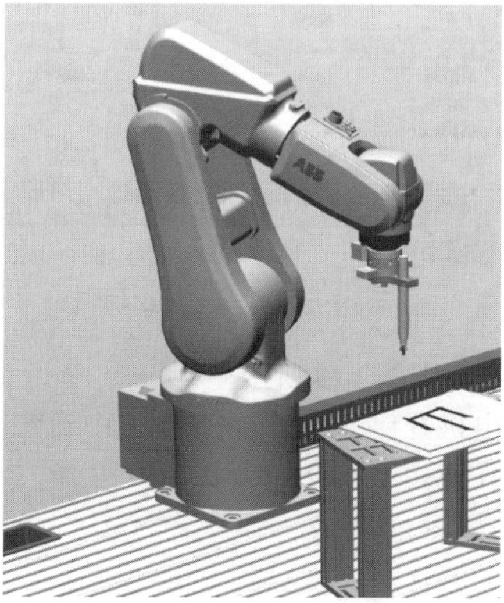

图 2-2-23　工业机器人姿态

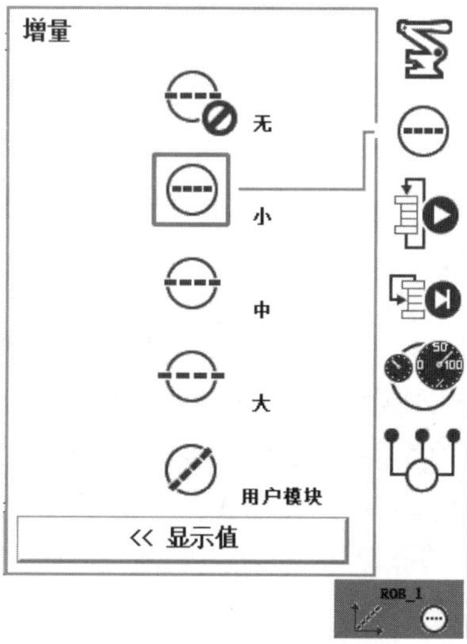

图 2-2-24　增量模式设定为“小”

步骤 4：再次操作操纵杆使工业机器人沿 X、Y、Z 轴方向运动，直到各轴的值精确到 200.00 mm、100.00 mm、400.00 mm。

2.2.2.3　重定位移动工业机器人

工业机器人的重定位运动是指机器人第六轴法兰盘上的工具的中心点在空间中绕着坐标轴旋转的运动，也可以理解为工业机器人绕着 TCP 做姿态调整的运动。

手动操纵重定位运动的方法如下。

（1）选择“手动操纵”→“动作模式”→“重定位”（图 2-2-25），然后单击“确定”。

（2）单击“坐标系”，如图 2-2-26 所示。

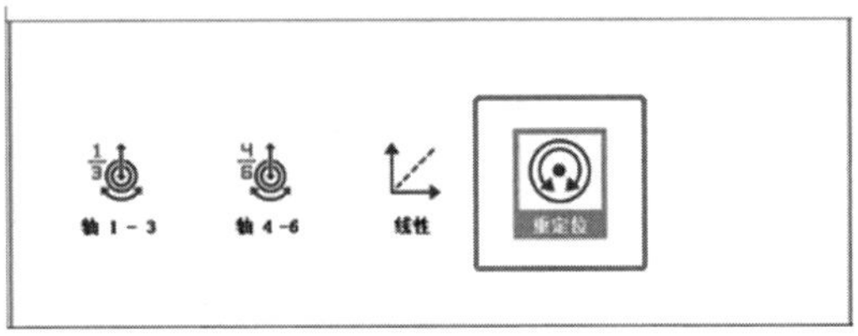

图 2-2-25　重定位

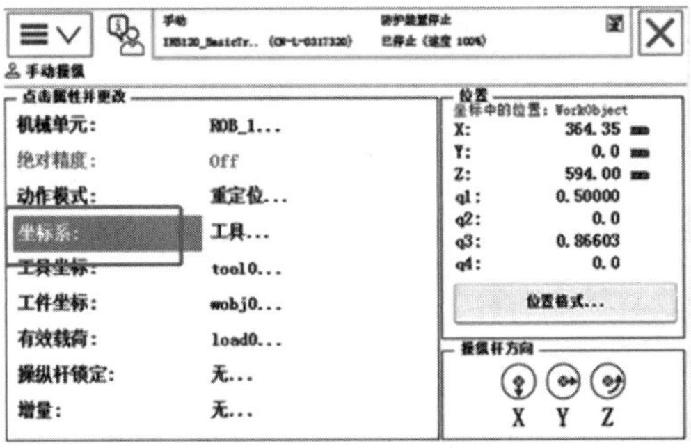

图 2-2-26　坐标系

（3）选择“工具”，然后单击“确定”，如图 2-2-27 所示。

（4）单击“工具坐标”，如图 2-2-28 所示。

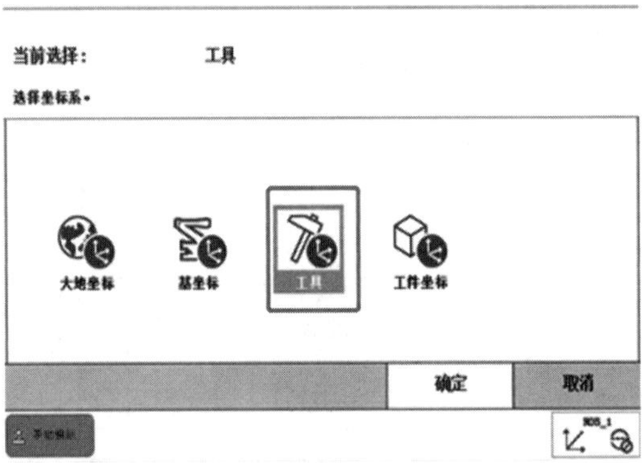

图 2-2-27　工具

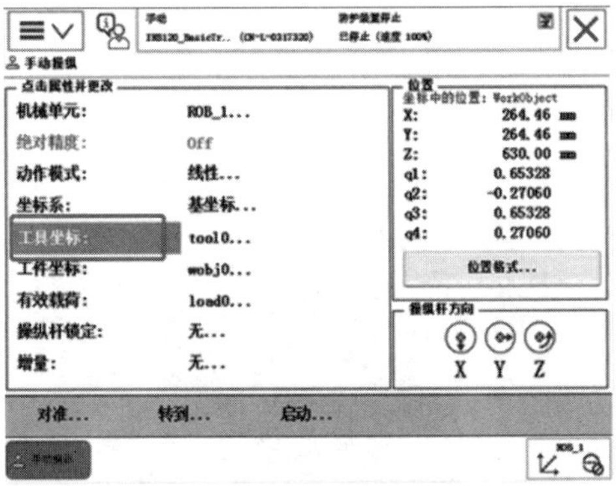

图 2-2-28　工具坐标

（5）选中对应的工具“tool1”，然后单击“确定”，如图 2-2-29 所示。

（6）用左手按下使能键，使工业机器人进入“电机开启”状态。在状态栏中确认“电机开启”状态，并查看轴 X、Y、Z 的操纵杆方向（箭头代表正方向），如图 2-2-30 所示。操作示教器上的操纵杆，机器人绕着 TCP 做姿态调整的运动。

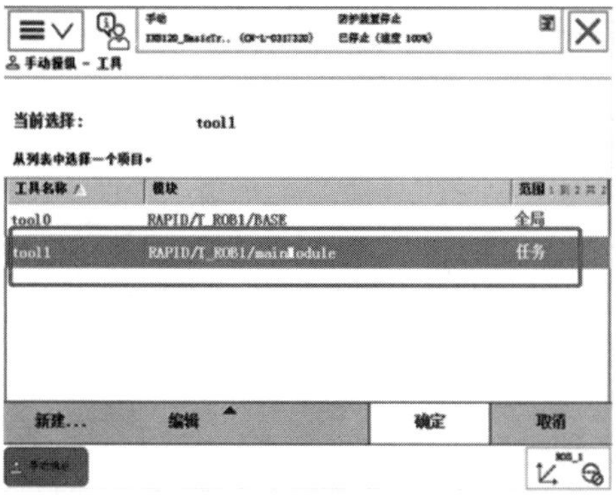

图 2-2-29　选择“tool1”

图 2-2-30　操纵杆方向

实操任务

操作操纵杆，使工业机器人的工具 tool1 绕 *X* 轴方向旋转 160°，绕 *Y* 轴方向旋转 50°，绕 *Z* 轴方向旋转 135°。

步骤 1：使用操纵杆移动工业机器人，使其在工具坐标系下分别绕 *X*、*Y*、*Z* 轴方向旋转，直至各角度的值分别接近 160°、50°、135°，如图 2-2-31 所示。

图 2-2-31　位置显示

步骤 2：查看工业机器人当前位姿，此时工业机器人姿态如图 2-2-32 所示。

步骤 3：打开增量模式，设定为“小”，如图 2-2-33 所示。

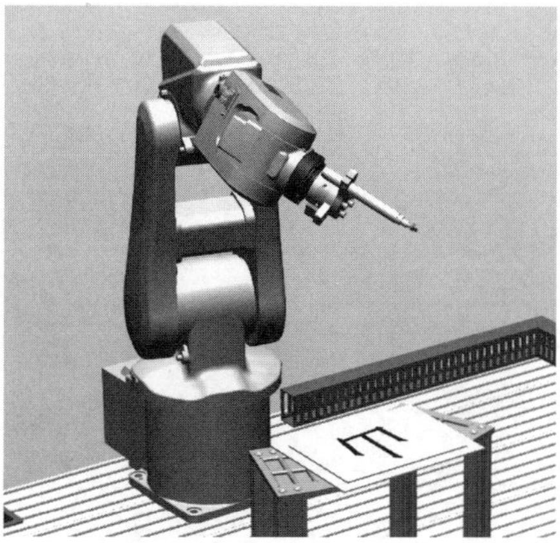

图 2-2-32　工业机器人姿态

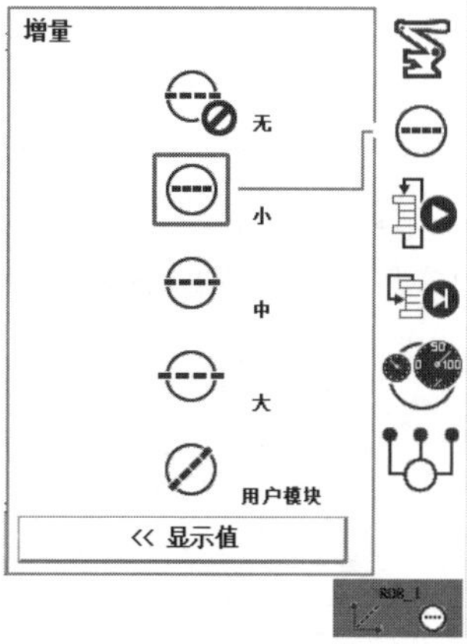

图 2-2-33　增量模式设定为“小”

步骤 4：再次操作操纵杆，使工业机器人分别绕 X、Y、Z 轴方向旋转，直至各角度的值分别精确到 160°、50°、135°。

练习题

1. 选择题

（1）ABB 机器人的移动方式不包括（　　）。

A. 单轴移动　　B. 线性移动

C. 手动重定位移动　　D. 缓慢移动

（2）手部的位姿是由（　　）构成的。

A. 位置与速度　　B. 位置与姿态

C. 位置与运行状态　　D. 姿态

（3）工业机器人六个轴的运动正方向可以通过示教器主菜单中的“（　　）”命令来查看。

A. 控制面板　　B. 配置　　C. 手动操纵　　D. 程序编辑器

（4）手动操作机器人不熟练时，为防止速度过快或发生碰撞，需要在示教器上通过快捷按键打开（　　）模式。

A. 单轴运动　　B. 增量　　C. 自动　　D. 线性运动

2. 判断题

（1）在手动操纵界面中，可以查看工业机器人当前位置和姿态。（　　）

（2）在增量模式下，操纵杆每偏转一次，机器人就移动一步。如果操纵杆偏转持续 1 s 或数秒，机器人就会持续移动（速率为 10 步/s）。（　　）

（3）在手动操纵重定位运动中，用左手按下使能键，使工业机器人进入“电机开启”状态，显示轴 X、Y、Z 的操纵杆方向（箭头代表正方向）。操作示教器上的操纵杆，工具的中心点在空间中做线性运动。（　　）

（4）连接 ABB IRB 120 机器人示教器和控制柜的是编码器线缆。（　　）

3. 填空题

（1）通过示教器手动操纵界面可以查看工业机器人当前的__________和____________。

（2）在手动操纵重定位运动中，选择“手动操纵”→“__________”→“重定位”，然后单击“确定”。

（3）在手动操纵重定位运动中，单击“坐标系”，选择“__________”，然后单击“确定”，单击“工具坐标”，选择对应的工具，然后单击“确定”。

4. 简答题

（1）手动操纵界面有哪些作用？

（2）如何手动重定位移动工业机器人？

（3）简述增量模式的使用情景。

（4）简述单轴移动与线性移动工业机器人的不同。

任务完成报告

姓名		学习日期	
任务名称	手动操纵工业机器人		
学习自评	考核内容	完成情况	
	(1)手动单轴移动工业机器人	□好　□良好　□一般　□差	
	(2)手动线性移动工业机器人	□好　□良好　□一般　□差	
	(3)手动重定位移动工业机器人	□好　□良好　□一般　□差	
学习心得			

项目 3

工业机器人涂胶应用

学习情境描述

涂胶作为汽车制造装配的重要组成部分，属于精密操作的范畴。胶量是否稳定、胶线的厚度等会影响成品的质量。过去这些都受到工人涂胶水平的影响，但随着汽车工业自动化水平的不断提高，人工涂胶逐渐被工业机器人涂胶所取代。工业机器人涂胶具有稳定性、可靠性、效率高的特点。

项目描述

本项目采用现场示教编程的方式完成小车模型轨迹涂胶程序的创建及调试。

工业机器人涂胶工作站如图 3-1 所示，涂胶所用小车模型如图 3-2 所示。

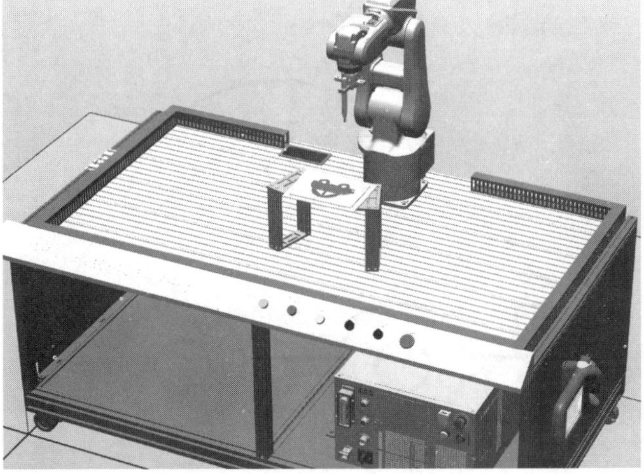

图 3-1　工业机器人涂胶工作站

图 3-2　小车模型

本项目要实现的目标是：工业机器人自动完成小车模型轨迹的涂胶任务。

任务分解

任务 3.1　简单轨迹的涂胶编程

本任务为直线轨迹涂胶编程，介绍工业中典型轨迹应用场景，讲解 MoveJ、MoveL 指令，程序创建及修改的流程及方法，轨迹规划、姿态调整的方法。

任务 3.2　工业机器人涂胶轨迹创建

本任务介绍 TCP 的概念及标定方法，以及在实际中的应用，讲解 MoveC 指令、程序修改的流程及方法，完成曲线涂胶程序的创建。

任务 3.1　简单轨迹的涂胶编程

小车模型轨迹涂胶编程是项目 3 的最终任务，小车模型由一些直线和圆弧组成，在本任务中先完成直线轨迹（图 3-1-1）涂胶编程调试，需要学习的内容包括坐标系的修改、轨迹规划、机器人姿态调整、程序的创建及优化。

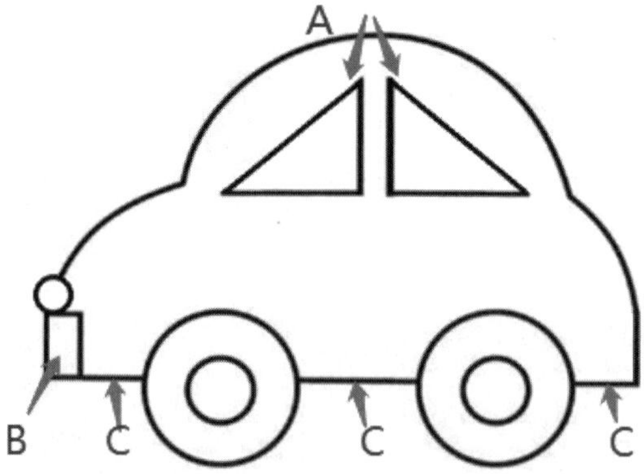

A—三角形；B—矩形；C—直线

图 3-1-1　小车模型涂胶轨迹

任务要求

（1）创建简单涂胶轨迹，完成直线、三角形及矩形的涂胶任务。

（2）图形描绘要精确、完整、清晰、美观，工业机器人姿态要合理，自动运行涂胶时间不超过100 s，自动运行速度百分比设置为20%。

（3）工业机器人运行轨迹合理，涂胶枪与模型保持垂直的姿态，运行无障碍，且没有不必要的停顿。

学习目标

知识目标：

（1）掌握程序创建的流程及方法；

（2）掌握基本运动指令的用法；

（3）掌握程序修改的方法；

（4）掌握轨迹规划、姿态调整的方法；

（5）掌握示教编程的流程及方法。

能力目标：

（1）能够使用基本运动指令创建程序；

（2）能够根据实际工作情况对程序参数进行修改；

（3）能够对工业机器人进行轨迹规划、姿态调整；

（4）能够熟练对工业机器人示教编程。

素养目标：

（1）培养学生良好的工业机器人操作习惯；

（2）培养学生良好的编程素养。

3.1.1　工业机器人轨迹编程应用

工业机器人安装了不同工具后，就可以完成不同的工作任务。在实际生产中，工业机器人轨迹编程应用于焊接、激光切割、喷涂、涂胶等领域。

3.1.1.1　焊接

焊接机器人主要包括机器人和焊接设备两部分。机器人由机器人本体和控制柜（硬件及软件）组成。而焊接装备，以弧焊及点焊为例，则由焊接电源（包括其控制系统）、送丝机（弧焊）、焊枪等部分组成。对于智能机器人，还应有传感系统，如激光或摄像传感器及其控制装置等。图3-1-2所示为工业机器人在焊接领域的应用。

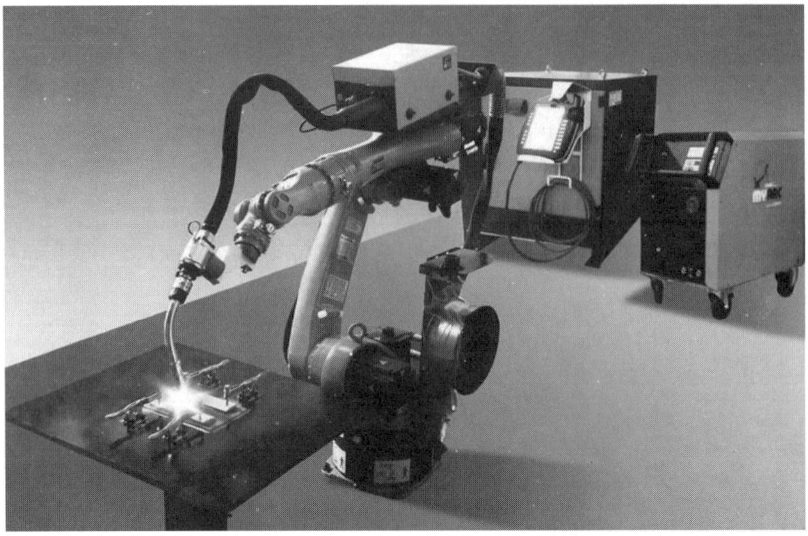

图 3-1-2 工业机器人在焊接领域的应用

在工业机器人的末轴法兰装接焊钳或焊枪，就构成了焊接工业机器人。焊接工业机器人从 1960 年用于生产以来，其技术已日益成熟，主要有以下优点：

（1）稳定和提高了焊接质量，能将焊接质量以数值的形式反映出来；

（2）提高了劳动生产率；

（3）降低了工人劳动强度，可在有害环境下工作；

（4）降低了对工人操作技术的要求；

（5）缩短了产品改型换代的准备周期，减少相应的设备投资。

因此，焊接机器人在各行各业得到了广泛的应用。

3.1.1.2 激光切割

工业机器人激光切割是一种通过工业机器人实现的多方向、多角度的柔性切割方法。工业机器人激光切割系统一般由机器人手臂、材料定位器、机器人控制器和机械手末端工具组成。机器人通过操控工具或工件来完成任务。

工业机器人激光切割改善了传统的切割工艺，提高了激光切割的性能和效率，提高了产品质量，减少了消耗。图 3-1-3 所示为工业机器人在激光切割领域的应用。

在汽车制造领域，小汽车顶窗等空间曲线的激光切割技术已经获得广泛的应用。在航空航天领域，激光切割技术主要用于特种航空材料的切割，如钛合金、铝合金、不锈钢、复合材料、塑料、陶瓷及石英等。用激光切割加工的航空航天零件有发动机火焰筒、飞机框架、机翼长桁、尾翼壁板、直升机主旋翼等。

激光切割技术在非金属领域也有着广泛的应用。激光切割所需功率相对较低，一般情况下，1 kW 以下的连续二氧化碳激光器就足以用来切割薄工件。激光切割不仅可以切割硬度高、脆性大的材料，如碳化硅、陶瓷、石英等，还能切割柔性材料，如布料、纸张、塑料等。

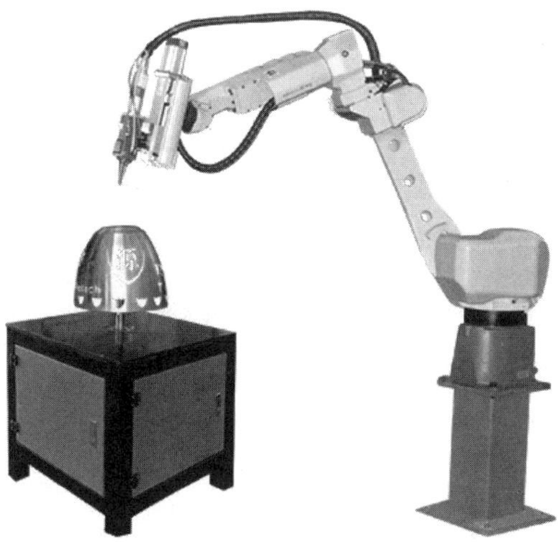

图 3-1-3　工业机器人在激光切割领域的应用

3.1.1.3　喷涂

喷涂机器人又叫喷漆机器人，是可进行自动喷漆或喷涂其他涂料的工业机器人，1969 年由挪威 Trallfa 公司（后并入 ABB 集团）发明。喷漆机器人主要由机器人本体、计算机和相应的控制系统组成，液压驱动的喷漆机器人还包括液压油源，如油泵、油箱和电机等。多采用 5 或 6 个自由度的关节式结构，手臂有较大的运动空间，并可做复杂的轨迹运动，其腕部一般有 2~3 个自由度，可灵活运动。较先进的喷漆机器人腕部采用柔性手腕，既可向各个方向弯曲，又可转动，其动作类似人的手腕，能方便地通过较小的孔伸入工件内部，喷涂其内表面。喷漆机器人一般采用液压驱动，具有动作速度快、防爆性能好等特点，可通过手把手示教或点位示数来实现示教。喷漆机器人广泛用于汽车、仪表、电器、搪瓷等工艺生产部门。图 3-1-4 所示为工业机器人在喷涂领域的应用。

图 3-1-4　工业机器人在喷涂领域的应用

喷涂机器人主要有以下优点：

（1）柔性大，工作范围大；

（2）提高了喷涂质量和材料使用率；

（3）易于操作和维护，可离线编程，从而大大缩短现场调试时间；

（4）设备利用率高，喷涂机器人的利用率可达 90%~95%。

3.1.1.4 涂胶

实际生产中的工业机器人涂胶工作站（图 3-1-5）主要包括机器人、供胶系统、涂胶工作台、工作站控制系统及其他周边配套设备。

以汽车车灯的涂胶为例，随着市场对汽车灯泡质量的要求日益提高，对车灯密封性能的要求也比以前更高了，如果仍然采用传统的人工涂胶生产模式，将不能满足现在消费者对车灯密封性能的需求。机器人的运用不仅能满足人工生产所不能达到的技术要求，而且能进行高质量的批量生产以满足不断增长的生产和消费需求。

图 3-1-5 实际生产中的工业机器人涂胶工作站

3.1.2 三角形涂胶编程

三角形涂胶编程，需要七步才能完成，其流程如图 3-1-6 所示。

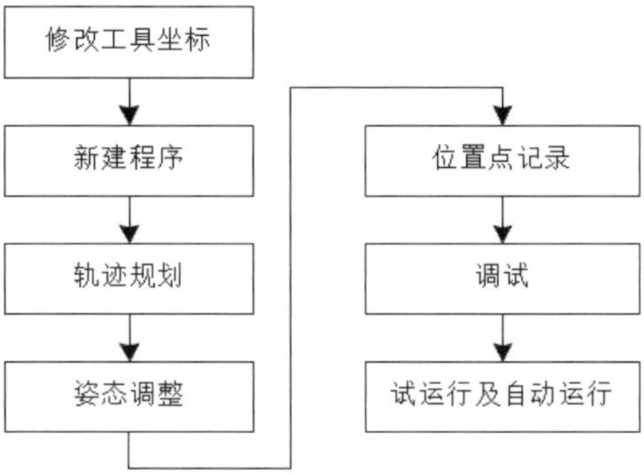

图 3-1-6　三角形涂胶编程的流程

3.1.2.1　编程指令介绍

1. MoveL 指令

在三角形绘图编程中，三角形是由 3 条直线组成的，轨迹从 A 点经 B 点，到 C 点结束，如图 3-1-7 所示。

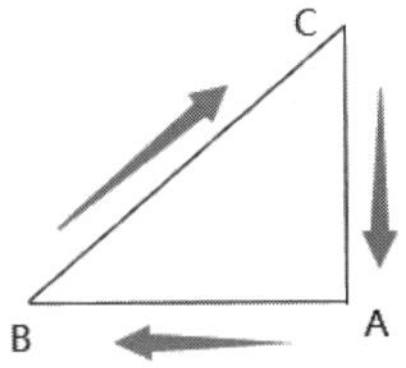

图 3-1-7　三角形绘图轨迹

从 A 点到 B 点为一条直线，因此可以看出工业机器人从 A 点到 B 点的轨迹，是规定好且不能更改的轨迹，那么工业机器人在运行这条确定的轨迹时，采用的是什么运动指令呢？答案是线性运动指令（即 MoveL 指令）。因此，先介绍 MoveL 指令的用法，在三角形绘图编程的步骤中，再实际运用该指令。

MoveL 指令又叫线性运动指令，线性运动是机器人的工具中心点从起点到终点之间的路径始终保持为直线，一般在焊接、涂胶等对**路径精确度要求高**的应用场合使用此指令。

线性运动示意图如图 3-1-8 所示。

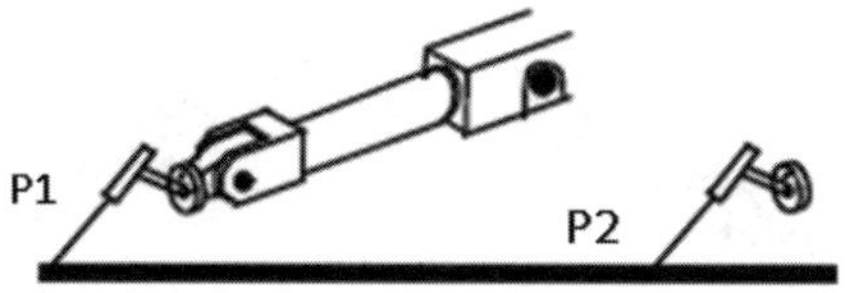

图 3-1-8　线性运动示意图

在示教器中添加 MoveL 指令，画出的直线如图 3-1-8 所示，程序语句如图 3-1-9 所示。

```
MoveL p2, v100, fine, tool0\WObj:=wobj0;
```

图 3-1-9　直线的程序语句

内容解释：工业机器人从当前位置以线性运动的方式移动至目标位置 P2 点。

参数说明：

（1）MoveL：指令名称，即直线运动指令，插入形式为上述固定格式。

（2）p2：位置点（P2），存储机器人和外部轴的目标点，数据类型为 robtarget。

（3）v100：运行速度，100 表示运行速度为 100 mm/s，运行速度取值为 5~7 000 mm/s，数据类型为 speeddata。

（4）fine：转弯区数据。若使用 fine，则表示转弯区数据为 0，且机器人在 P2 点会稍作停顿，才会去下一个点，如图 3-1-10 所示。转弯区数据除了 fine，还有 z0~z200，后者表示转弯半径在 0~200 mm 范围内，在后面调试轨迹的时候具体讲解。

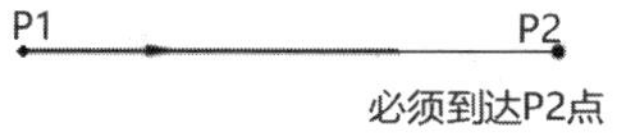

图 3-1-10　转弯区数据为 fine

（5）tool0：工具坐标系，数据类型为 tooldata。

（6）Wobj：工件坐标系，如果采用默认的工件坐标系 wobj0 时可省略该参数。

提示：线性运动保持机器人末端以直线的运动方式完成两点之间的运动，所以直线运动时对机器人六个轴的动作要求较高，导致直线运动要比点到点的运动慢一些。这种直线的运动插补方式多适用于狭窄空间的运动、带着快换工具垂直上下取件放件、弧焊行业等精准的点位示教。

2. MoveJ 指令

工业机器人在空间中大范围移动时，不需要非常准确的运动轨迹，而对轨迹精度要求不高的时候，采用的是什么运动指令呢？答案是关节运动指令（即 MoveJ 指令）。

MoveJ 指令是在对**路径精度要求不高**的情况下使用，机器人的工具中心点从一个位置移动到另一个位置，两个位置之间的路径不一定是直线。关节运动示意图如图 3-1-11 所示。

关节运动指令适合机器人大范围运动时使用，**不容易**在运动过程中出现关节轴进入**机械死点**的问题。

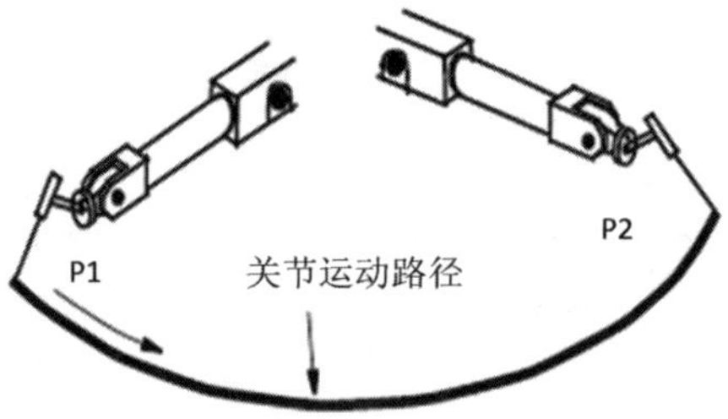

图 3-1-11　关节运动示意图

在示教器中添加 MoveJ 指令，画出的关节运动路径如图 3-1-11 所示，程序语句如图 3-1-12 所示。

```
MoveJ p2, v100, fine, tool0\WObj:=wobj0;
```

图 3-1-12　关节的程序语句

内容解释：工业机器人以关节运动的形式运动到 P2 点。参数含义同 MoveL 指令。

练一练

如图 3-1-13 所示，工业机器人从 P1 点以 200 mm/s 的速度移动到 P2 点，再以 100 mm/s 的速度移动到 P3 点，最后以 500 mm/s 的速度移动到 P4 点，写出这段程序。

P2 点的运动指令为：MoveL p2，v200，z10，tool1\Wobj:=wobj1；

转弯区半径用 z10 表示，如图 3-1-13 所示，当机器人运动到达距离 P2 点接近 10 mm 处时开始转弯向 P3 点移动，并且在 P2 点工业机器人的速度不会降为 0，这样工业机器人在经过一些过渡点时，就可以不用停止，从而提高了工业机器人的运行效率。

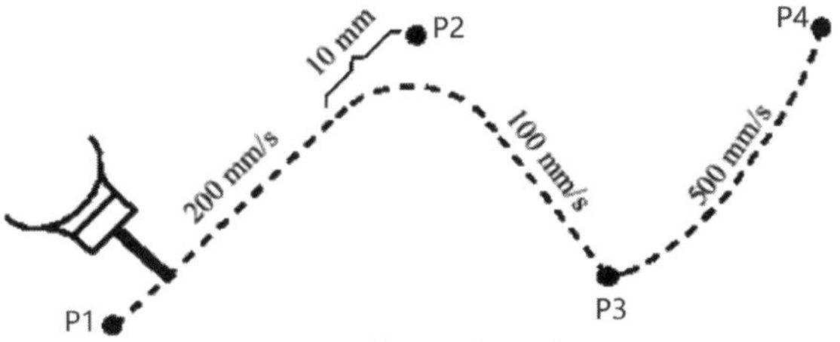

图 3-1-13　P1 点→ P4 点

3. RAPID 编程语言

由于指令都是放在程序中的，因此在熟悉 MoveL 指令和 MoveJ 指令之后，还需要认识程序的模块及架构，才能正确地添加所学的指令。

ABB 机器人使用的编程语言叫作 RAPID。MoveL 指令和 MoveJ 指令都属于 RAPID 编程语言，它包含了一连串控制机器人的指令，执行这些指令可以实现对机器人的控制操作。RAPID 程序界面如图 3-1-14 所示。

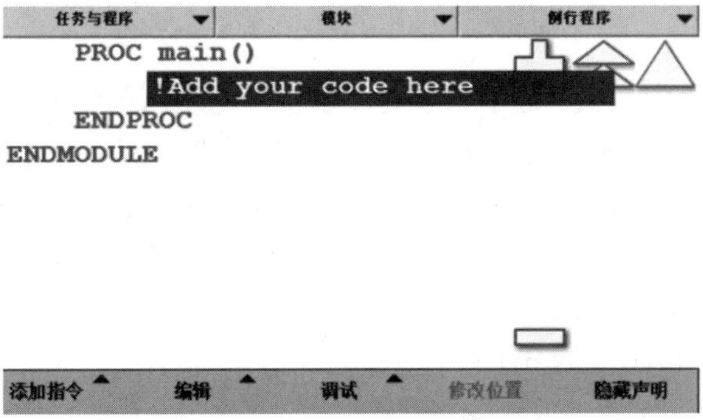

图 3-1-14　程序界面

RAPID 语言的功能有:①移动机器人;②控制 I/O;③数学计算;④通信;⑤人机交互。

ABB 机器人的程序包含三个等级:任务、模块、例行程序。RAPID 程序的架构图如图 3-1-15 所示。

图 3-1-15　RAPID 程序的架构图

对 RAPID 程序的说明如下。

(1)一般一个机器人设定一个任务,无须修改。

(2)RAPID 程序中的任务包含程序模块与系统模块,其中系统模块预定义了程序系统数据,一般不做编辑。在 RAPID 程序中,默认的程序模块为主模块,还可以创建用于计算的程序模块、用于存放数据的程序模块,这样的目的在于方便归类管理不同用途的程序与数据。

(3)在 RAPID 程序中,有且仅有一个主程序,可放置在任意一个程序模块中,子程序称为例行程序。主程序是一个应用系统运行时的起点,是在运行应用系统时首先执行的程序,在主程序中可以调用某个或某些子程序,这些子程序结束后依然回到主程序。子程序是一个大型程序中的某部分代码,由一个或多个指令组成。它负责完成某项特定任务,而且相较于其他指令,具备相对的独立性。

主程序与子程序的区别见表 3-1-1。

表 3-1-1　主程序与子程序的区别

不同之处	主程序	子程序
使用不同	主程序可以作为独立的加工程序使用	子程序不可以作为独立的加工程序使用，只能通过调用来实现加工中的局部动作
调用不同	主程序不可以被任何其他程序调用	子程序可以被任何主程序或其他子程序调用
结束不同	主程序执行结束，整个软件结束运行	子程序执行结束，自动返回到调用的主程序中

在熟悉 MoveL、MoveJ 指令和程序构架后，就可以用工业机器人编程完成三角形的涂胶，以下为三角形涂胶轨迹编程步骤。

3.1.2.2　修改工具坐标

在项目 1 中已经知道，为了说明点的位置、运动的快慢、方向等，必须选取坐标系，因此需要先修改工具坐标，如果不修改，新增加的点仍采用原来的工具坐标记录，只有把工具坐标修改为想要的工具坐标，新增加的点才是需要的工具坐标记录。

无论是何种品牌的机器人，事先都定义了一个工具坐标，也就是默认工具坐标（即 tool0），无一例外 ABB 机器人也将这个坐标系 *XY* 平面绑定在机器人第六轴的法兰盘平面上，即坐标原点与法兰盘中心重合。显然，此时 ABB 机器人的默认工具（tool0）的工具中心点位于工业机器人安装法兰的中心，tool0 位置如图 3-1-16 所示。

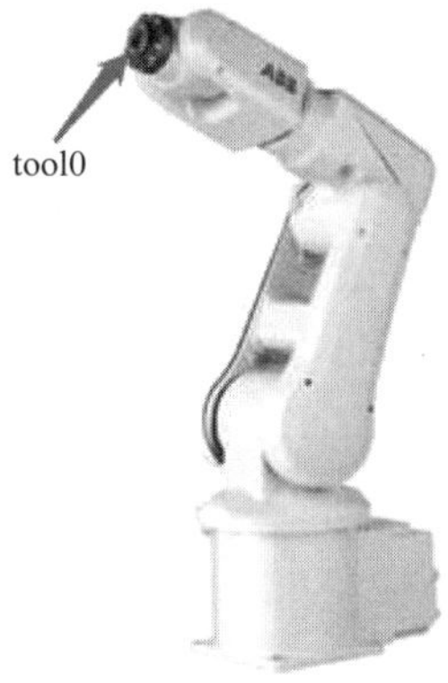

图 3-1-16　tool0 位置

很显然，使用 tool0 的工具坐标绘制图形是很难的，因此在本工作站中，事先设置好一个名为“Tujiaoqiang”的工具坐标（如何设置工具坐标 Tujiaoqiang 在任务 3.2 中再讲解）。

选定工具坐标的方法如下。

步骤 1：单击左上角主菜单按钮，选择“手动操纵”命令，如图 3-1-17 所示。

步骤 2：单击“工具坐标”，如图 3-1-18 所示。选择“Tujiaoqiang”，单击“确定”，如图 3-1-19 所示。

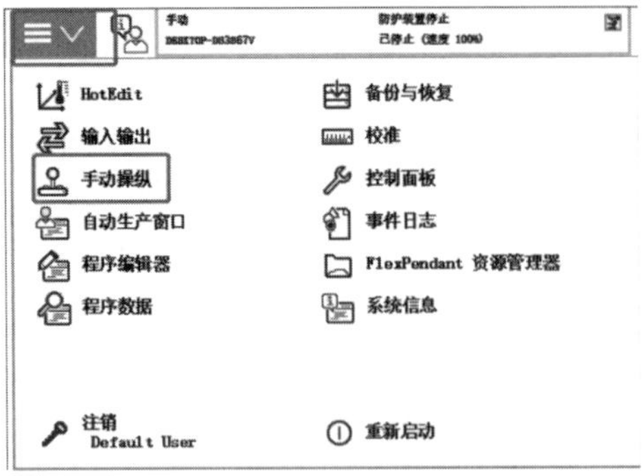

图 3-1-17　手动操纵

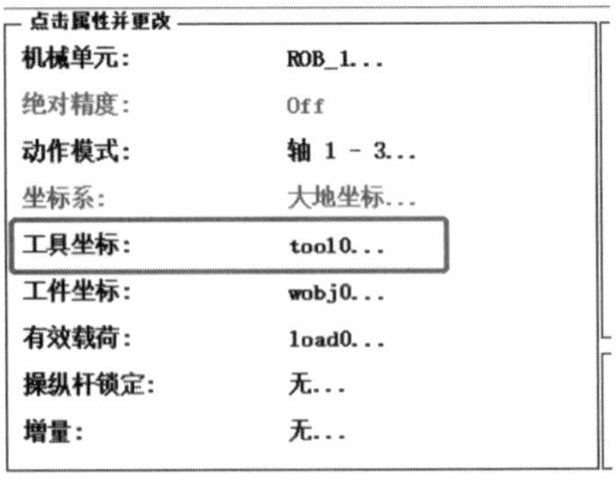

图 3-1-18　工具坐标

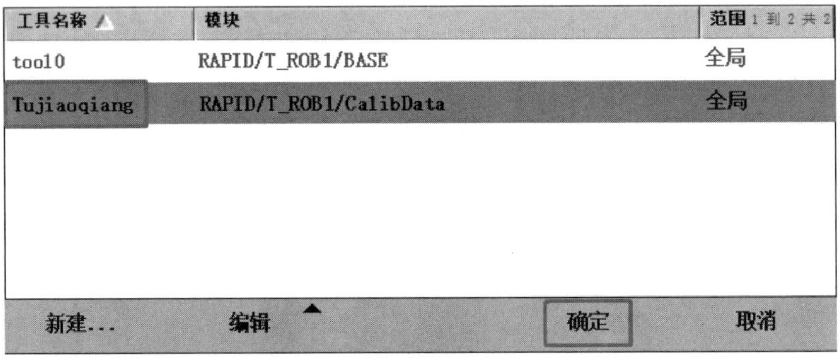

图 3-1-19　工具坐标 Tujiaoqiang

3.1.2.3　新建程序

步骤 1:单击左上角主菜单按钮,选择“程序编辑器”命令,如图 3-1-20 所示。在新弹出的窗口中,单击“取消”,如图 3-1-21 所示。

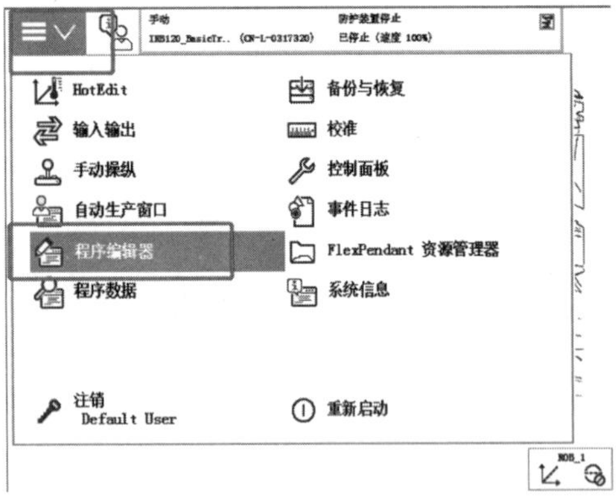

图 3-1-20　程序编辑器

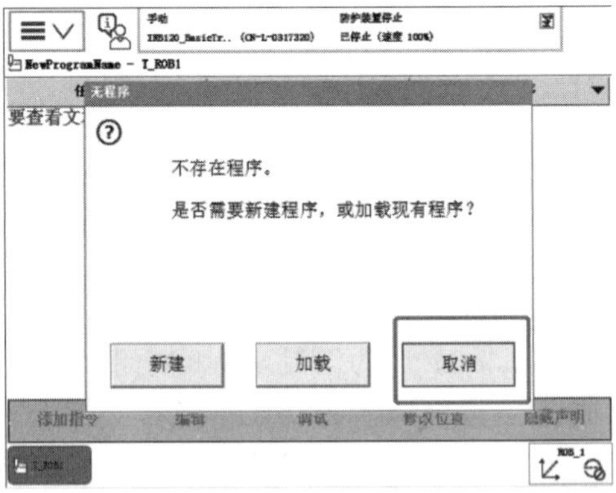

图 3-1-21　新建程序

步骤 2:单击左下角“文件”菜单,选择“新建模块”命令,如图 3-1-22 所示。

步骤 3:设定模块名称为“Tujiaoguiji”,单击“ABC”进行修改,完成后单击“确定”,如图

3-1-23 所示，将三角形绘图编程的例行程序放在 Module1 程序模块中。

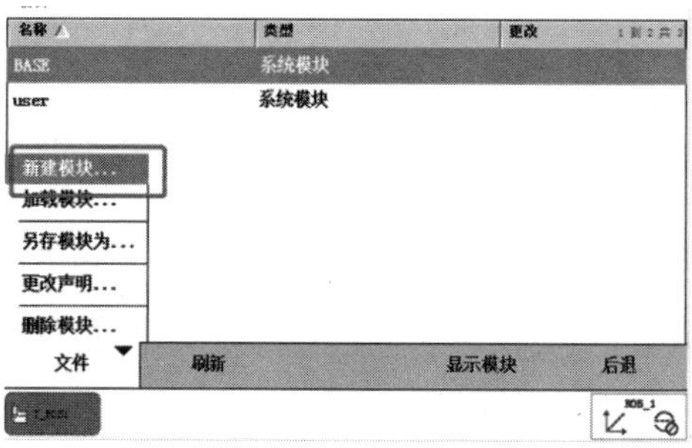

图 3-1-22　新建模块

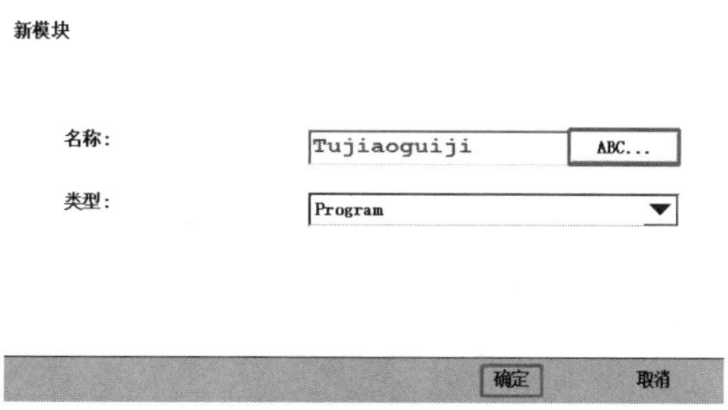

图 3-1-23　模块命名

步骤 4：选中“Tujiaoguiji”模块，单击“显示模块”，如图 3-1-24 所示。在打开的新窗口中，单击“例行程序”，如图 3-1-25 所示。

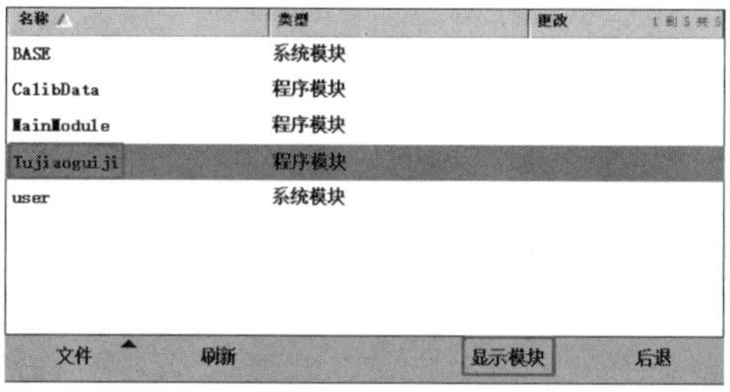

图 3-1-24　显示模块

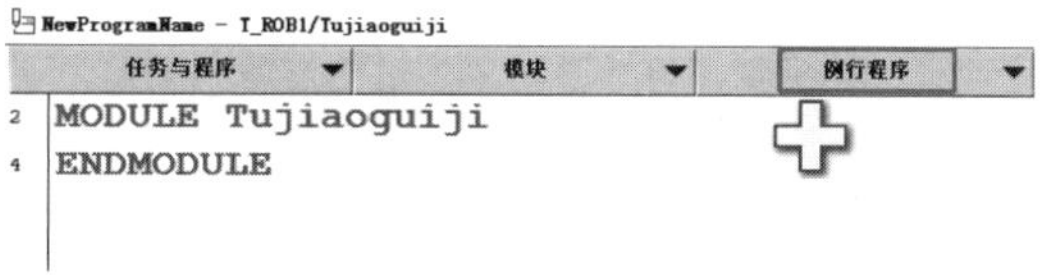

图 3-1-25　显示例行程序

步骤 5：单击左下角“文件”菜单，选择“新建例行程序”命令，如图 3-1-26 所示。

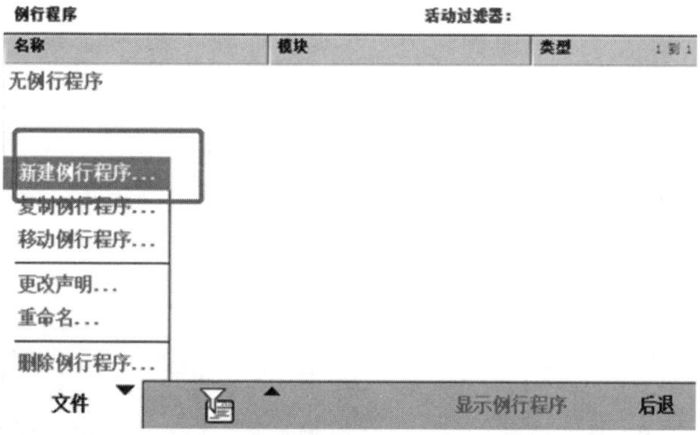

图 3-1-26　新建例行程序

步骤 6：设定例行程序名称，单击“ABC”，修改名称为“sanjiaoxing”，单击“确定”，如图 3-1-27(a)、(b)所示。

步骤 7：选中“sanjiaoxing”程序，单击“显示例行程序”，如图 3-1-28 所示。新建好的程序界面如图 3-1-29 所示。

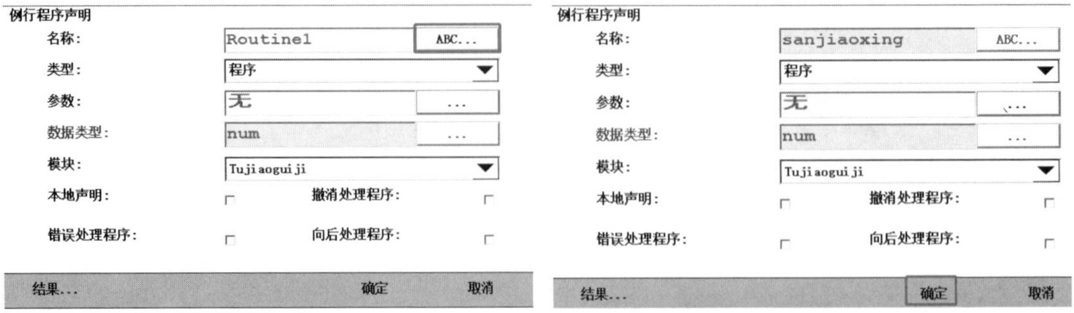

（a）名称修改　　（b）单击“确定”

图 3-1-27　例行程序命名

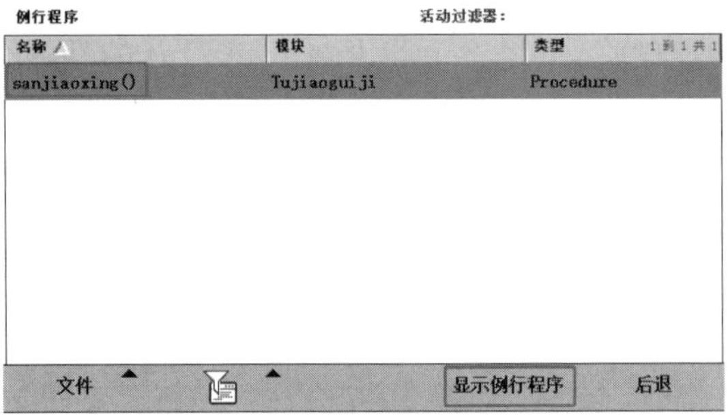

图 3-1-28　显示新创建的例行程序

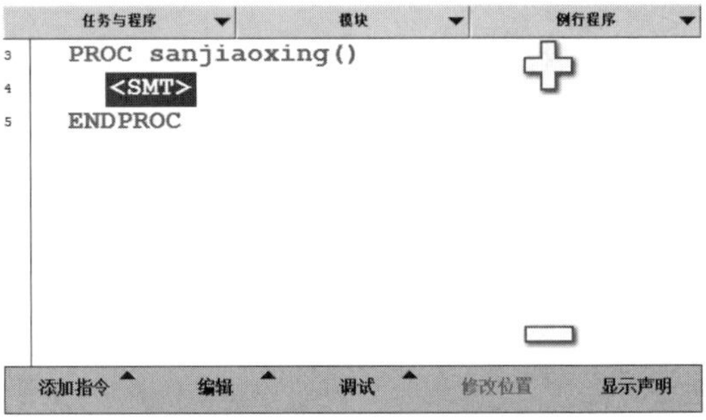

图 3-1-29　新建好的程序界面

3.1.2.4　轨迹规划

在搬运、焊接、喷涂等工作中，都需要确定一些点位，如将要接近物料的位置、接近物料的位置、到达物料的位置等。现场的生产情况也不会毫无障碍，在编程时要设置点位规避障碍。这些点位在编程前需要预先规划好，即为轨迹规划。程序规划不仅能加深对项目的认识，还能缩短程序的编制时间，提高工作效率。

在本节中，为了清晰展示轨迹规划的路径，只显示了三角形，运动路径是从原点依次到三角形的 A 点、B 点、C 点，回到 A 点再从平面离开，因此三角形绘图编程的轨迹规划示意图如图 3-1-30 所示。

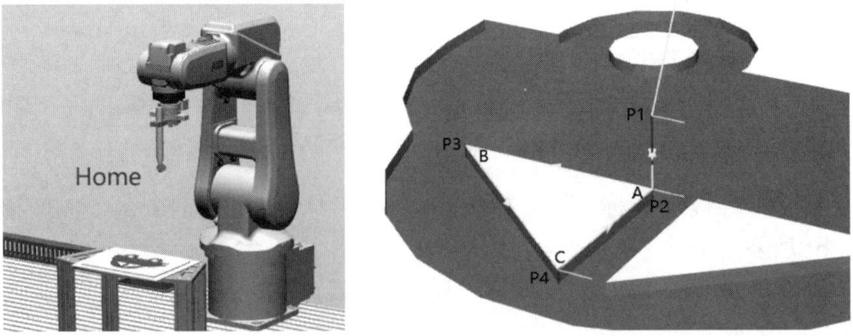

Home 点—原点；P1—接近点（离开点）；P2—A 点开始点（结束点）；P3—B 点；P4—C 点

图 3-1-30　三角形绘图编程的轨迹规划示意图

提示

接近点：工业机器人应用中，对接近（离开）工作点的速度、位姿通常有特殊要求，为此需要添加的辅助点；

过渡点：工业机器人末端执行器在运行过程中可能遇到障碍，需要设置一些点位规避障碍，即为过渡点。

在示教位置点时，以示教准确、方便为原则，不必按照从 A 点到 B 点再到 C 点的顺序示教。通常先示教关键点，如平面图形绘画的 P2 点，将 P2 的正上方作为接近点或离开点。接近点与离开点的位置可重复使用，也可不同。

3.1.2.5　姿态调整

为了描述空间物体的状态，只是确定了工具在空间中的位置是不够的，如果该工具有足够多的自由度，那么其在空间的同一点处会呈现出多种状态，尤其在弧焊、喷涂、装配以及打磨等领域，对工业机器人的姿态规划尤为严格，对涂胶的姿态要求是涂胶枪和工作平面保持垂直的姿态，因此图 3-1-31（a）和 3-1-31（b）所示姿态都是不正确的，只有图 3-1-31（c）所示姿态是正确的。

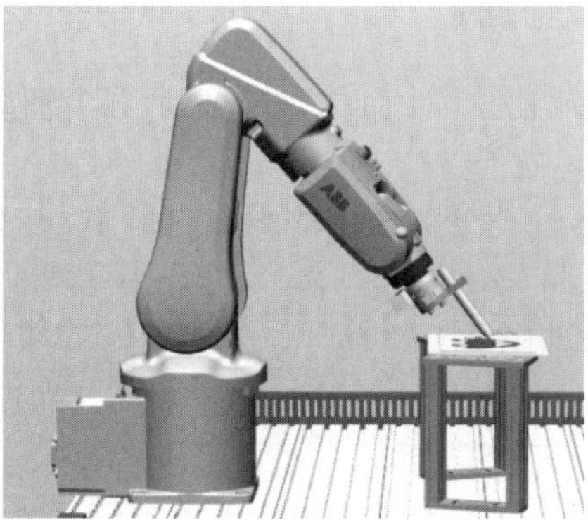

（a）姿态 1

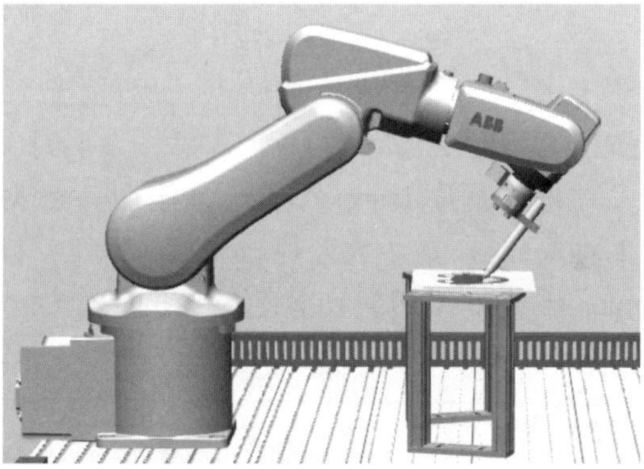

（b）姿态 2

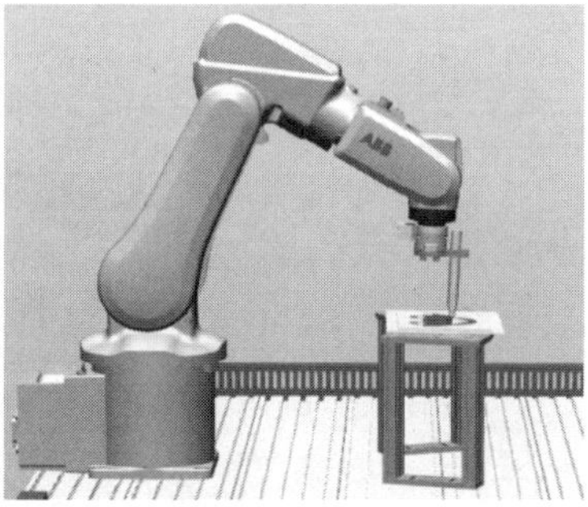

（c）姿态 3

图 3-1-31　工业机器人姿态

3.1.2.6 位置点记录(添加指令)

新建好程序并且修改好坐标以后,需要操纵工业机器人运动,并且记录工业机器人运动的轨迹,而轨迹是由运动指令控制的,因此根据前面所学的 MoveL 和 MoveJ 两个基本运动指令来完成三角形涂胶轨迹的编程。

根据轨迹规划的路径,总共有五个点。第一步添加初始点(称为 Home 点)的指令,机器人工作的初始点位置是指机器人准备运行时所处的安全位置,图 3-1-32 所示的点位即为初始点。

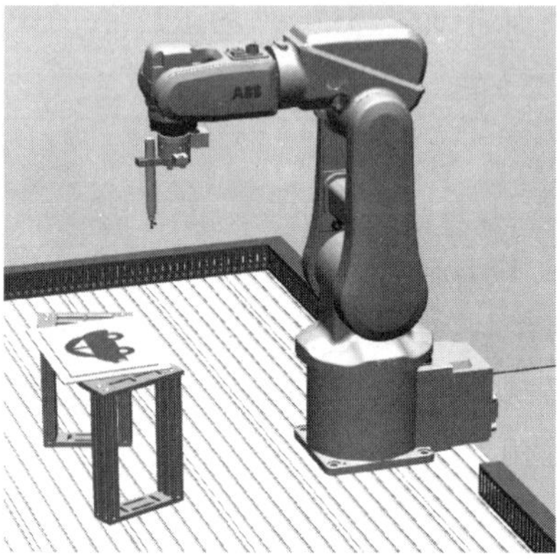

图 3-1-32 工业机器人初始点

步骤 1:记录工业机器人初始点,一般情况下,选用第五个轴为 90°,其余五个轴都是零点的位置作为工业机器人的原点,参考图 3-1-32 所示状态。

在新建好的程序“sanjiaoxing”中添加一条 MoveJ 指令。在程序编辑窗口中,选中要插入指令的程序位置,显示为蓝色,选中“<SMT>”;单击“添加指令”菜单,打开指令列表;单击“Common”子菜单可切换到其他分类的指令列表,如图 3-1-33 所示。选择 MoveJ 指令,添加的指令如图 3-1-34 所示。

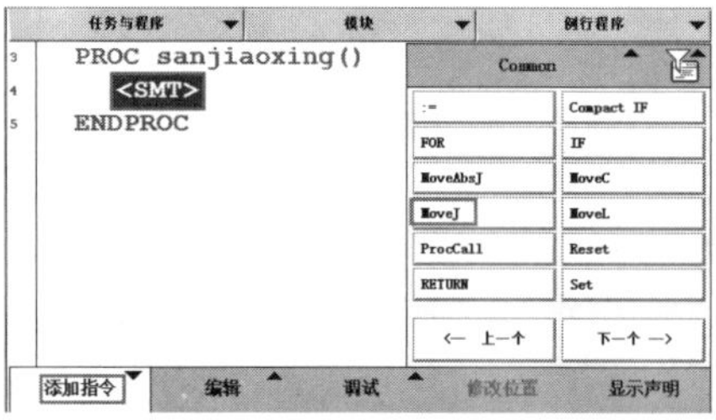

图 3-1-33 添加指令

```
PROC sanjiaoxing()
  MoveJ *, v1000, z50, Tujiaoqiang;
ENDPROC
```

图 3-1-34 添加的指令

步骤 2:修改点名称。双击“*”,如图 3-1-35 所示。在新打开的窗口中,选择“*”的内容,单击“新建”,如图 3-1-36 所示。

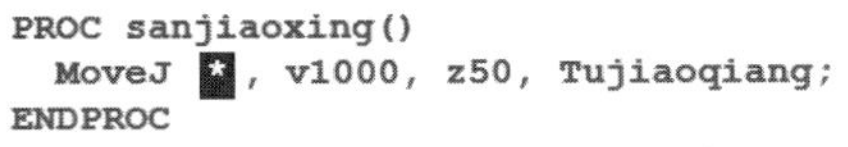

图 3-1-35　修改名称

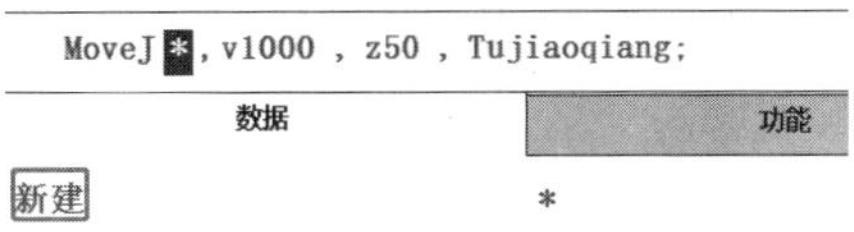

图 3-1-36　新建名称

单击右侧的“...”,修改原点名称为“Home”,单击“确定”,完成名称修改,如图 3-1-37 所示。这部分只是修改点的名称,其余部分不做任何更改,采用默认值。

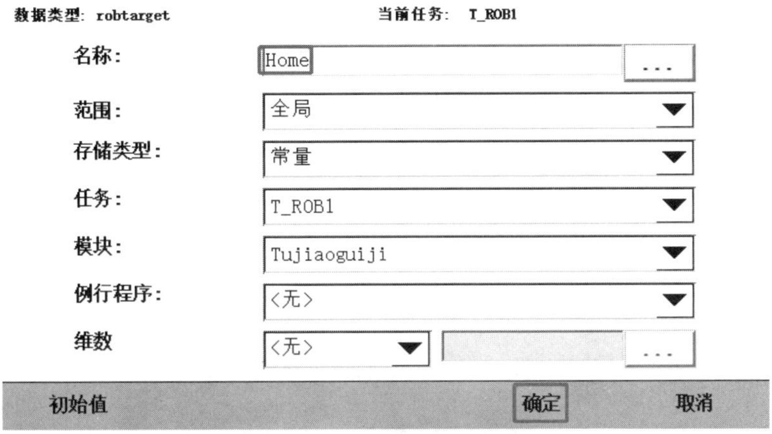

图 3-1-37　修改原点名称

步骤 3:修改速度。选中速度,此处默认为“v1000”,双击打开,如果欲设置的速度是 v100,则选择“v100”,如图 3-1-38 所示,然后单击“确定”。

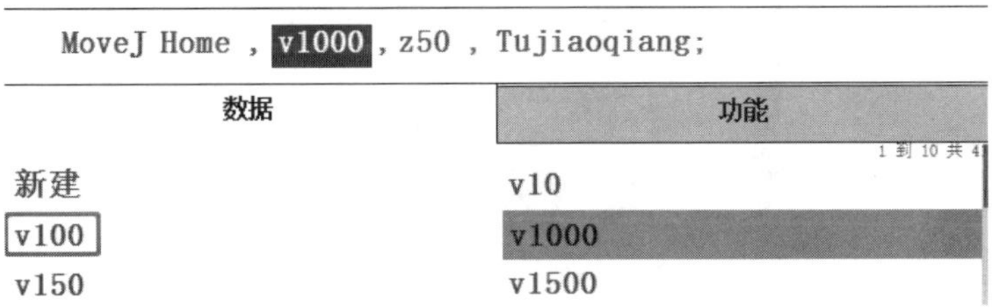

图 3-1-38　设置速度

步骤 4:修改转弯区数据。选中转弯区数据“z50”,更改为“fine”,单击“fine”选项即可,如图 3-1-39 所示。

步骤 5:修改工具坐标,确保工具坐标系为“Tujiaoqiang”,如图 3-1-40 所示。

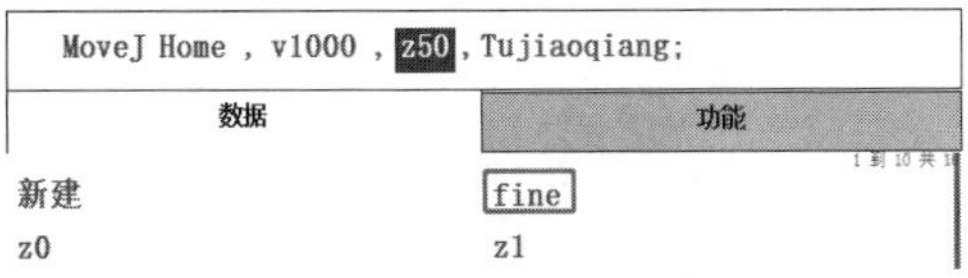

图 3-1-39　设置转弯区数据

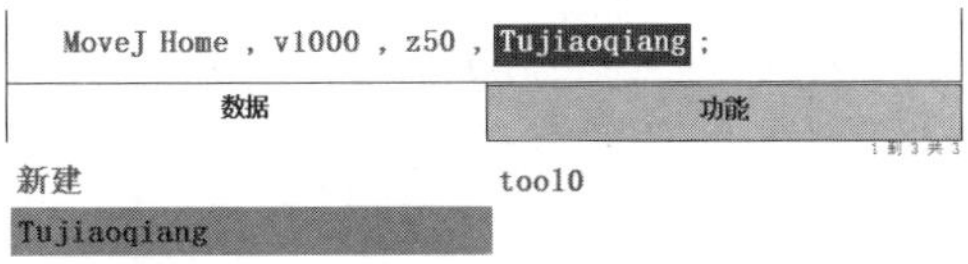

图 3-1-40　修改工具坐标

步骤 6:单击“修改位置”,如图 3-1-41 所示,在新弹出的窗口中,单击“修改”,如图 3-1-42 所示,则原点位置记录完毕。

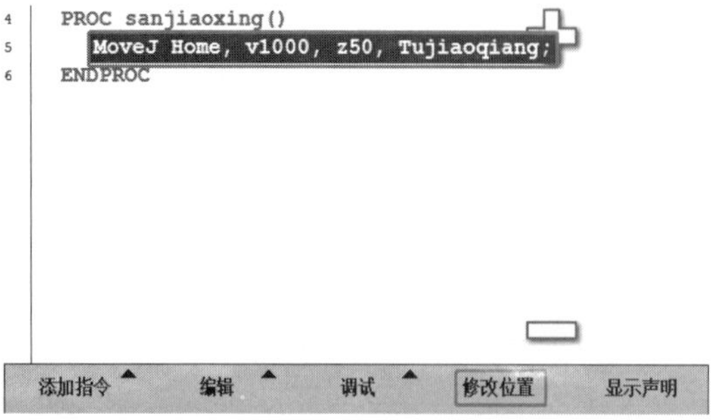

图 3-1-41　修改位置

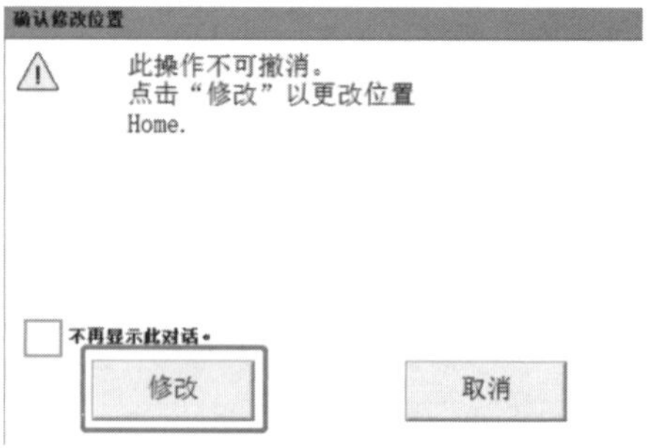

图 3-1-42　修改位置

步骤 7:工业机器人从原点运动到 P1 点,如图 3-1-43 所示。

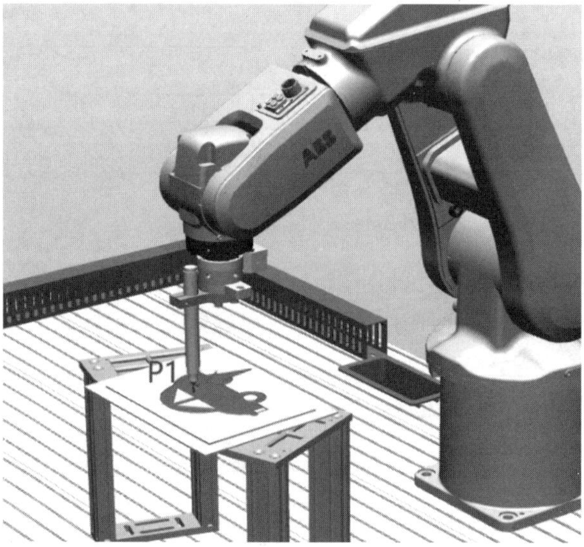

图 3-1-43　原点→ P1 点

一般情况下,采用的是 MoveJ 指令,且转弯区数据设置为 fine,以下是添加 P1 点路径的指令,同样使用的是 MoveJ 指令。

选中原点位置的程序语句,显示为蓝色;单击“添加指令”菜单,打开指令列表;单击“Common”子菜单可切换到其他分类的指令列表,如图 3-1-44(a)所示。选择 MoveJ 指令,在新弹出的窗口中,单击“下方”,如图 3-1-44(b)所示,则表示 P1 点在原点的后面。添加的指令如图 3-1-44(c)所示。

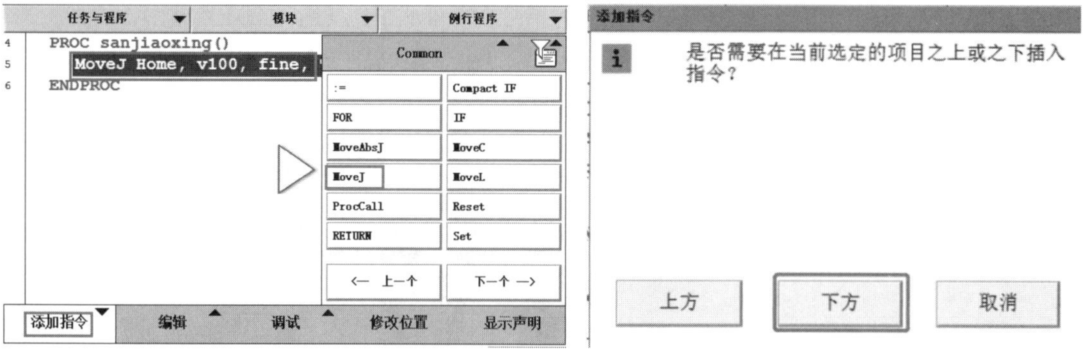

（a）添加指令　　　　（b）单击“下方”

```
PROC sanjiaoxing()
  MoveJ Home, v100, fine, Tujiaoqiang;
  MoveJ Home10, v100, fine, Tujiaoqiang;
ENDPROC
```

（c）添加的指令

图 3-1-44　添加 P1 接近点

选择新增的程序指令，双击“Home10”，更改该点名称为“P1”，运行速度为“v100”，转弯区数据为“fine”，工具坐标为“Tujiaoqiang”。修改完成如图 3-1-45 所示。

```
PROC sanjiaoxing()
  MoveJ Home, v100, fine, Tujiaoqiang;
  MoveJ P1, v100, fine, Tujiaoqiang;
ENDPROC
```

图 3-1-45　P1 点指令

提示：选中指令语句，单击“修改位置”，才能记录该点的位置，如图 3-1-46 所示。

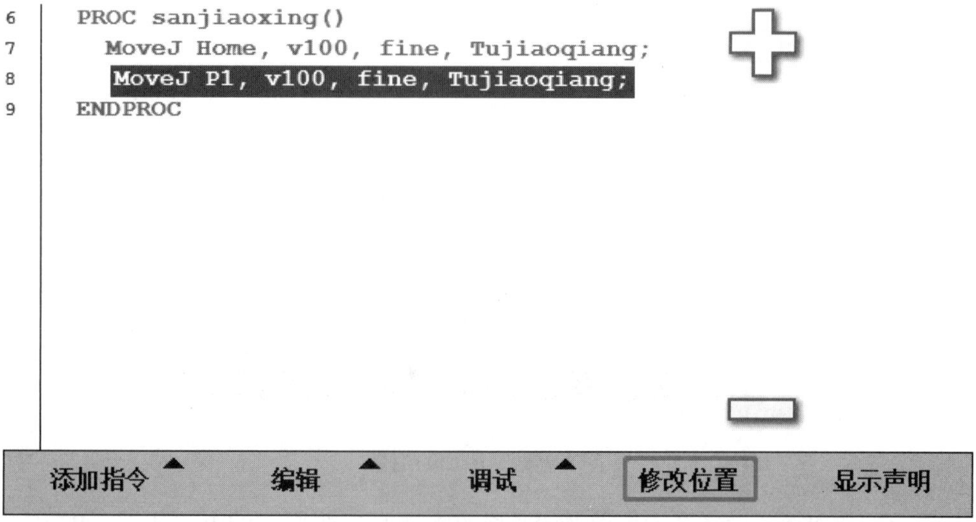

图 3-1-46　修改位置

以上完成了设置原点、P1 点这两个点的指令，然而从 P1 点运动到 P2 点（A 点），P2 点运动到 P3 点（B 点），P3 点运动到 P4 点（C 点），P4 点运动到 P5 点，P5 点运动到 P6 点，全都是直线的路径，直线的路径则需要使用 MoveL 线性运动指令。

步骤 8：将工业机器人移动到 P2 点，记录 P2 点位置，如图 3-1-47 所示。

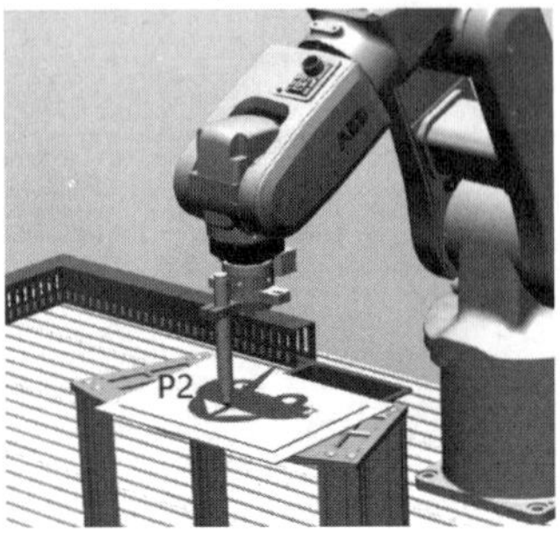

图 3-1-47　P1 点→ P2 点

选中要插入指令的程序位置，在该指令下方添加；单击“添加指令”菜单，打开指令列表；单击“Common”子菜单可切换到其他分类的指令列表，如图 3-1-48 所示。选择 MoveL 指令，添加的指令如图 3-1-49 所示。

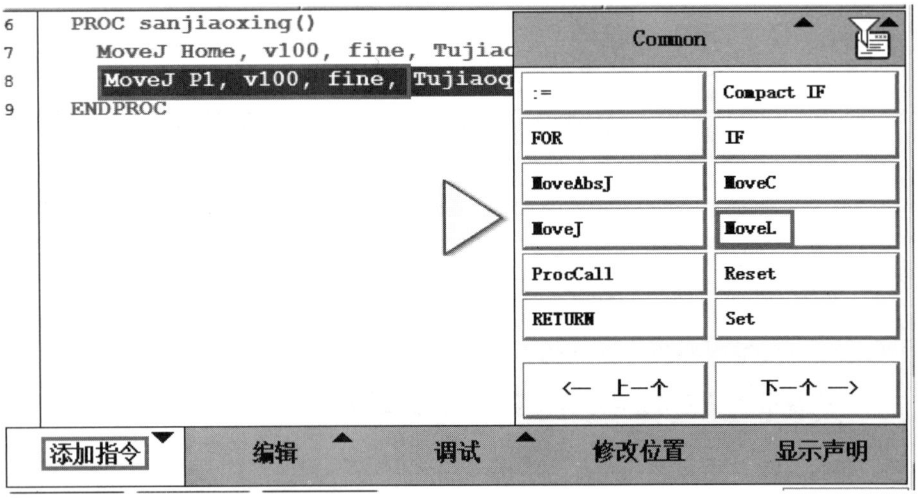

图 3-1-48　P1 点后面添加 P2 点指令

```
PROC sanjiaoxing()
  MoveJ Home, v100, fine, Tujiaoqiang;
  MoveJ P1, v100, fine, Tujiaoqiang;
  MoveL P11, v100, fine, Tujiaoqiang;
ENDPROC
```

图 3-1-49　添加的指令

添加 MoveL 指令后，将 P11 修改为 P2，修改方法与修改原点的方法相同，P2 点修改完成以后，记录 P2 点的位置，如图 3-1-50 所示。

```
PROC sanjiaoxing()
  MoveJ Home, v100, fine, Tujiaoqiang;
  MoveJ P1, v100, fine, Tujiaoqiang;
  MoveL P2, v100, fine, Tujiaoqiang;
ENDPROC
```

图 3-1-50　P2 点指令

步骤 9：将工业机器人移动到 P3 点（B 点），记录 P3 点位置，如图 3-1-51 所示。

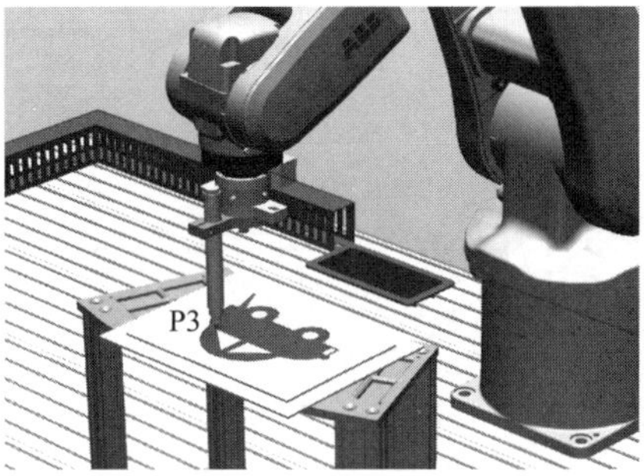

图 3-1-51　P2 点→ P3 点

选中要插入指令的程序位置，在该指令下方添加；添加并修改完成后的 P3 点指令如图 3-1-52 所示。

```
PROC sanjiaoxing()
  MoveJ Home, v100, fine, Tujiaoqiang;
  MoveJ P1, v100, fine, Tujiaoqiang;
  MoveL P2, v100, fine, Tujiaoqiang;
  MoveL P3, v100, fine, Tujiaoqiang;
ENDPROC
```

图 3-1-52　P2 点后面添加 P3 点指令

步骤 10：将工业机器人移动到 P4 点（C 点），记录 P4 点位置，如图 3-1-53 所示。

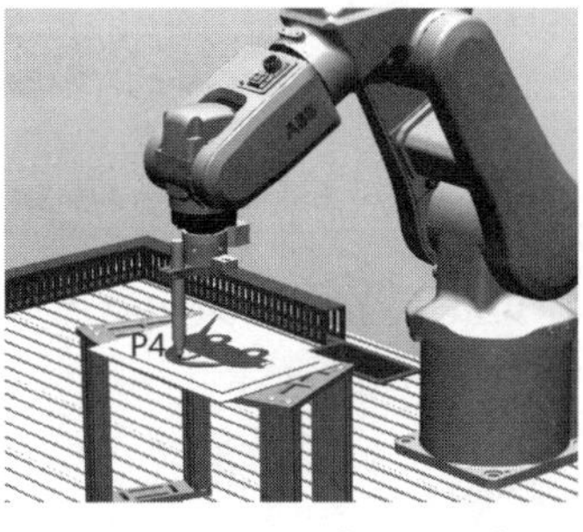

图 3-1-53　P3 点→ P4 点

添加并修改 P4 点指令的方法同添加原点的方法，P4 点指令添加并修改完成如图 3-1-54

所示。

```
PROC sanjiaoxing()
  MoveJ Home, v100, fine, Tujiaoqiang;
  MoveJ P1, v100, fine, Tujiaoqiang;
  MoveL P2, v100, fine, Tujiaoqiang;
  MoveL P3, v100, fine, Tujiaoqiang;
  MoveL P4, v100, fine, Tujiaoqiang;
ENDPROC
```

图 3-1-54　添加 P4 点(C 点)指令

步骤 11:将工业机器人移动到 P2 点，P2 点是开始点,位置已经记录,如图 3-1-55 所示。P5 点指令添加并修改完成如图 3-1-56 所示。

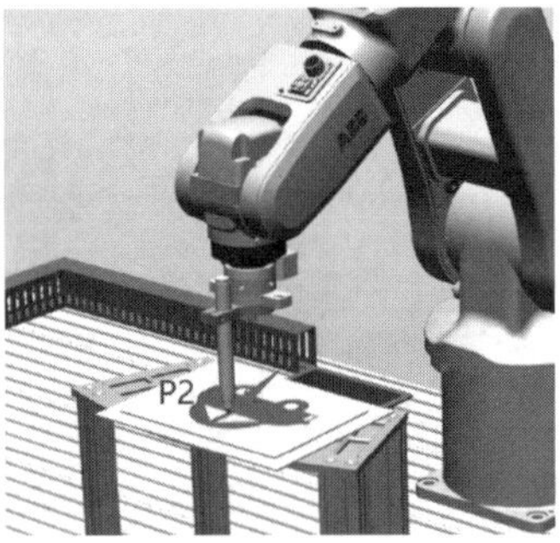

图 3-1-55　P2 点位置

```
PROC sanjiaoxing()
  MoveJ Home, v100, fine, Tujiaoqiang;
  MoveJ P1, v100, fine, Tujiaoqiang;
  MoveL P2, v100, fine, Tujiaoqiang;
  MoveL P3, v100, fine, Tujiaoqiang;
  MoveL P4, v100, fine, Tujiaoqiang;
  MoveL P5, v100, fine, Tujiaoqiang;
ENDPROC
```

图 3-1-56　添加 P5 点指令

步骤 12:将工业机器人移动到 P1 点(离开点),如图 3-1-57 所示。P1 点指令添加并修改完成如图 3-1-58 所示。

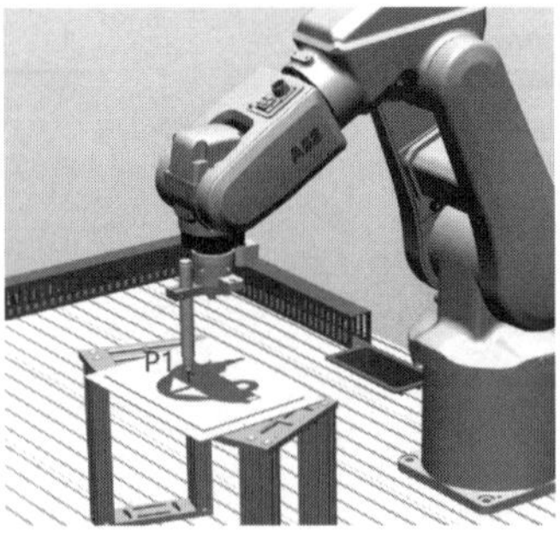

图 3-1-57　P1 点位置

```
PROC sanjiaoxing()
  MoveJ Home, v100, fine, Tujiaoqiang;
  MoveJ P1, v100, fine, Tujiaoqiang;
  MoveL P2, v100, fine, Tujiaoqiang;
  MoveL P3, v100, fine, Tujiaoqiang;
  MoveL P4, v100, fine, Tujiaoqiang;
  MoveL P2, v100, fine, Tujiaoqiang;
  MoveL P1, v100, fine, Tujiaoqiang;
ENDPROC
```

图 3-1-58　添加 P1 点指令

步骤 13:将工业机器人移回 Home 点,移回 Home 点不需要严格按照直线轨迹移回,所以采用 MoveJ 的运动方式,程序如图 3-1-59 所示。

```
PROC sanjiaoxing()
  MoveJ Home, v100, fine, Tujiaoqiang;
  MoveJ P1, v100, fine, Tujiaoqiang;
  MoveL P2, v100, fine, Tujiaoqiang;
  MoveL P3, v100, fine, Tujiaoqiang;
  MoveL P4, v100, fine, Tujiaoqiang;
  MoveL P2, v100, fine, Tujiaoqiang;
  MoveL P1, v100, fine, Tujiaoqiang;
  MoveJ Home, v100, fine, Tujiaoqiang;
ENDPROC
```

图 3-1-59　添加 Home 点指令

讨论

分组讨论在什么情况下用 MoveL,在什么情况下用 MoveJ。

3.1.2.7　调试

位置点记录完成,并不代表就可以让工业机器人画出三角形的图形。程序的正确性不仅仅表现在正常功能的完成,更重要的是对意外情况的正确处理。必须检查程序,也就是进行调试。调试的目的有以下两个:

(1)检查程序的位置点是否正确;

(2)检查程序的逻辑控制是否有不完善的地方。

调试的流程如图 3-1-60 所示。

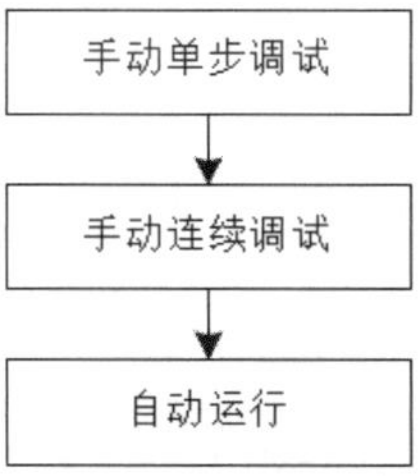

图 3-1-60　调试流程

1. 手动单步调试

手动单步调试可以一步一步跟踪程序执行的流程,观察工业机器人执行结果,找到程序不正确或不完善的地方。

步骤 1:单击“调试”菜单,选择“PP 移至例行程序”命令,如图 3-1-61 所示。在新打开的窗口中,选中“sanjiaoxing”例行程序,然后单击“确定”,如图 3-1-62 所示。

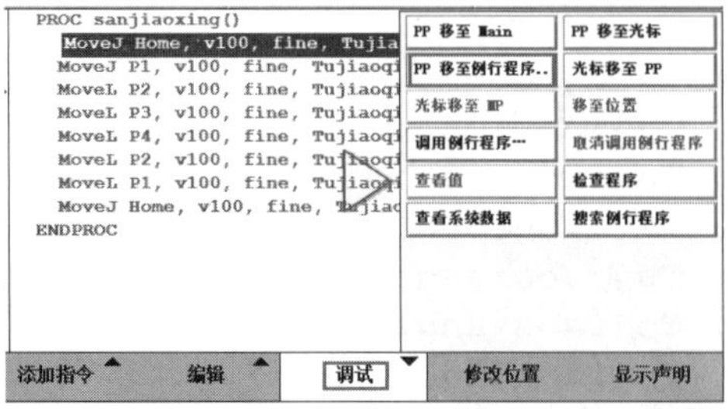

图 3-1-61　PP 移至例行程序

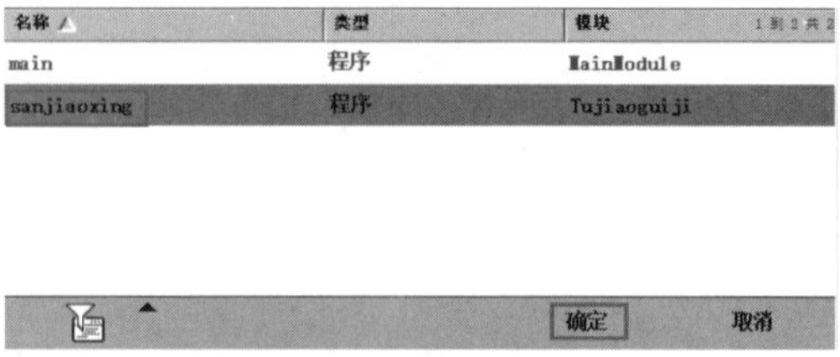

图 3-1-62　选择例行程序

PP 是程序指针（左侧小箭头）的简称。程序指针是工业机器人运行过程中，指向将要执行的指令的指示，如图 3-1-63 所示。

```
PROC sanjiaoxing()
  MoveJ Home, v100, fine, Tujiaoqiang;
  MoveJ P1, v100, fine, Tujiaoqiang;
  MoveL P2, v100, fine, Tujiaoqiang;
  MoveL P3, v100, fine, Tujiaoqiang;
  MoveL P4, v100, fine, Tujiaoqiang;
  MoveL P2, v100, fine, Tujiaoqiang;
  MoveL P1, v100, fine, Tujiaoqiang;
  MoveJ Home, v100, fine, Tujiaoqiang;
ENDPROC
```

图 3-1-63　程序指针

找到程序指针（PP）就可以知道程序将要运行哪一步，而工业机器人则正在执行程序指针（PP）的上一条指令，即正在运行的程序。

步骤 2：用左手按下使能键，使工业机器人进入“电机开启”状态，然后按下【单步向前】键，如图 3-1-64 所示，小心观察工业机器人的移动情况。

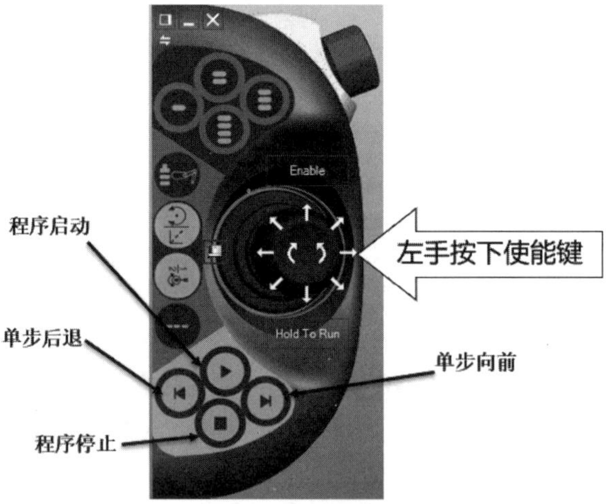

图 3-1-64　调试

机器人的运动轨迹是从原点到 A 点，再到 B 点，最后到 C 点。如果要单步调试其中一步，该如何做呢？

前面说过 PP 永远指向将要执行的指令，因此可以将 PP 以手动的方式移动到想要执行的指令上，工业机器人就可以单步运行其中一步。

比如调试 P2 点，选中 P2 点的指令后，选择“PP 移至光标”命令，可以将程序指针移至想要执行的指令上，进行执行，以方便程序的调试，如图 3-1-65 所示。

提示

此功能只能将 PP 在同一个例行程序中跳转。如要将 PP 移至其他例行程序，可使用“PP 移至例行程序”命令。

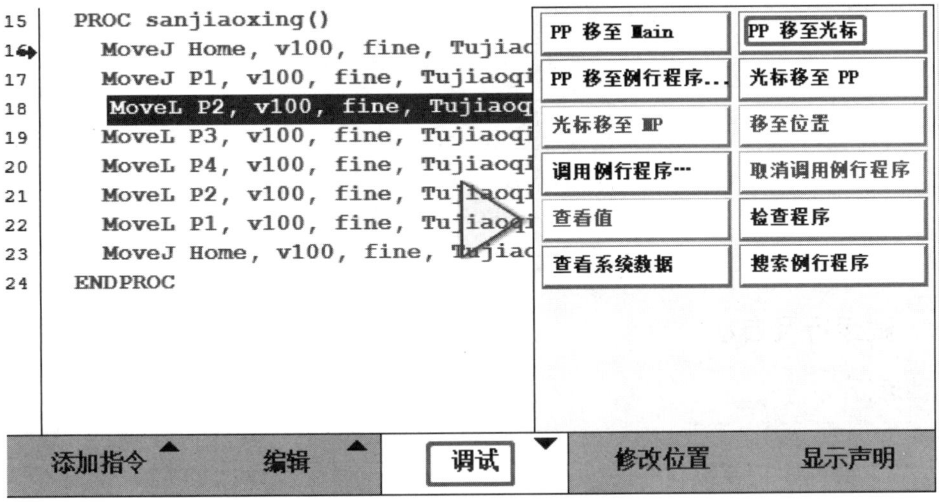

图 3-1-65　PP 移至光标

2. 手动连续调试

手动连续调试可以完整观察工业机器人运行路径，找到点与点之间连接是否有停顿，路径是否还能优化。程序运行有单周和连续两种模式：单周即程序运行完一次之后自动停止运行；连续即程序运行完一次之后自动从头开始运行，即循环运行。需要根据当前工作站实际工艺需要来选择运行模式，在本任务中，机器人运行完一次程序之后即完成了当前工件的轨迹处理，机器人需要停止运行，等待更换工件或者有其他运动轨迹时再次启动，所以在本任务中可以使用单周模式。

步骤 1：将 PP 移至第一行程序，如图 3-1-66 所示。

```
PROC sanjiaoxing()
  MoveJ Home, v100, fine, Tujiaoqiang;
  MoveJ P1, v100, fine, Tujiaoqiang;
  MoveL P2, v100, fine, Tujiaoqiang;
  MoveL P3, v100, fine, Tujiaoqiang;
  MoveL P4, v100, fine, Tujiaoqiang;
  MoveL P2, v100, fine, Tujiaoqiang;
  MoveL P1, v100, fine, Tujiaoqiang;
  MoveJ Home, v100, fine, Tujiaoqiang;
ENDPROC
```

图 3-1-66　将光标移至第一行程序

步骤 2:用左手按下使能键,使工业机器人进入“电机开启”状态。按下【程序启动】键,如图 3-1-67 所示,小心观察工业机器人的移动情况。

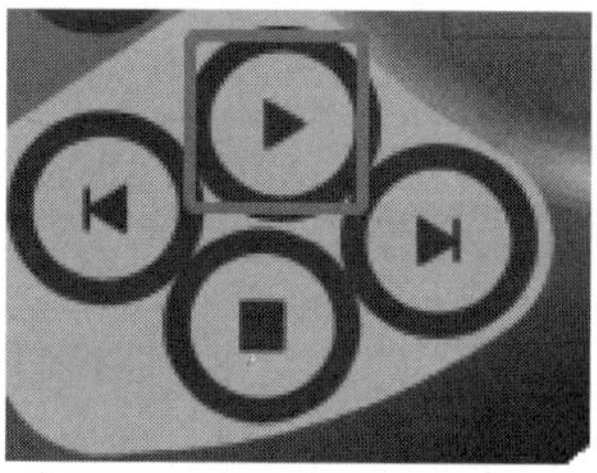

图 3-1-67 【程序启动】键

3.1.2.8　试运行及自动运行

1. 试运行

试运行是为了确保工业机器人运行的稳定性。工业机器人试运行的时候,程序默认执行主程序,例行程序想要被执行,必须被主程序调用,因此编辑的“sanjiaoxing”例行程序必须被主程序调用,调用“sanjiaoxing”例行程序的方法如下。

步骤 1:找到主程序所在的模块,打开主程序,单击“模块”菜单,如图 3-1-68 所示。

任务与程序 ▼	模块 ▼	例行程序 ▼

```
PROC sanjiaoxing()
  MoveJ Home, v100, fine, Tujiaoqiang;
  MoveJ P1, v100, fine, Tujiaoqiang;
  MoveL P2, v100, fine, Tujiaoqiang;
  MoveL P3, v100, fine, Tujiaoqiang;
  MoveL P4, v100, fine, Tujiaoqiang;
  MoveL P2, v100, fine, Tujiaoqiang;
  MoveL P1, v100, fine, Tujiaoqiang;
  MoveJ Home, v100, fine, Tujiaoqiang;
ENDPROC
```

图 3-1-68　模块选择

步骤 2:单击“MainModule”,接着单击“显示模块”,如图 3-1-69 所示。

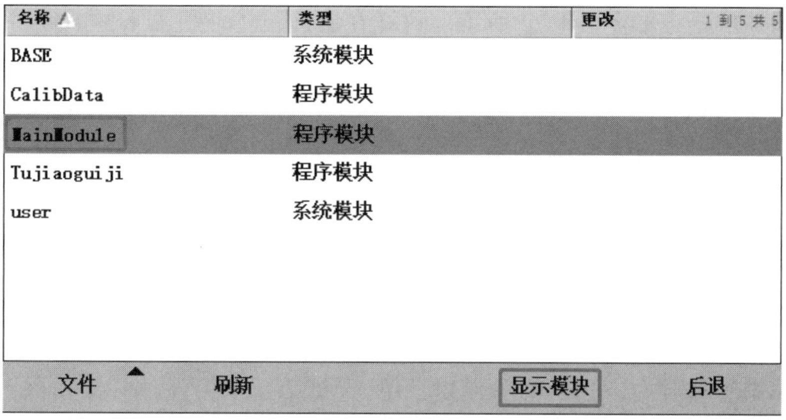

图 3-1-69　显示模块

步骤 3：选中“<SMT>”，单击“添加指令”菜单，选择 ProcCall 指令，如图 3-1-70 所示。在新弹出的窗口中，选择“sanjiaoxing”，单击“确定”，如图 3-1-71 所示。

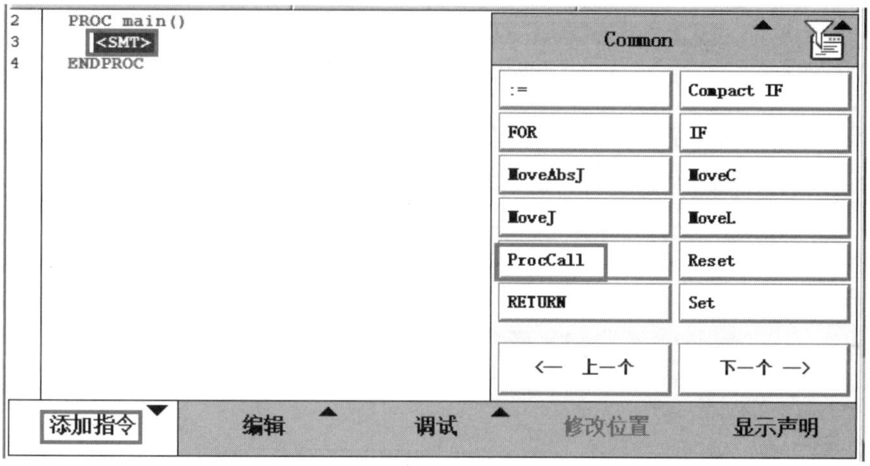

图 3-1-70　添加 ProcCall 指令

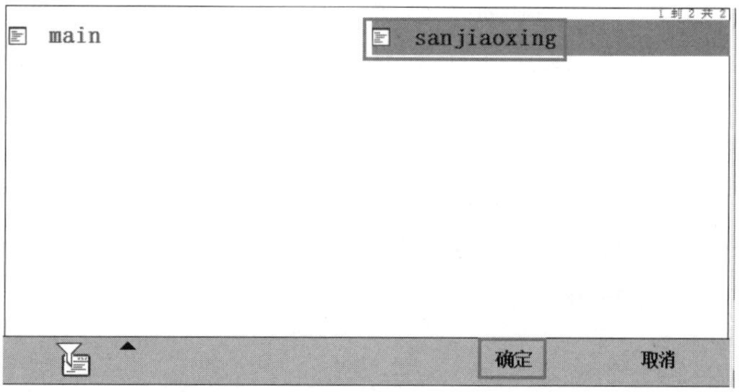

图 3-1-71　选择“sanjiaoxing”程序

步骤 4:添加的指令如图 3-1-72 所示。这样在试运行工业机器人的时候,主程序会自动调用“sanjiaoxing”程序。

步骤 5:将工业机器人调至自动运行模式。在控制柜面板上通过钥匙将机器人切换至左侧的自动模式,然后按下控制柜面板上面的白色马达上电按钮。

```
PROC main()
    sanjiaoxing;
ENDPROC
```

图 3-1-72　主程序显示

步骤 6:单击触摸屏右下角的快速设置菜单,选择第三个控件,选择“单周”选项,然后再单击一次右下角的快速设置菜单即可关闭此弹出菜单,如图 3-1-73 所示。

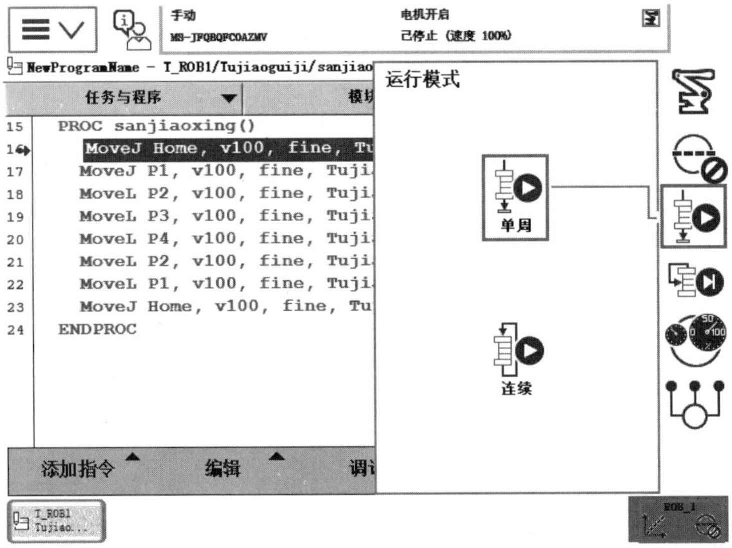

图 3-1-73　单周运行

步骤 7:单击“调试”菜单,选择“PP 移至 Main”命令,如图 3-1-74 所示。之后按下【程序启动】键,进行程序试运行,观察机器人运动是否满足要求。

步骤 8:首次试运行,建议先将程序运行速度降低,运行没问题后再恢复至 100%速度运行。单击触摸屏右下角快捷键,在弹出的窗口中单击第五个图标,然后修改运行速度百分比,例如修改为“25%”,如图 3-1-75 所示。

步骤 9:首次试运行完成后,程序运行可改成连续运行的模式,单击触摸屏右下角的快速设置菜单,选择第三个控件,选择“连续”选项,然后再单击一次右下角的快速设置菜单即可关闭此弹出菜单,如图 3-1-76 所示。

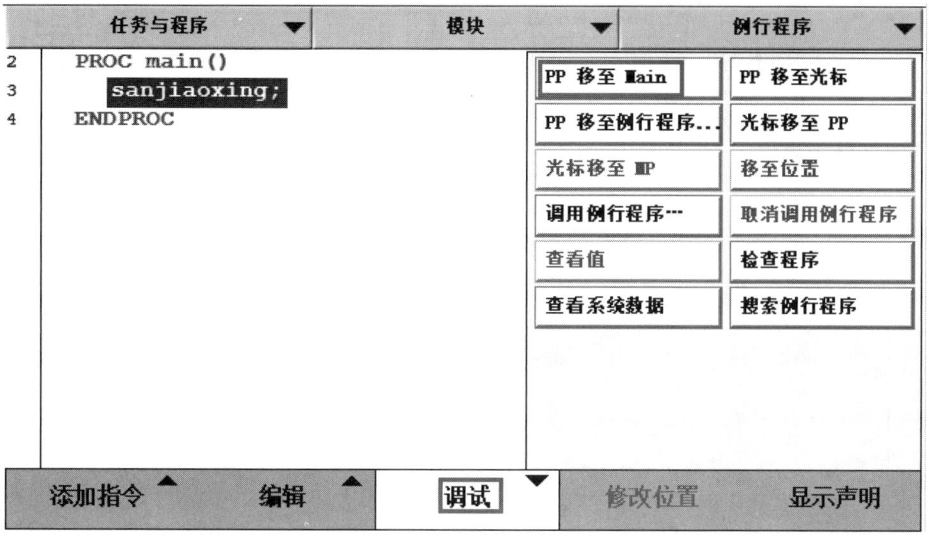

图 3-1-74　PP 移至 Main

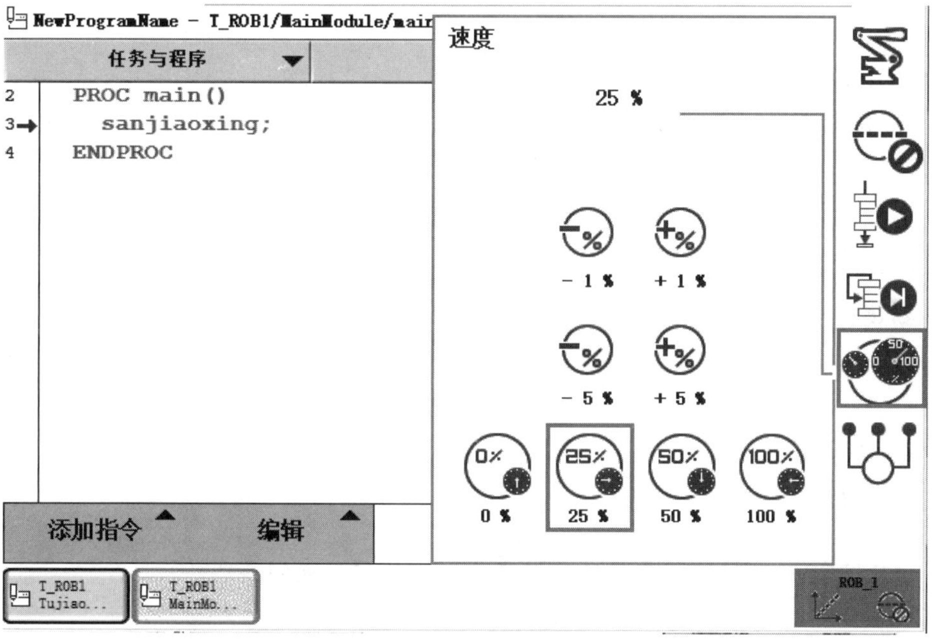

图 3-1-75　速度调整

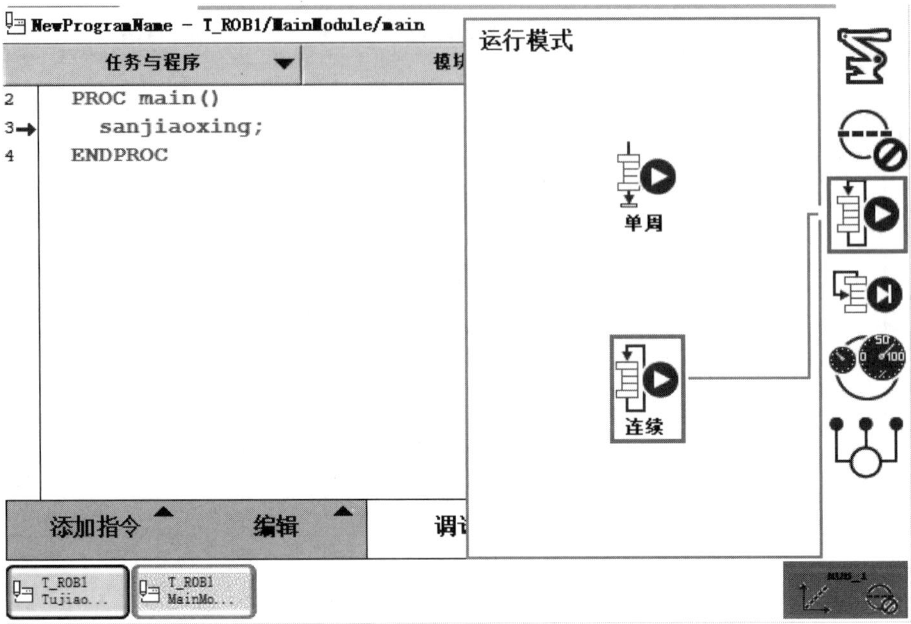

图 3-1-76　连续运行

2. 自动运行

当工业机器人的运动完全满足要求后，可将速度百分比修改为“100%”，再次启动查看最终运行效果。若一切正常，则可完全自动运行工业机器人。

小组讨论

手动操作工业机器人和自动运行工业机器人需要哪些注意事项？

四人一小组，将讨论结果与另一小组的讨论结果进行交换，指出别人合理与不合理的地方。

小组讨论

（1）在程序中，比较使用较多的过渡点和较少的过渡点的区别。

（2）在程序中，比较使用较大的转弯区数据和较小的转弯区数据的区别。

3.1.3　参数优化

节拍通常用于定义一个流程中某一具体工序或环节的单位产出时间。在流程设计中，如果预先给定了一个流程每天（或其他单位时间段）必需的产出，首先需要考虑的是流程的节拍。在自动化生产线的设计应用中，节拍是设计的一个很重要的因素。

提高企业的生产节拍，对企业的经济效益尤为重要，因此参数修改的目的，就是在保证安全的前提下提高生产节拍，从而提高经济效益。

提高节拍，可以提高运行速度，更改运动指令，优化转弯区数据，减少无必要的点等。

打开例行程序“sanjiaoxing”，如图 3-1-77 所示，以此例行程序为例讲解如何提高生产节拍。

```
PROC sanjiaoxing()
  MoveJ Home, v100, fine, Tujiaoqiang;
  MoveJ P1, v100, fine, Tujiaoqiang;
  MoveL P2, v100, fine, Tujiaoqiang;
  MoveL P3, v100, fine, Tujiaoqiang;
  MoveL P4, v100, fine, Tujiaoqiang;
  MoveL P2, v100, fine, Tujiaoqiang;
  MoveL P1, v100, fine, Tujiaoqiang;
  MoveJ Home, v100, fine, Tujiaoqiang;
ENDPROC
```

图 3-1-77　“sanjiaoxing”程序

1. 速度修改

运行速度越快，三角形运行轨迹的时间越短，因此将由 Home 点运动到 P1 点及由 P1 点返回 Home 点的速度由“v100”改为“v300”，通过提升运行速度来提升节拍。三角形涂胶轨迹的速度可以根据实际情况修改。

步骤 1：选择指令中“v100”，双击打开，选择“v300”，单击“确定”，如图 3-1-78 所示，完成速度修改，如图 3-1-79 所示。

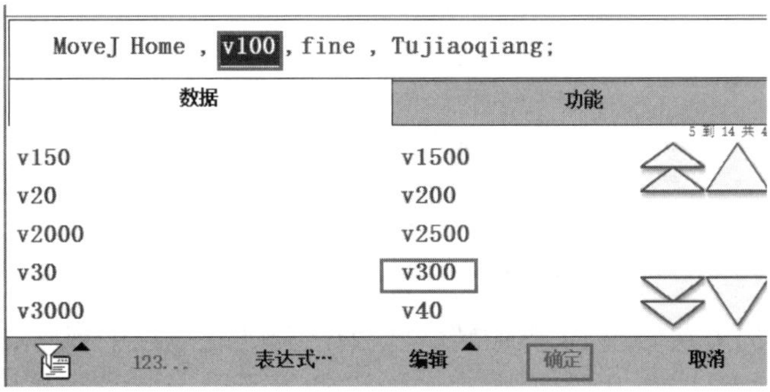

图 3-1-78　修改速度参数

```
PROC sanjiaoxing()
  MoveJ Home, v300 , fine, Tujiaoqiang;
```

图 3-1-79　修改速度参数后的程序

步骤 2：用同样的方法，修改 P1 点返回 Home 点的速度“v100”为“v300”，如图 3-1-80 所示。

```
  MoveJ Home, v300, fine, Tujiaoqiang;
ENDPROC
```

图 3-1-80　修改速度

2. 转弯区数据修改

提升节拍的方法除了优化速度外,还包括修改转弯区数据,在接近点 P1 的位置处工业机器人不需要停止,可将 P1 的转弯区数据修改为“z5”。

步骤 1:双击 P1 点运动指令的“fine”,如图 3-1-81 所示。

```
PROC sanjiaoxing()
  MoveJ Home, v300, fine, Tujiaoqiang;
  MoveJ P1, v100, fine, Tujiaoqiang;
```

图 3-1-81　修改 P1 点转弯区半径

步骤 2:选择“z5”,单击“确定”,如图 3-1-82 所示。修改完成后的程序如图 3-1-83 所示。

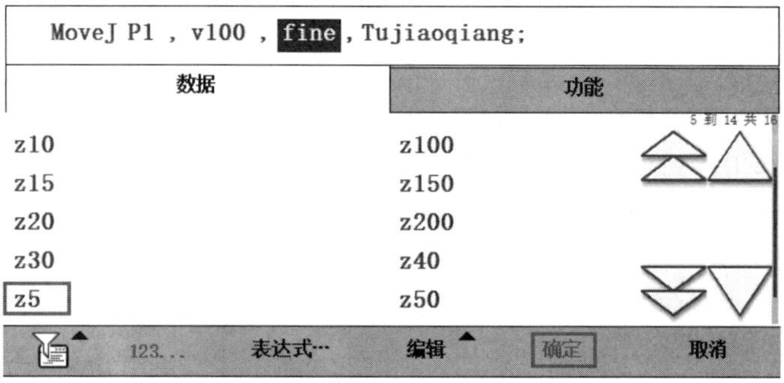

图 3-1-82　修改 P1 点转弯区数据

```
PROC sanjiaoxing()
  MoveJ Home, v300, fine, Tujiaoqiang;
  MoveJ P1, v100, z5, Tujiaoqiang;
```

图 3-1-83　修改完成后的程序

步骤 3:用同样的方法修改 P1 点的转弯区数据,修改完成后的程序如图 3-1-84 所示。

```
PROC sanjiaoxing()
  MoveJ Home, v300, fine, Tujiaoqiang;
  MoveJ P1, v100, z5, Tujiaoqiang;
  MoveL P2, v100, fine, Tujiaoqiang;
  MoveL P3, v100, fine, Tujiaoqiang;
  MoveL P4, v100, fine, Tujiaoqiang;
  MoveL P2, v100, fine, Tujiaoqiang;
  MoveL P1, v100, z5, Tujiaoqiang;
  MoveJ Home, v300, fine, Tujiaoqiang;
ENDPROC
```

图 3-1-84　修改完成后的程序

提示

本部分转弯区数据“fine”可由学生更改为“z10”“z20”，学生观察其中的区别，并自己总结区别之处。

3. 程序的复制粘贴

若程序的第一条指令与最后一条指令是相同的，则可以采用“复制”和“粘贴”的方法完成程序的创建，即将第一行程序复制并粘贴到最后一行，将原有的最后一行程序删除。具体方法如下。

步骤 1：选择第一条指令，单击“编辑”菜单，选择“复制”命令，如图 3-1-85（a）所示。复制完成以后，选择最后一条指令，单击“编辑”菜单，选择“粘贴”命令，默认粘贴到选定程序的下一行，如图 3-1-85（b）所示，复制粘贴完成以后的结果如图 3-1-85（c）所示。

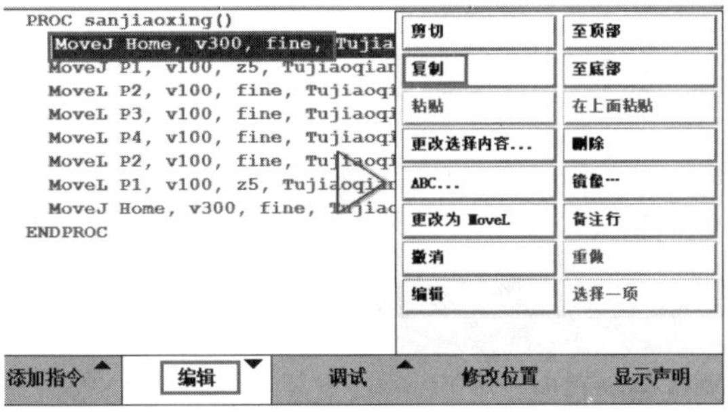

（a）复制

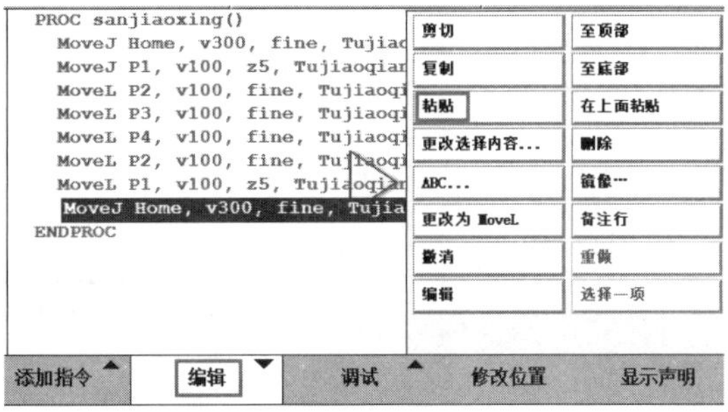

（b）粘贴

```
PROC sanjiaoxing()
  MoveJ Home, v300, fine, Tujiaoqiang;
  MoveJ P1, v100, z5, Tujiaoqiang;
  MoveL P2, v100, fine, Tujiaoqiang;
  MoveL P3, v100, fine, Tujiaoqiang;
  MoveL P4, v100, fine, Tujiaoqiang;
  MoveL P2, v100, fine, Tujiaoqiang;
  MoveL P1, v100, z5, Tujiaoqiang;
  MoveJ Home, v300, fine, Tujiaoqiang;
  MoveJ Home, v300, fine, Tujiaoqiang;
ENDPROC
```

（c）粘贴完成后的程序

图 3-1-85　复制粘贴程序

步骤 2：删除程序。选择原程序的最后一条指令，单击“编辑”菜单，选择“删除”命令，如图 3-1-86 所示。删除完成后的程序如图 3-1-87 所示。

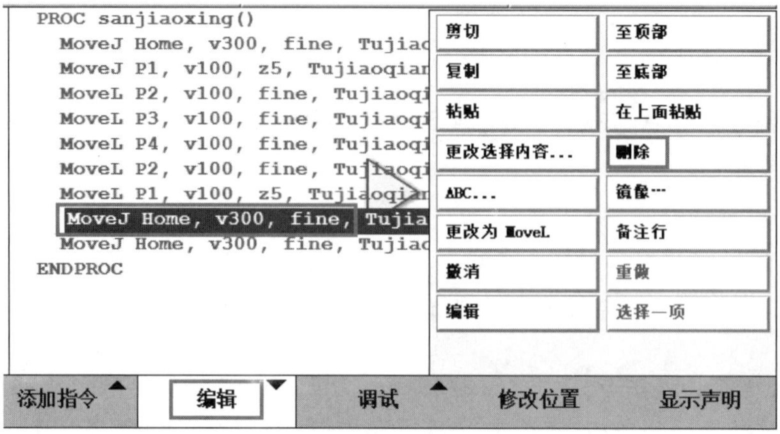

图 3-1-86　删除指令

```
PROC sanjiaoxing()
  MoveJ Home, v300, fine, Tujiaoqiang;
  MoveJ P1, v100, z5, Tujiaoqiang;
  MoveL P2, v100, fine, Tujiaoqiang;
  MoveL P3, v100, fine, Tujiaoqiang;
  MoveL P4, v100, fine, Tujiaoqiang;
  MoveL P2, v100, fine, Tujiaoqiang;
  MoveL P1, v100, z5, Tujiaoqiang;
  MoveJ Home, v300, fine, Tujiaoqiang;
ENDPROC
```

图 3-1-87　删除完成后的程序

参数修改完成以后,应先进行调试、试运行,观察节拍是否提升。

练习题

1. 判断题

(1)工业机器人在空间中进行运动只有一种方式。　　(　　)

(2)关节运动指令下两个位置之间的路径必须是直线。　　(　　)

(3)线性运动指令下两个位置之间的路径必须是直线。　　(　　)

(4)焊接、涂胶等对路径要求高的应用场合可使用线性运动指令。　　(　　)

(5)在程序语句“MoveL p1, v200, z10, tool1\Wobj: =wobj1”中, v200 表示运行速度为 200 mm/s。

(　　)

(6)在程序语句“MoveJ p3, v500, fine, tool1\Wobj: =wobj1”中,使用的基本运动指令是 MoveC。　　(　　)

(7)在现场示教编程步骤中,第一步是新建程序。　　(　　)

(8)在编辑程序的步骤中,编辑完程序以后,不需要对程序进行调试,就可以自动运行工业机器人。　　(　　)

（9）如果有一条路径，对精度要求非常高，则最好使用 MoveL 指令。（　　）

（10）z50 表示的是转弯区数据，但是 fine 表示的不是转弯区数据。（　　）

（11）在“MoveL p10，v10，z10，tool1\Wobj：=wobj1”语句中，z10 表示机器人在离 p10 点 10 mm 的时候，机器人就默认达到了 p10 点。（　　）

（12）只有当工业机器人在自动模式下，才能编辑程序。（　　）

2. 填空题

（1）工业机器人在空间中进行运动的方式有______________、______________、______________、______________。

（2）在程序语句“MoveL p1，v200，z10，tool1\Wobj：=wobj1”中，MoveL 是______________，p1 是______________，v200 是______________，z10 是______________，wobj1 是______________。

（3）请看下面程序语句，完成填空：

MoveL p10，v200，fine，tool1\Wobj：=wobj1；

MoveL 是______________，v200 是______________，fine 是______________。

（4）直线运动指令为______________，关节运动指令为______________。

（5）程序编辑的步骤是______________、______________、______________、______________。

3. 简答题

（1）写出工业机器人在空间中进行运动的方式（两种），并简单画出这种运动方式的简笔画？（根据自己的理解，画出来即可。）

（2）根据要求，写出程序。

要求：工业机器人向 P1 点做直线运动，运行速度为 100 mm/s，转弯区数据是 fine，工件坐标数据是 wobj1。

（3）根据要求，写出程序。

要求：工业机器人向 P3 点做关节运动，运行速度为 20 mm/s，转弯区数据是 z10，工件坐标数据是 wobj1。

(4)在现场示教编程中,轨迹规划至少需要几个点?分别是哪几个点?

(5)在轨迹规划中,如果工业机器人在运行过程中可能遇到障碍,则需要设置一些点位规避障碍,称为过渡点。思考以下问题并说明原因:是否过渡点越多越好?过渡点能否提高工业机器人轨迹的精度?(该题为发散题,根据自己的实际操作,写出来,合理即可。)

提示:可操作机器人,对比较多运动指令程序和较少运动指令程序的区别。

(6)思考:是否转弯区数据越大越好?在什么情况之下用较大的转弯区数据,在什么情况之下用较小的转弯区数据?(根据实际操作,写出自己的认识。)

提示:可操作机器人,对比较大的转弯区数据和较小的转弯区数据的区别。

任务完成报告

<table>
<tr><td>姓名</td><td></td><td>学习日期</td><td></td></tr>
<tr><td>任务名称</td><td colspan="3">简单轨迹的涂胶编程</td></tr>
<tr><td rowspan="6">学习自评</td><td colspan="2">考核内容</td><td>完成情况</td></tr>
<tr><td colspan="2">(1)编辑小车模型自动直线运行的程序</td><td>□好　□良好　□一般　□差</td></tr>
<tr><td colspan="2">(2)机器人能自动运行完成小车模型直线涂胶</td><td>□好　□良好　□一般　□差</td></tr>
<tr><td colspan="2">(3)小车模型直线涂胶轨迹精确、完整、清晰</td><td>□好　□良好　□一般　□差</td></tr>
<tr><td colspan="2">(4)涂胶枪与模型保持垂直的姿态</td><td>□好　□良好　□一般　□差</td></tr>
<tr><td colspan="2">(5)运行流畅、无障碍,没有不必要的停顿</td><td>□好　□良好　□一般　□差</td></tr>
<tr><td>学习心得</td><td colspan="3"></td></tr>
</table>

任务 3.2 工业机器人涂胶轨迹创建

在任务 3.1 中完成了小车模型直线涂胶轨迹的程序创建，在本任务中要完成小车模型曲线涂胶轨迹（图 3-2-1）的编程及调试，需要学习 TCP 的标定方法以及曲线的编程、调试方法。

图 3-2-1 小车模型圆弧涂胶轨迹

在实际生产过程中，如果更换了形状、大小不同的涂胶枪或者调整了涂胶枪的位置，之前示教的程序也不能再使用，这是什么原因导致的呢？学习完本任务的内容就会得到答案。

任务要求

（1）完成小车模型曲线涂胶轨迹的示教编程。

（2）曲线涂胶轨迹要精确，工业机器人姿态要合理，涂胶枪与涂胶模型表面保持垂直，自动运行速度百分比设置为 20%，描绘时间不超过 60 s。

（3）工业机器人运行轨迹合理、平滑、精确、完整、清晰、美观。

（4）自动运行过程中无障碍，且没有不必要的停顿。

学习目标

知识目标：

（1）掌握 TCP 的概念；

（2）掌握 TCP 的标定方法及流程；

（3）掌握圆弧指令的应用；

（4）掌握程序优化及调试的方法。

能力目标：

（1）能够操作工业机器人完成 TCP 的标定；

（2）能够采用数字输入的方法完成 TCP 的设定；

（3）能够采用圆弧指令完成曲线涂胶轨迹的编程及调试。

素养目标：

（1）培养学生实训认真、仔细的素养；

（2）培养学生良好的团队协作能力。

3.2.1 TCP 的标定

3.2.1.1 TCP 的概念

活动

写字的时候，可以采用三种方式：①用毛笔写字；②用铅笔写字；③用蘸了颜料的手指头写字。写出毛笔、铅笔、手指头相对于手掌中心的位置关系。

分发卡片，写出自己的理解，然后小组讨论，展示讨论结果。

把工业机器人当作手臂和手，TCP 当成笔尖，想要写字，必须控制笔尖的走向，所以必须知道笔（工具）相对于手掌（法兰）中心的位置关系，法兰的位置如图 3-2-2 所示。

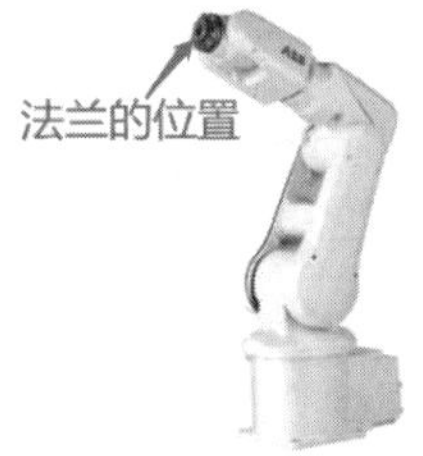

图 3-2-2 法兰的位置

为完成各种作业任务，需要在工业机器人末端安装各种不同的工具，比如搬运板材的机器人就会使用吸盘式的夹具作为工具，而用于弧焊的机器人会使用弧焊枪作为工具，如图 3-2-3 所示。

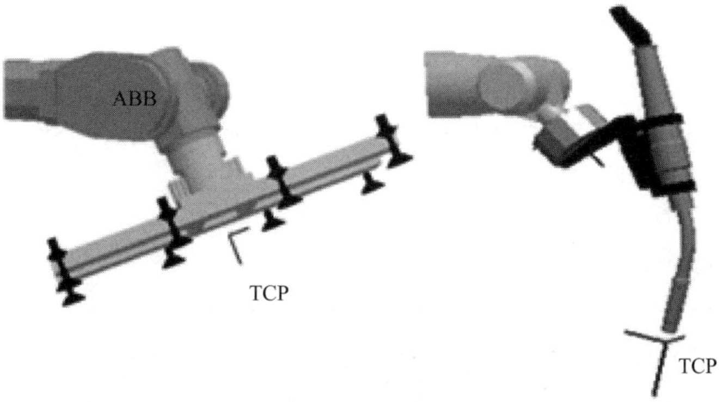

图 3-2-3 工业机器人末端安装不同工具时的 TCP

由于工具的形状、大小各不相同，在更换或者调整工具之后，工业机器人的实际工作点相对于工业机器人末端的位置会发生变化。这样就产生了一个问题:如何选择一个点来代表整个工具所在的位置呢?因此产生了工具中心点(TCP)。

无论是何种品牌的工业机器人,事先都定义了一个工具坐标系,无一例外地将这个坐标系 *XY* 平面绑定在机器人第六轴的法兰盘平面上,坐标原点与法兰盘中心重合。显然,这时ABB 机器人的默认工具(tool0)的 TCP 位于工业机器人安装法兰的中心,如图 3-2-4 所示,A 点就是原始的 TCP。

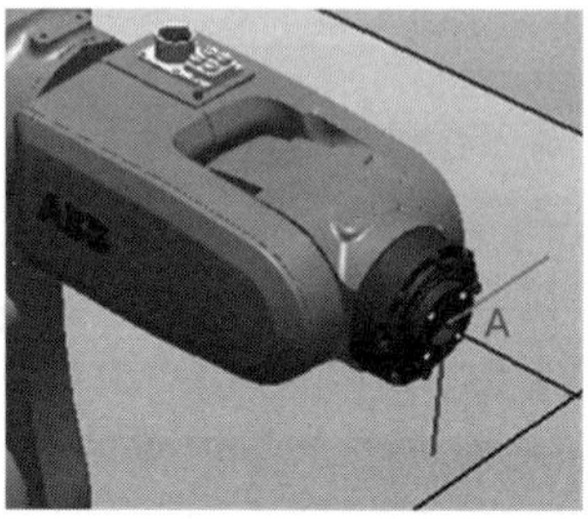

图 3-2-4　原始 TCP 的位置

工业机器人在此坐标系内进行编程,当工具更换或调整后,只需重新标定工具坐标系的位置,即可使机器人重新投入使用。

当以手动或者编程的方式让工业机器人接近空间中的某一点时,其本质是让 TCP 接近该点。因此,可以说工业机器人的轨迹运动就是 TCP 的运动。

基坐标系、工具坐标系和 TCP 的位置关系如图 3-2-5 所示。

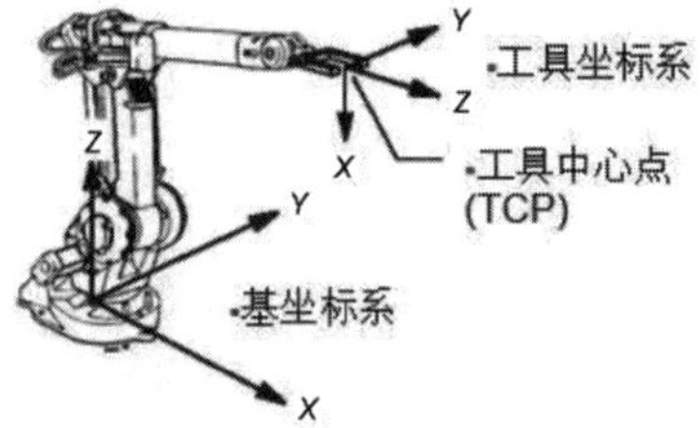

图 3-2-5　基坐标系、工具坐标系和 TCP 的位置关系

3.2.1.2　标定 TCP

TCP 标定的方法有四点法、“TCP 和 *Z*”方法、“TCP 和 *Z*, *X*”方法、数字输入法等,通常四点法和数字输入法使用较多。

1. 四点法

工具中心点(TCP)使用四点法标定的原理如下:

(1)首先在机器人工作范围内找一个非常精确的固定点作为参考点;

(2)然后在工具上确定一个参考点(最好是工具的中心位置);

(3)利用之前学习到的手动操纵机器人的方法,移动工具上的参考点以最少四种不同的机器人姿态尽可能与固定点刚好碰上,标定点的姿态选取应尽量差异大一些,这样才容易标定出较为准确的 TCP,如图 3-2-6(a)所示。

（4）在标定过程中，为了便于后续标定工具坐标系方向，一般将最后一个 TCP 标定点调整至工具末端完全竖直的姿态，所以在此任务中将图 3-2-6（a）中点 4 设定为第四个标定点。

以下介绍用四点法标定 TCP 的步骤，根据图 3-2-6（b），在尖端 A 点完成标定。

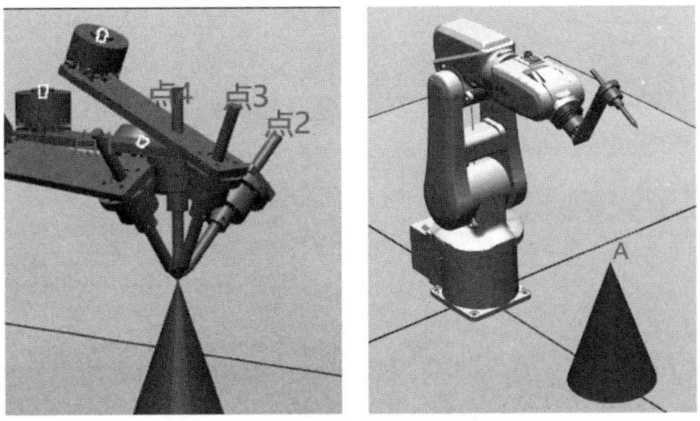

（a）标定姿态　　（b）固定点

图 3-2-6　标定 TCP

步骤 1：单击左上角主菜单按钮，选择“手动操纵”命令，如图 3-2-7 所示。

步骤 2：选择“工具坐标”，如图 3-2-8 所示。

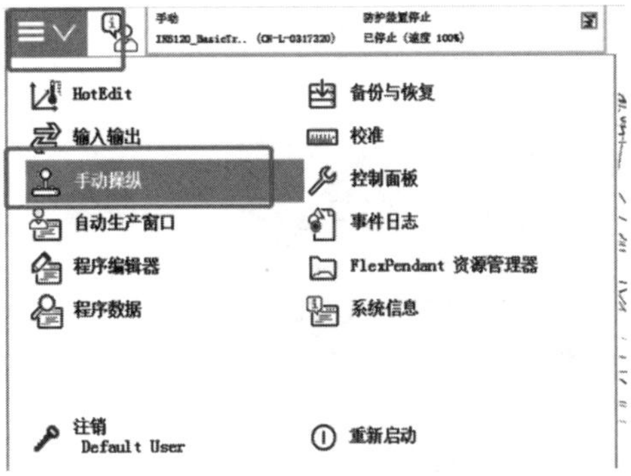

图 3-2-7　手动操纵

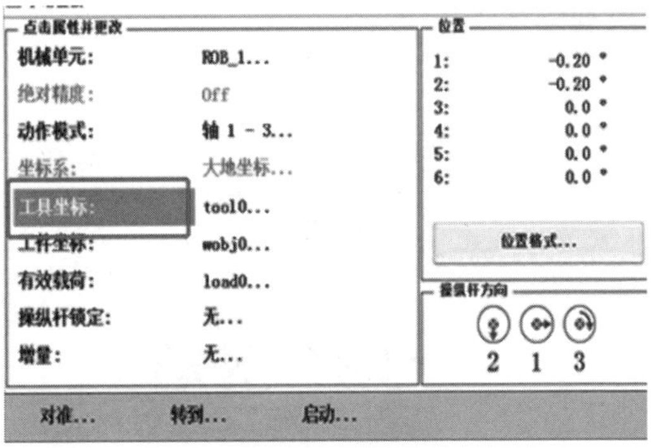

图 3-2-8　工具坐标

步骤 3：单击“新建”，如图 3-2-9 所示。

步骤 4：对工具数据属性进行设定后，单击“确定”，如图 3-2-10 所示。

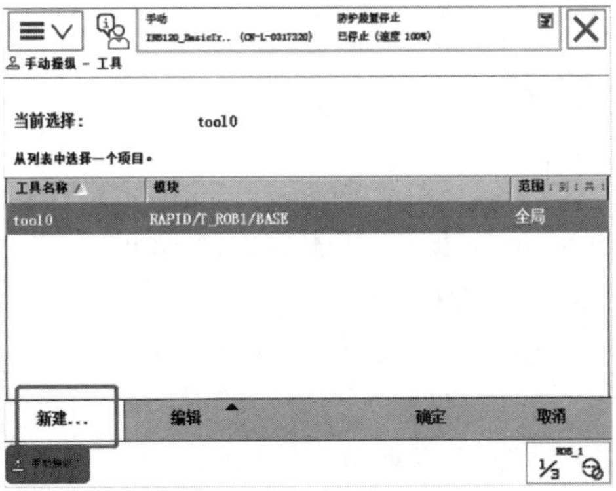

图 3-2-9　新建工具

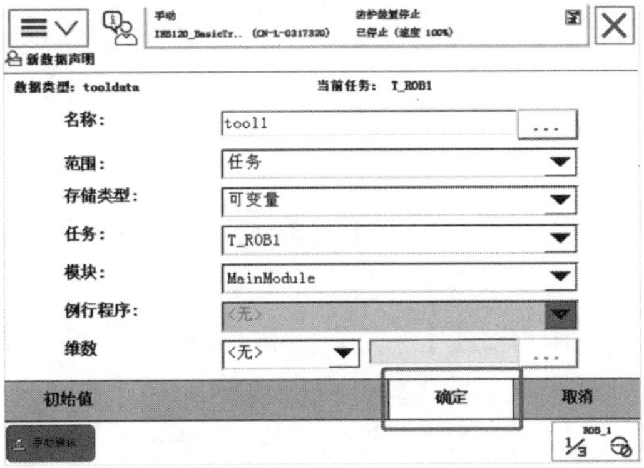

图 3-2-10　设定工具数据属性

步骤 5：选中 tool1 后，选择“编辑”菜单中的“定义”命令，如图 3-2-11 所示。

步骤 6：选择“TCP(默认方向)”设定 TCP，如图 3-2-12 所示。

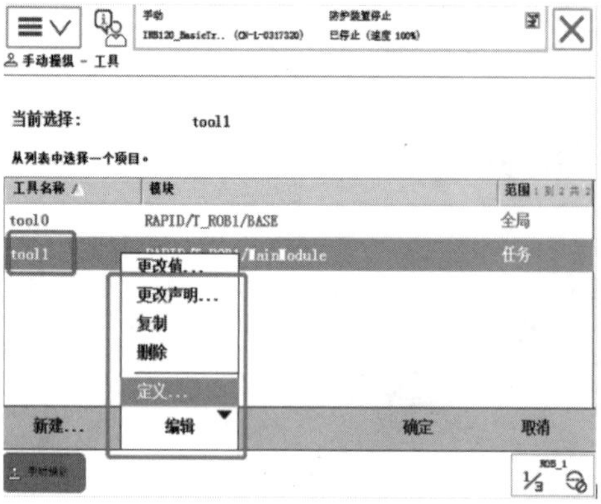

图 3-2-11　编辑工具

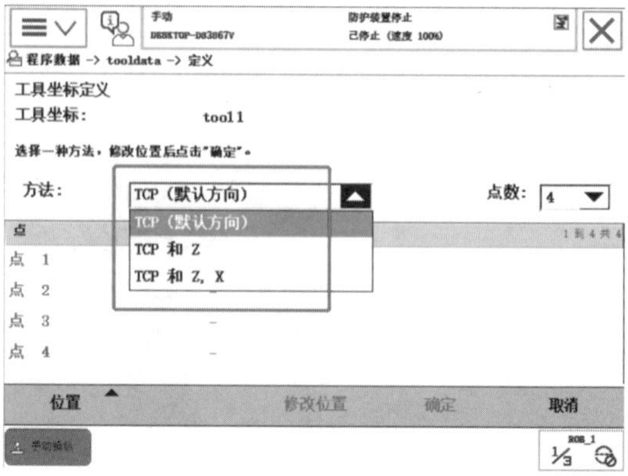

图 3-2-12　设定 TCP

步骤 7：选择合适的手动操纵模式，按下使能键，使用摇杆使工具参考点靠上固定点，作为第一个点，标定点的四个姿态选取应尽量差异大一些，这样才容易标定出较为准确的 TCP，如图 3-2-13 所示。

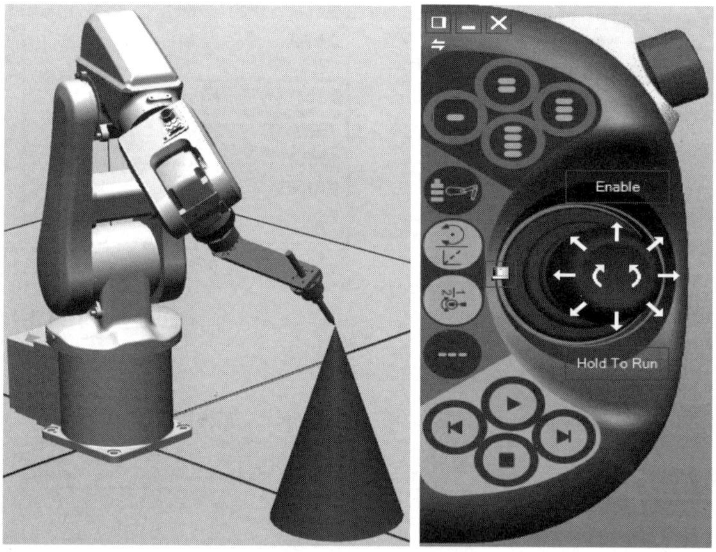

图 3-2-13　点 1 姿态

步骤 8：选中“点 1”，单击“修改位置”，将点 1 位置记录下来，如图 3-2-14 所示。

步骤 9：工具参考点以此姿态靠上固定点，如图 3-2-15 所示。

步骤 10：选中“点 2”，单击“修改位置”，将点 2 位置记录下来，如图 3-2-16 所示。

步骤 11：工具参考点以此姿态靠上固定点，如图 3-2-17 所示。

步骤 12：选中“点 3”，单击“修改位置”，将点 3 位置记录下来，如图 3-2-18 所示。

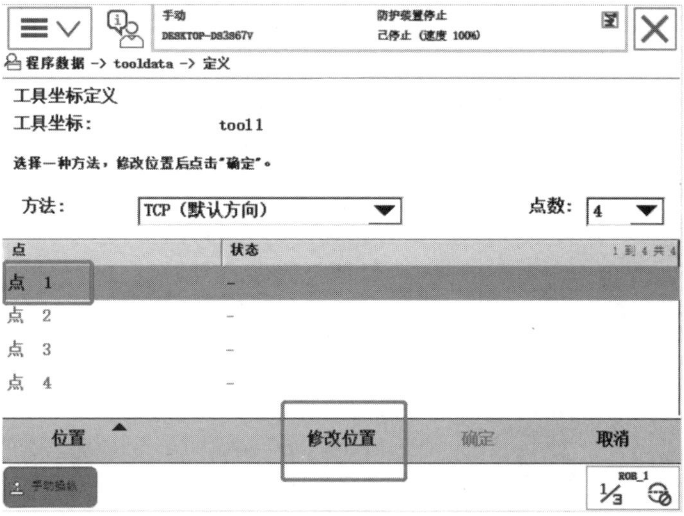

图 3-2-14　记录点 1 位置

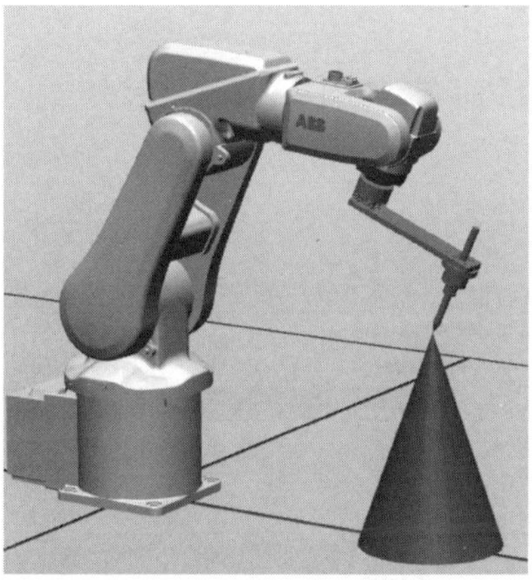

图 3-2-15　点 2 姿态

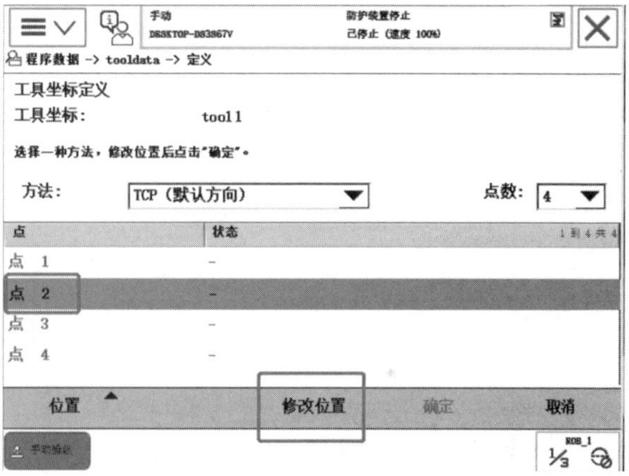

图 3-2-16　记录点 2 位置

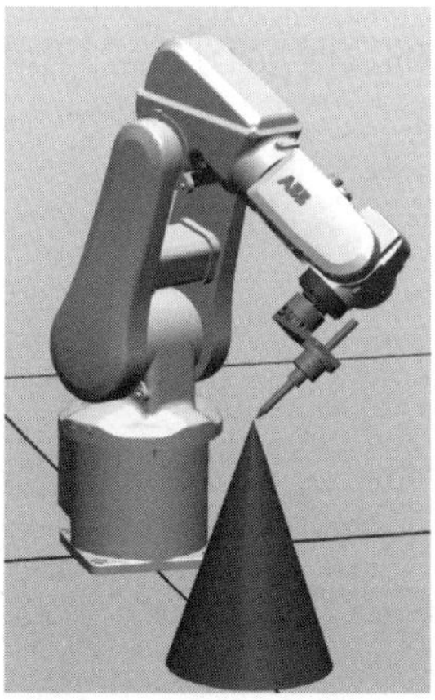

图 3-2-17　点 3 姿态

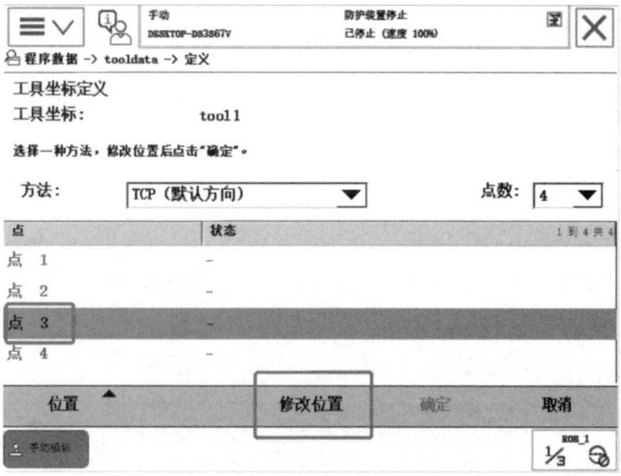

图 3-2-18　记录点 3 位置

步骤 13：在标定过程中，为了便于后续标定工具坐标系方向，一般将最后一个 TCP 标定点调整至工具末端完全竖直的姿态，所以第四个标定点姿态如图 3-2-19 所示。

步骤 14：选中“点 4”，单击“修改位置”，将点 4 位置记录下来，如图 3-2-20 所示。

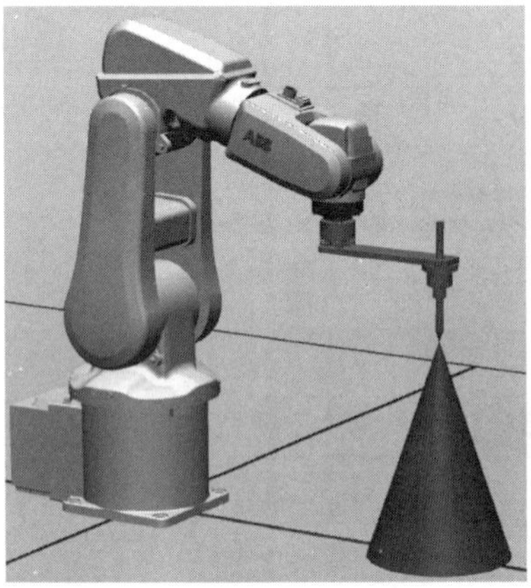

图 3-2-19　点 4 姿态

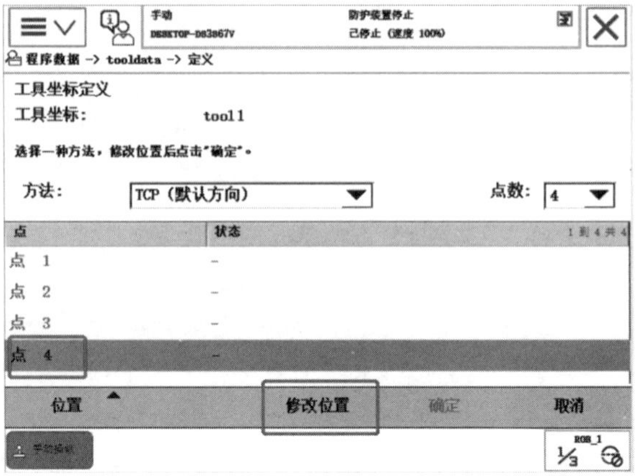

图 3-2-20　记录点 4 位置

步骤 15：单击“确定”，完成设定，如图 3-2-21 所示。

步骤 16：选中“tool1”，打开“编辑”菜单，选择“更改值”命令，如图 3-2-22 所示。

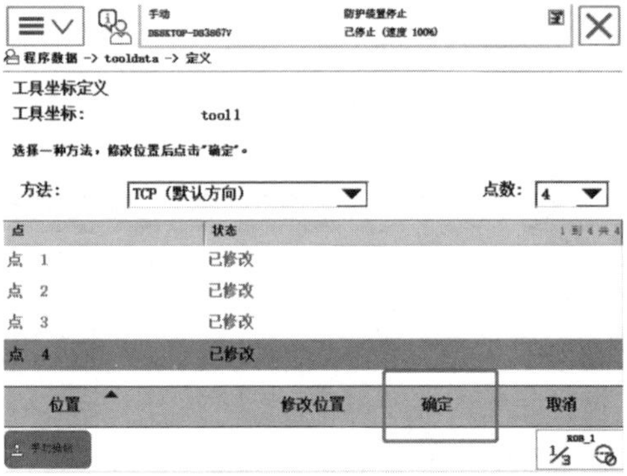

图 3-2-21　设定完毕

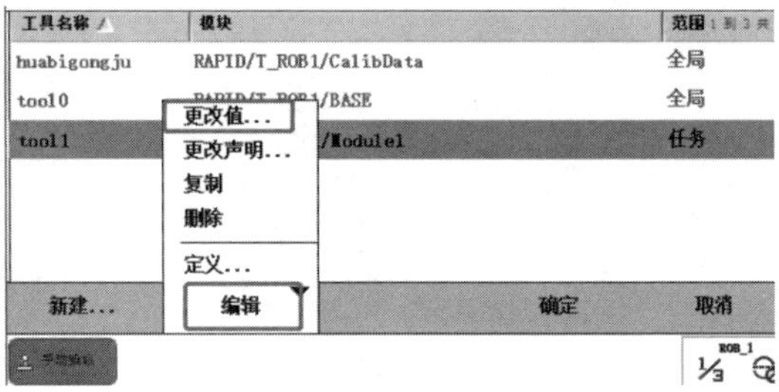

图 3-2-22　更改值

步骤 17：单击箭头向下翻页，此页显示的内容就是 TCP 定义时生成的数据，如图 3-2-23 所示。

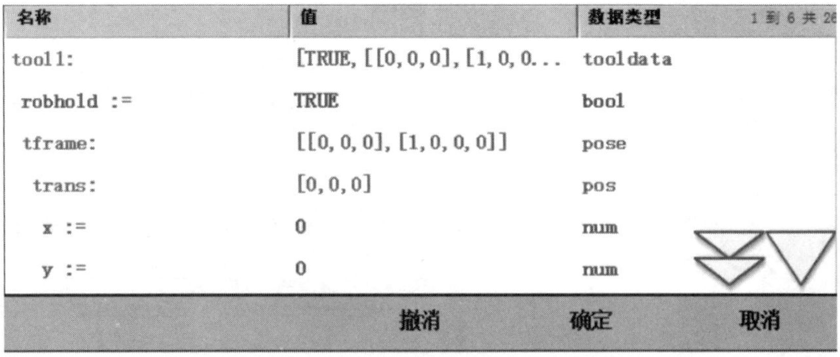

图 3-2-23　TCP 定义时生成的数据

步骤 18:在此页面中,根据实际情况设定工具的质量(mass,单位 kg)和重心位置数据(此重心是基于 tool0 的偏移值,单位 mm),然后单击“确定”,如图 3-2-24 所示。

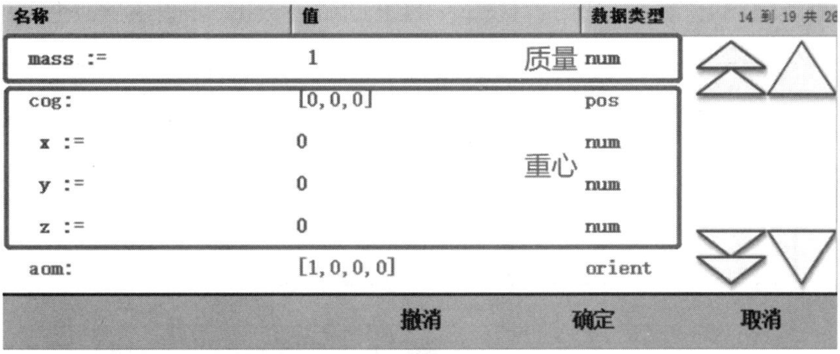

图 3-2-24　质量和重心数据

步骤 19:也可以修改刚设置的 TCP 位置数据(图 3-2-25)。

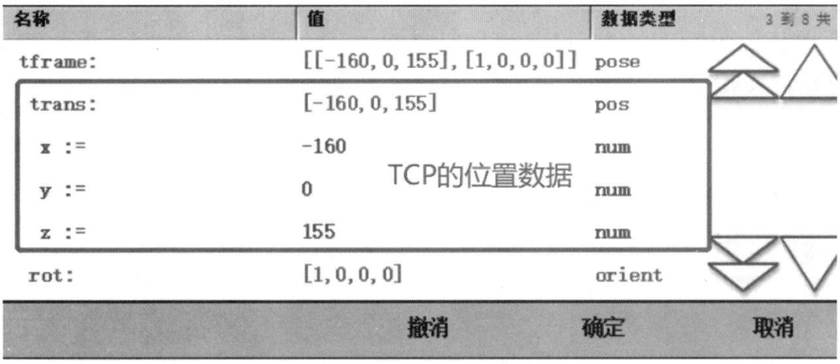

图 3-2-25　TCP 位置数据

步骤 20:单击数字,修改数字,修改完成后,单击“确定”,如图 3-2-26 所示。

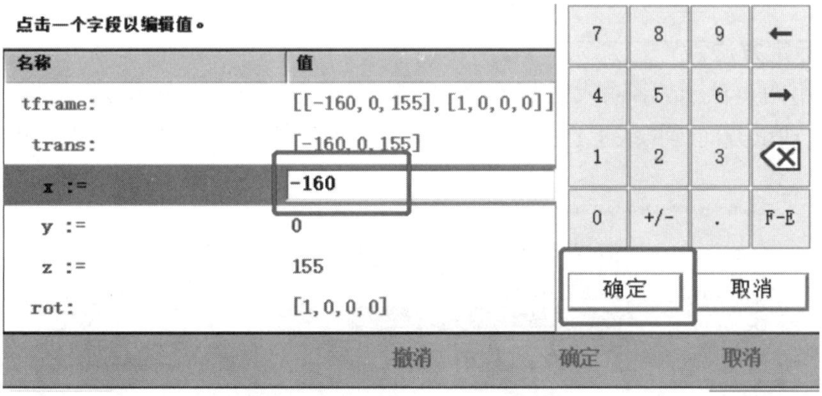

图 3-2-26　修改 TCP 位置数据

2. 数字输入法

除了四点法外,还可以使用数字输入法直接标定 TCP。数字输入法,顾名思义,就是在 TCP 的位置数据区直接输入 *X*、*Y* 和 *Z* 轴的数据,从而达到标定 TCP 的目的。此方法标定

TCP 最为准确，但不便之处是需要知道工具的长、宽、高的数据，工具的长、宽、高可以通过测量得出。

步骤 1：在 TCP 的位置数据区，直接输入 TCP 的位置数据，如图 3-2-27 所示。

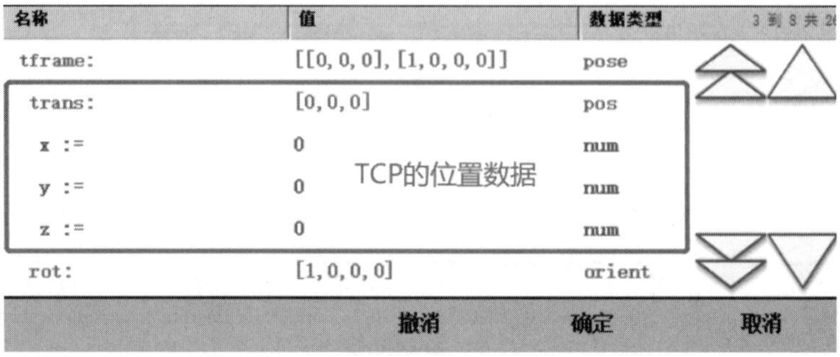

图 3-2-27　直接输入 TCP 的位置数据

步骤 2：在使用四点法、数字输入法标定 TCP 的过程中，TCP 标定点的数量都是可以自定义的，单击点数框中的下拉三角形，可以从 3 到 9 中进行选择，如图 3-2-28 所示。标定点数越多，越容易标定出较为准确的 TCP。

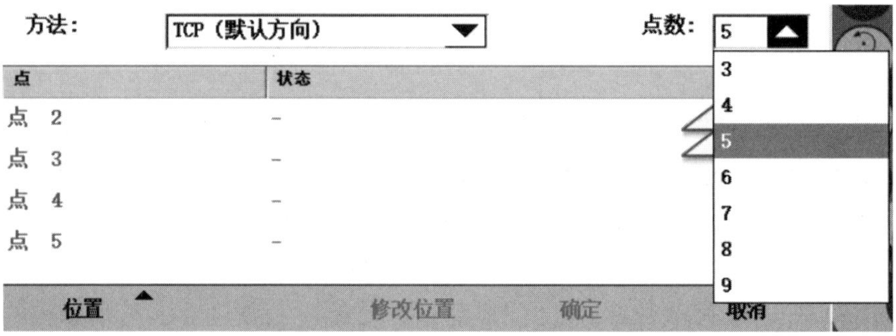

图 3-2-28　点数设置

3. 其他标定方法

除了使用四点法、数字输入法标定 TCP 外，还可以选择“TCP 和 *Z*”方法，如图 3-2-29 所示，即在 *Z* 轴正方向延长线上选择一个点，作为 *Z* 轴延长线的点，其目的也是更加准确地标定 TCP。

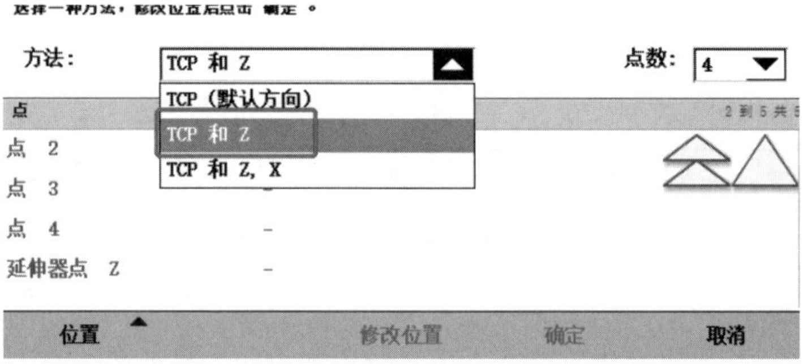

图 3-2-29　选择“TCP 和 *Z*”方法

工业机器人的姿态如图 3-2-30 所示，标定点在 *Z* 轴正方向延长线上，距离固定点很近。

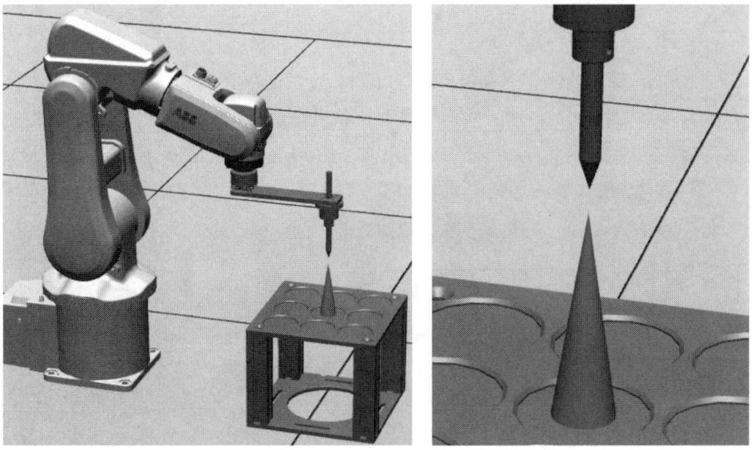

图 3-2-30　*Z* 轴延伸

同理，如果选择“TCP 和 *Z*, *X*”方法，则需要分别在 *Z* 轴和 *X* 轴正方向延长线上选择一个点，作为 *Z* 轴和 *X* 轴延长线的点，如图 3-2-31 所示。

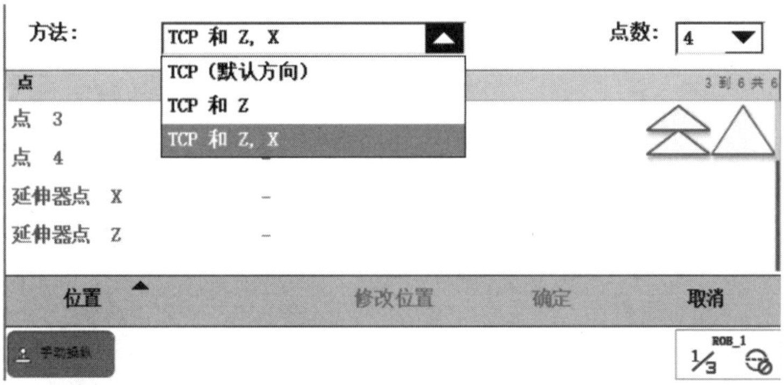

图 3-2-31　选择“TCP 和 *Z*,*X*”方法

工业机器人的姿态，如图 3-2-32 所示，标定点在 *X* 轴、*Z* 轴正方向延长线上，距离固定点很近。

选择“手动操纵”命令，单击“工具坐标”，如图 3-2-33 和 3-2-34 所示。

单击“工具坐标”，选择“tool1”，如图 3-2-35 所示。

使用摇杆将工具参考点靠上固定点，然后在重定位模式下手动操纵机器人，如果 TCP 设定精确的话，你可以看到工具参考点与固定点始终保持接触，而机器人会根据你的重定位操作改变姿态，如图 3-2-36 所示。

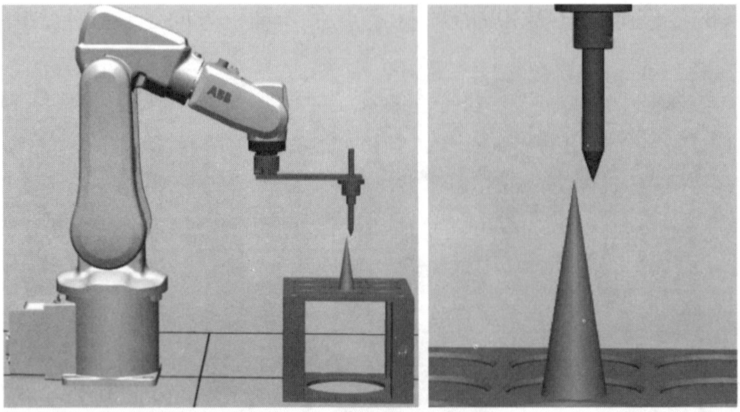

图 3-2-32　*X* 轴、*Z* 轴延伸

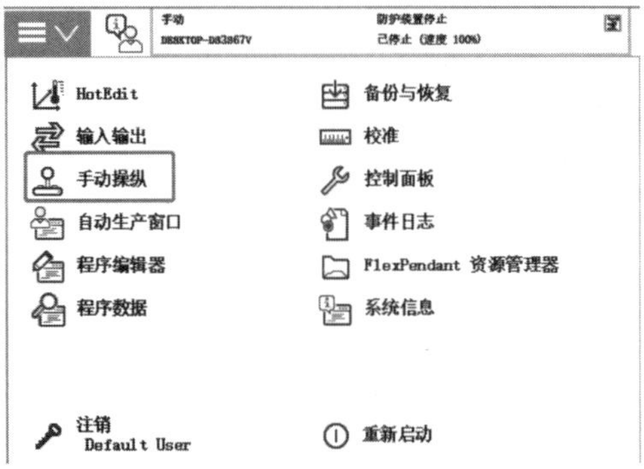

图 3-2-33　手动操纵

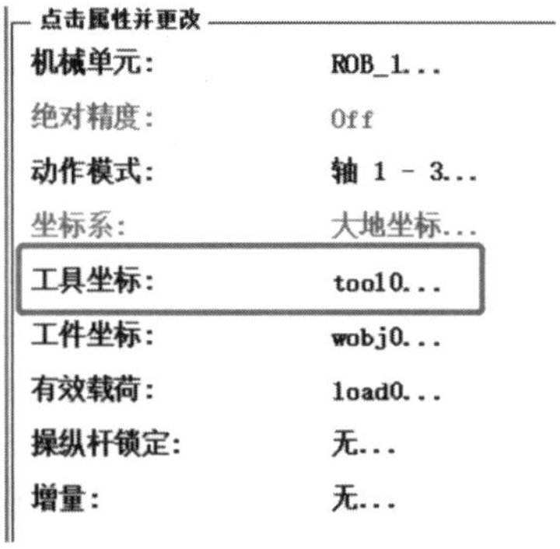

图 3-2-34　工具坐标

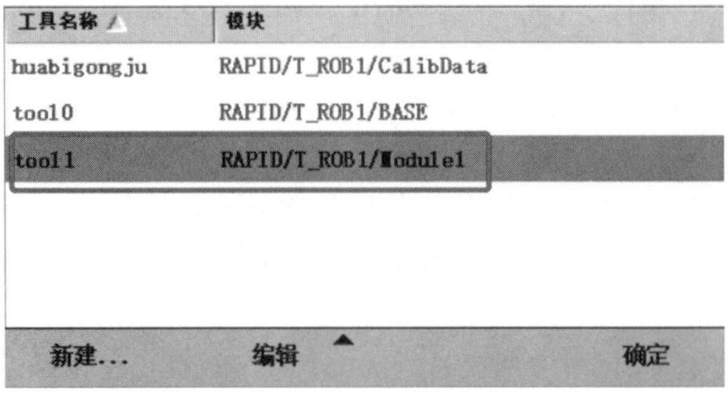

图 3-2-35　选择“tool1”

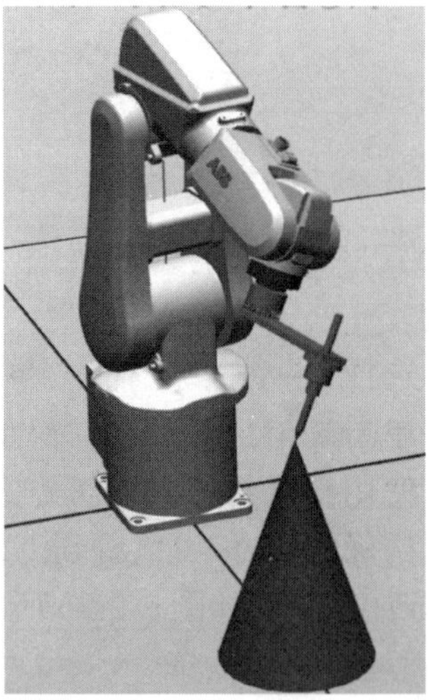

图 3-2-36　重定位移动机器人

比赛:使用数字输入法标定 TCP

TCP 设定在画笔的尖端,尖端在默认 tool0 的 X 轴负方向偏移了 160 mm,在 Y 轴的方向没有偏移,在 Z 轴的正方向偏移了 155 mm,画笔的质量为 1 kg,重心在默认 tool0 的 X 轴负方向偏移 50 mm,在 Y 轴的方向没有偏移,在 Z 轴的正方向偏移了 50 mm。

3.2.2　曲线涂胶编程

3.2.2.1　圆弧运动指令

在小车模型中,完成直线组成的图形(三角形和矩形)的涂胶任务,但小车模型中包含曲线的图形如何完成涂胶呢?接下来在曲线涂胶编程任务中对剩余的曲线进行涂胶编程,如图 3-2-37 所示。

图 3-2-37　小车模型圆弧涂胶轨迹

活动

如下图所示,工业机器人从 P1 点经过 P2 点,到达 P3 点。若使用我们学习完的 MoveL 和 MoveJ 指令,能画出图中所示的图形吗?操作工业机器人试一试。

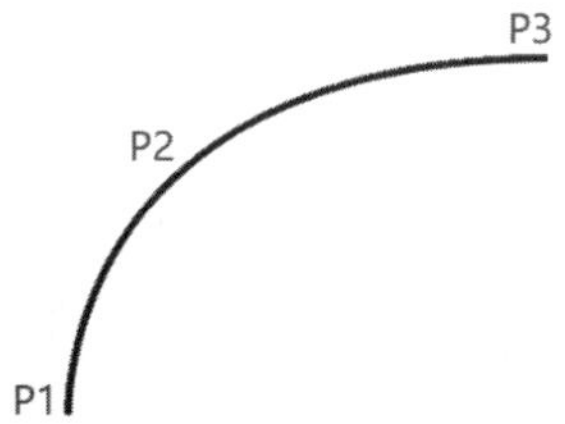

很明显,使用 MoveL 和 MoveJ 指令都不能画出图中从 P1 点经 P2 点到 P3 点的圆弧轨迹,因此需要给机器人增加新的运动方式,即采用圆弧运动指令(MoveC),才能画出圆弧或者圆。

完成曲线轨迹的绘图需要掌握 MoveC 指令的相关知识，以下先介绍 MoveC 指令，再绘制曲线图形。

MoveC 指令在机器人可到达的空间范围内定义三个位置点，如图 3-2-38 所示，第一个点是圆弧的起点（图中为 P1 点），第二个点用于确定圆弧的曲率（图中为 P2 点），第三个点是圆弧的终点（图中为 P3 点）。

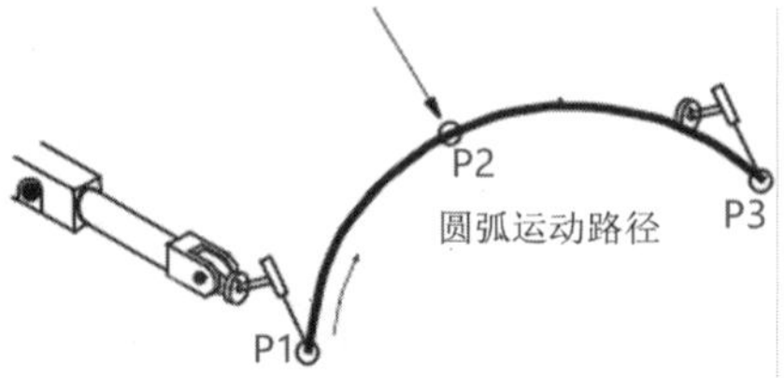

图 3-2-38　P1 点→ P3 点圆弧运动路径

使用 MoveC 指令一般需要两条指令语句：第一条指令语句记录 P1 点的位置，一般使用 MoveL 指令；第二条指令语句记录 P2 点和 P3 点的位置，使用 MoveC 指令。圆弧描绘如图 3-2-38 所示，从 P1 点经过 P2 点，到达 P3 点，则完整程序语句如图 3-2-39 所示。

```
MoveL p1, v100, fine, tool1;
MoveC p2, p3, v100, fine, tool1;
```

图 3-2-39　P1 点→ P3 点圆弧运动的程序语句

内容解释：以圆弧运动方式从 P1 点开始，经过 P2 点，移动至目标位置 P3 点。

参数说明：

（1）MoveC 是 ABB 机器人的圆弧运动指令，插入形式为上述固定格式。

（2）p1（即 P1 点）是工业机器人当前的位置（即起始位置）。

（3）p2（即 P2 点）是过渡点位置，工业机器人要到达 P3 点，需要先经过 P2 点（即过渡点位置），该点能确定圆弧运动的半径大小，用于确定圆弧的曲率。

（4）p3（即 P3 点）是工业机器人需要到达的目标位置（即终点位置）。

（5）第一条指令语句说明通过直线运动方式到达 P1 点。

（6）第二条指令语句说明工业机器人从 P1 点开始，经过 P2 点，到达目标位置 P3 点，且工业机器人都是以圆弧运动的方式进行运动的。

除小车形状的曲线描绘，还可以选择增加一些图形的描绘，比如图 3-2-40 和图 3-2-41 所示图形的绘制。

图 3-2-40　其他图形的绘制（1）

图 3-2-41　其他图形的绘制（2）

任务

如果没有 P2 点，只有 P1 点和 P3 点，能否画出圆？操作机器人试一试。
在空白区域写出 P2 点的作用。

3.2.2.2　曲线绘图编程

曲线绘图编程的步骤和三角形绘图编程是一致的，也是需要七步才能完成：①修改工具坐标；②新建程序；③轨迹规划；④姿态调整；⑤位置点记录（添加指令）；⑥调试；⑦试运行及自动运行。

类似的曲线轨迹有很多，这里只以圆为例进行讲解，剩下的部分由学生独立完成。

1. 轨迹规划

在修改工具坐标和新建程序（新程序可命名为“circle”）后，进行轨迹规划。绘制圆的轨迹规划如图 3-2-42 所示。

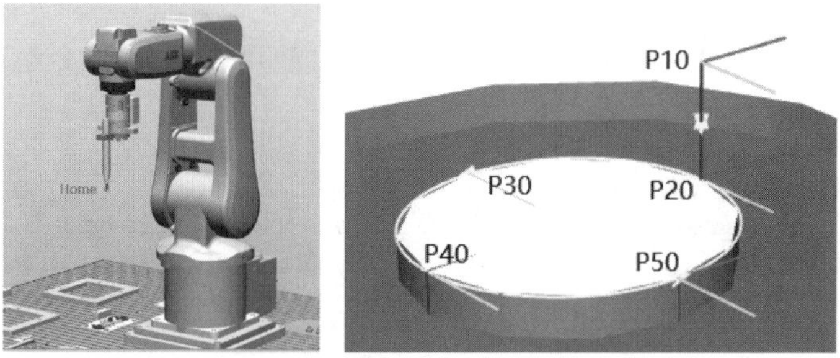

图 3-2-42　绘制圆的轨迹规划

绘制一个圆的轨迹从 Home 点开始，P10 点作为绘制圆的接近点和离开点，P20 点作为圆的起始点和终点，中间点为 P30 点、P40 点、P50 点。完成一个完整的圆至少有四个点位，点位越多，轨迹越精确。

2. 姿态调整

姿态调整为图 3-2-43 所示姿态。

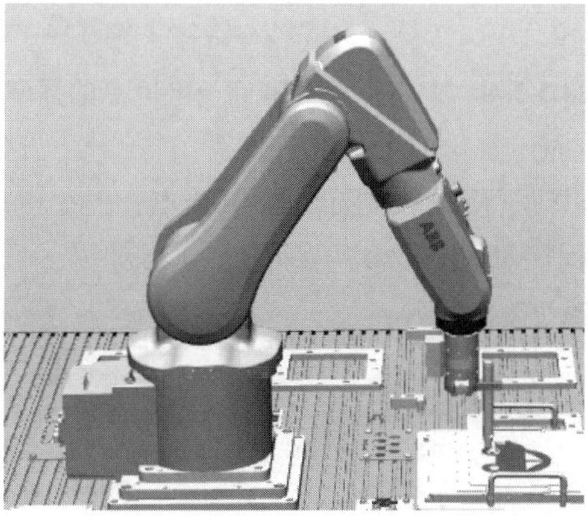
图 3-2-43　涂胶枪与模型表面保持垂直

3. 编写完整程序

编写该圆的完整程序的步骤如下。

步骤1:编写机器人由 Home 点→ P10 点的程序。

由于 Home 点和 P10 点都是确定的点,机器人必须准确到达该点,因此程序中转弯区数据都使用“fine”。Home 点→ P10 点的程序如图 3-2-44 所示。

```
PROC circle()
  MoveJ Home, v100, fine, Tujiaoqiang;
  MoveJ P10, v100, fine, Tujiaoqiang;
```

图 3-2-44　Home 点→ P10 点的程序

提示

机器人移动到相应点位后,记得单击“修改位置”记录当前的位置。

步骤2:编写接近点 P10 点→起始点 P20 点的程序。

接近点 P10 点位于起始点 P20 点的正上方,所以使用 MoveL 指令运动到 P20 点即可,程序如图 3-2-45 所示。

```
PROC circle()
  MoveJ Home, v100, fine, Tujiaoqiang;
  MoveJ P10, v100, fine, Tujiaoqiang;
  MoveL P20, v100, fine, Tujiaoqiang;
```

图 3-2-45　P10 点→ P20 点的程序

步骤3:编写 P20 点→ P30 点→ P40 点的程序。

该路径是半圆弧, P20 点作为该半圆弧的起始点, P30 点作为过渡点(确定圆弧曲率的点),P40 点作为结束点,程序如图 3-2-46 所示。

```
PROC circle()
  MoveJ Home, v100, fine, Tujiaoqiang;
  MoveJ P10, v100, fine, Tujiaoqiang;
  MoveL P20, v100, fine, Tujiaoqiang;
  MoveC P30, P40, v100, fine, Tujiaoqiang;
```

图 3-2-46　P20 点→ P30 点→ P40 点的程序

步骤4:编写 P40 点→ P50 点→ P20 点的程序。

该路径也是半圆弧, P40 点作为该半圆弧的起始点, P50 点作为过渡点(确定圆弧曲率的点),P20 点作为结束点,程序如图 3-2-47 所示。

```
PROC circle()
  MoveJ Home, v100, fine, Tujiaoqiang;
  MoveJ P10, v100, fine, Tujiaoqiang;
  MoveL P20, v100, fine, Tujiaoqiang;
  MoveC P30, P40, v100, fine, Tujiaoqiang;
  MoveC P50, P20, v100, fine, Tujiaoqiang;
```

图 3-2-47　P40 点→ P50 点→ P20 点的程序

思考

（1）P40 点是不是上一个圆弧的终点，同时也是下一个圆弧的起始点？
（2）画一个完整的圆，最少需要几个点？几条指令语句？

步骤 5：编写回 Home 点的程序。

机器人一个周期工作完成以后，要回到原点，因此最后一步就是添加回原点的指令。机器人由 P20 点回到离开点 P10 点，由于 P10 点是在 P20 点的正上方，因此可以使用 MoveL 指令。机器人由 P10 点回到 Home 点，在轨迹要求不严格的情况下可使用 MoveJ 指令，以避免关节死点。回 Home 点的程序如图 3-2-48 所示。

```
PROC circle()
  MoveJ Home, v100, fine, Tujiaoqiang;
  MoveJ P10, v100, fine, Tujiaoqiang;
  MoveL P20, v100, fine, Tujiaoqiang;
  MoveC P30, P40, v100, fine, Tujiaoqiang;
  MoveC P50, P20, v100, fine, Tujiaoqiang;
  MoveL P10, v100, fine, Tujiaoqiang;
  MoveJ Home, v100, fine, Tujiaoqiang;
ENDPROC
```

图 3-2-48　回 Home 点的程序

接下来就是调试、试运行及自动运行，检查该圆的程序是否正确、合理，之后就可以完成小车模型剩下的曲线涂胶，剩下部分由学生独立完成，此部分不做介绍。

练习题

1. 判断题

（1）我们使用四点法对工业机器人进行 TCP 的标定。（　　）

（2）TCP 一定是工业机器人的末端或尖端。（　　）

（3）TCP 一定是固定的位置，且不能再更改。（　　）

（4）TCP，只能使用四点法标定。（　　）

（5）标定 TCP 对工业机器人的姿态没有任何要求。（　　）

（6）在标定 TCP 的时候，只能使用四个点，不能再增加 TCP 标定点的数量。（　　）

（7）在标定 TCP 的时候，需要设定工具的质量（mass，单位 kg）和重心位置数据。（　　）

（8）在自动模式下，也能标定 TCP。（　　）

（9）在标定 TCP 的时候，如果选择"TCP 和 *Z*"方法，则需要在 *Z* 轴正方向延长线上选择一个点，作为 *Z* 轴延长线的点。（　　）

（10）在标定 TCP 的时候，如果选择"TCP 和 *Z*，*X*"方法，则需要在 *Z* 轴正方向延长线上选择一个点，作为 *Z* 轴延长线的点，而 *X* 轴不需要选择点。（　　）

（11）关节运动指令是 MoveC。（　　）

（12）使用关节运动指令 MoveC 之前，必须使用 MoveJ 指令。（　　）

2. 填空题

（1）TCP 的定义是：__________________。

（2）在程序语句“MoveL p10，v100，z100，tool1\Wobj：=wobj1”中，MoveL 是_________________，p10 是_________________，v100 是_________________，z100 是_________________，wobj1 是_________________。

（3）请看下面程序语句，完成填空：

MoveL p20，v100，fine，tool1\Wobj：=wobj1；

MoveC p30，p40，v100，z50，tool1\Wobj：=wobj1；

MoveL 是_________________，MoveC 是_________________，v100 是_________________，fine 是_________________，z50 是_________________，wobj1 是_________________，p20 是_________________，p30 是_________________，p40 是_________________，因此这段程序是圆弧运动的程序段。

（4）现场示教编程的步骤为_________________、_________________、_________________、_________________、_________________、_________________。

3. 简答题

（1）如何增加标定 TCP 的准确性？

（2）根据要求，写出程序。

要求：工业机器人向 P1 点做直线运动，运行速度为 100 mm/s，转弯区数据是 fine，工件坐标数据是 wobj1。

（3）根据要求，写出程序。

要求：工业机器人向 P3 点做关节运动，运行速度为 10 mm/s，转弯区数据是 z10，工件坐标数据是 wobj1。

(4)根据要求,写出程序。

要求:工业机器人由 P1 点经过 P3 点,向 P4 点做圆弧运动,运行速度为 200 mm/s,转弯区数据是 z20,工件坐标数据是 wobj1;当工业机器人到达 P4 点后,工业机器人回到零点,回零点的速度为 1 000 mm/s,转弯区数据是 fine,工件坐标数据是 wobj1。

(5)TCP 又叫什么? 为什么要设置 TCP?(自己组织语言描述,合理即可。)

任务完成报告

姓名		学习日期	
任务名称	工业机器人涂胶轨迹创建		
学习自评	考核内容	完成情况	
	(1)小车模型涂胶轨迹精确、完整、清晰、美观	□好 □良好 □一般 □差	
	(2)涂胶枪与涂胶模型表面保持垂直的姿态	□好 □良好 □一般 □差	
	(3)自动运行速度百分比设置为 20%	□好 □良好 □一般 □差	
	(4)自动运行时间不超过 100 s	□好 □良好 □一般 □差	
	(5)轨迹合理、平滑,运行无障碍,且没有不必要的停顿	□好 □良好 □一般 □差	
学习心得			

项目 4 工业机器人搬运应用

学习情境描述

工业机器人在通信、食品、药品、汽车、金属加工等领域应用广泛，涉及环节包括生产、包装、物流输送、周转、仓储等。采用工业机器人进行搬运工作可以极大地提高劳动生产率，节省人力成本，提高定位精度并降低搬运过程中的产品损坏率，保证生产效益的最大化。

项目描述

本项目以料块的搬运出入库为例讲解工业机器人搬运的指令、流程及方法，讲解搬运工作站维护保养及维修的方法。本项目所用到的工业机器人搬运工作站如图 4-1 所示。

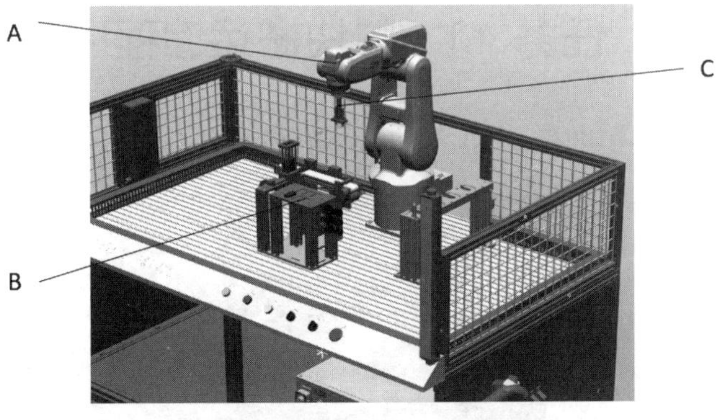

A—工业机器人；B—搬运码垛模块；C—吸盘工具

图 4-1　工业机器人搬运工作站

本项目要实现的目标具体描述如下（工业机器人搬运工作站布局见图 4-2）。

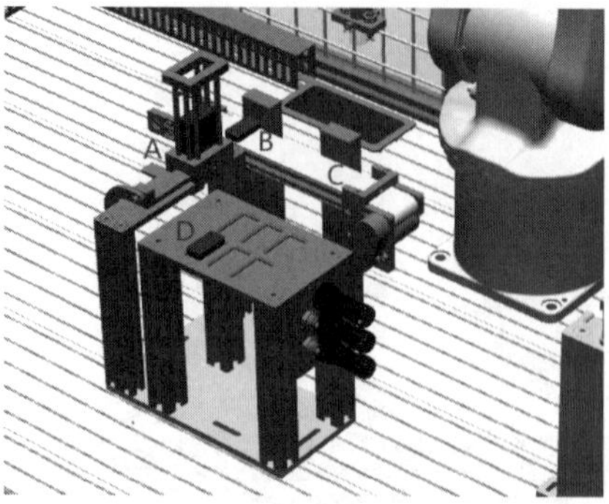

图 4-2 工业机器人搬运工作站布局

（1）推料。当检测到 A 处有料时，推料模块将 A 处的料块推出并传送到 B 处。

（2）传送。传送带检测到有料后，将 B 处的料块传送到 C 处。

（3）入库。当 C 处的传感器检测到有料后，工业机器人将 C 处的料块搬运到 D 处的料仓，最后工业机器人返回初始位置。

任务分解

任务 4.1 料块搬运编程

本任务要求学生了解智能制造场景下工业机器人搬运工作站的组成，实现工业机器人对料块的搬运。

任务 4.2 料块出入库搬运编程

本任务要求学生完成工业机器人控制推料模块推料、传感器信号的采集、传送带输送控制，最后完成料块的入库作业。

任务 4.1 料块搬运编程

工业机器人从初始位置出发，将 A 处的料块搬运到 B 处，如图 4-1-1 所示。

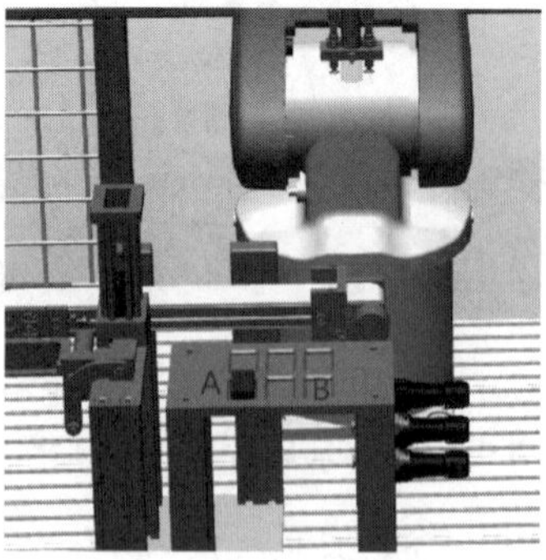

图 4-1-1 料块搬运

任务要求

（1）料块抓取位置要精确，工业机器人姿态要合理，搬运时间不超过 20 s。
（2）要完善轨迹规划，避免在工业机器人运行时出现中间过渡点的停顿。

学习目标

知识目标：
（1）了解吸盘控制的控制器件及控制原理；
（2）掌握搬运编程示教的流程及方法；
（3）掌握 I/O 控制指令 SetDO、时间等待指令 WaitTime 的用法；
（4）掌握程序编辑的方法。
能力目标：
（1）能够说出搬运工作站的组成；
（2）能够对搬运工作站进行轨迹规划；
（3）能够完成搬运程序的编写；
（4）能够手动检查、自动运行工业机器人程序。
素养目标：
（1）培养学生的实际动手操作能力；
（2）培养学生分析问题和解决问题的能力。

4.1.1　搬运概述

思考

根据自己的理解说出搬运在自动化生产线的应用有哪些？

在智能制造中，搬运是在智能控制系统中，通过智能检测，由智能装备按照工作要求自动完成物料的转运。

4.1.1.1　智能制造搬运的应用行业

智能制造搬运的应用行业主要包括智能包装、智能仓储等行业。

1. 智能包装

智能包装通过集成机械、电气、电子和化学等技术，使包装既具有通用的包装的基本功能，又具有一些特殊的功能，以满足商品的特殊要求和特殊环境条件。

如酒类自动化生产线如图 4-1-2 所示，主要包括控制系统、输送系统、检测传感系统、包装执行系统、安全系统等，其中能够实现自动包装的关键执行设备是工业机器人。

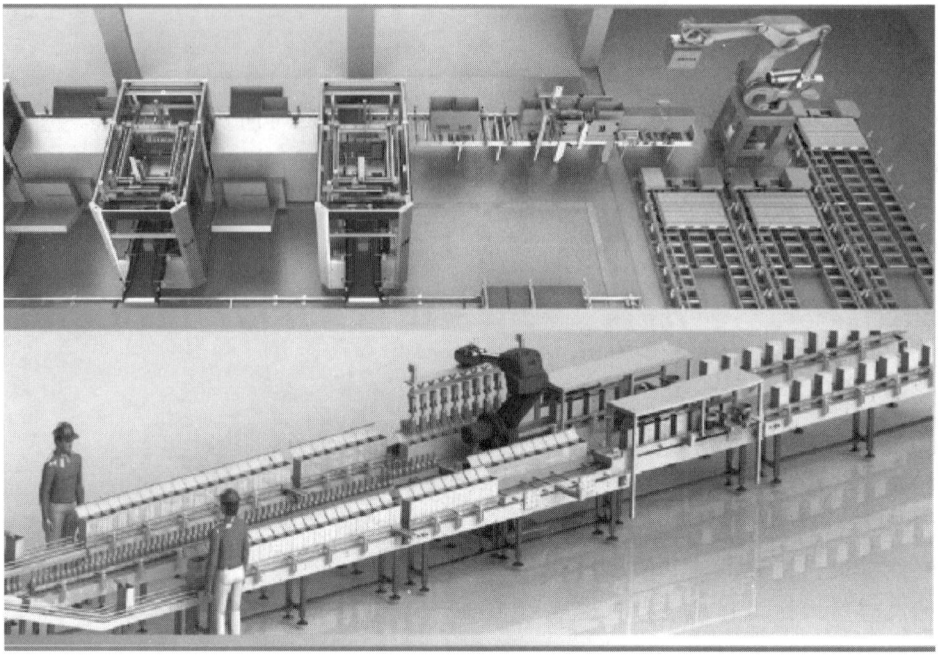

图 4-1-2　酒类自动化生产线

2. 智能仓储

智能仓储系统主要由自动化存储系统、自动化输送系统、自动化作业系统、自动化计算系统组成。

1)自动化存储系统

自动化存储系统一般采用几层、十几层甚至几十层高的货架,用自动化物料搬运设备进行货物的入库和出库作业,主要包括货架及存取设备。堆垛机负责将把仓库中货物从取货台取出,按指令送到指定出货口;同时,将从外部的货物从进货口取出,送到指定的入货地点。自动化存储系统的关键设备如图 4-1-3 所示。

(a)货架　(b)单立柱堆垛机　(c)双立柱堆垛机

图 4-1-3　自动化存储系统的关键设备

2）自动化输送系统

自动化输送系统用于输送货物，主要设备包括滚筒式输送机、链条式输送机、自动引导车（AGV）。

Ⅰ.滚筒式输送机

滚筒式输送机分为动力式和无动力式：无动力式呈一定坡度，使货物靠自身重力从高端移动到低端；动力式由一系列排列整齐、具有一定间隔的辊子组成，驱动装置将动力传给滚筒，使其旋转，通过滚筒表面与输送物品表面间的摩擦力输送物品。

滚筒式输送机如图 4-1-4 所示。

图 4-1-4　滚筒式输送机

Ⅱ.链条式输送机

链条式输送机是以链条作为牵引和承载体输送物料，链条式输送机的输送能力大，主要输送托盘、大型周转箱等。输送链条结构形式多样，并且有多种附件，易于实现积放输送，可用于装配生产线或物料的储存输送。链条式输送机如图 4-1-5 所示。

图 4-1-5　链条式输送机

Ⅲ.AGV

AGV 是装备有电磁或光学等自动导引装置，能够沿规定的导引路径行驶，具有安全保护以及各种移载功能的运输小车，是自动化物流系统中的关键设备之一。AGV 如图 4-1-6 所示。

根据导引方式的不同，可分：①固定路径导引，包括电磁导引、磁条导引；②自由路径导引，包括激光导引、惯性导引等。

图 4-1-6　AGV

3）自动化作业系统

在自动化作业系统中，工业机器人可实现柔性搬运，完成自动装箱、码垛、拆垛的工作。码垛机器人（图 4-1-7）能自动地将不同外形尺寸的包装货物整齐地码放（或拆卸）在托盘。

图 4-1-7　码垛机器人

4）自动化计算机系统

自动化计算机系统（图 4-1-8）可完成物料的取放、输送，实现对仓库物流的实时监测与优化调配，合理调度设备，最大化提高设备利用率。

图 4-1-8　自动化计算机系统

在本任务中重点介绍可实现柔性搬运的工业机器人作业系统。

4.1.1.2　工业机器人搬运工作站的组成

工业机器人是智能制造搬运系统中实现智能制造系统柔性化的核心设备，但是对于典型的搬运工作站来说，只有最基本的工业机器人系统是不够的，还要有外围控制单元、输送系统、传感系统、气动系统和安全系统等。搬运工作站系统构成如图 4-1-9 所示。搬运工作站不仅要求工业机器人完成工艺要求，还要保证安全、快速以及易于操作和便于生产等。

图 4-1-9　搬运工作站系统构成

4.1.2　搬运程序创建

工业机器人在搬运物体时，根据不同的物体形状及结构会使用不同的抓取工具，例如吸盘工具、夹爪工具等。在本任务中要想实现料块的搬运任务，需要用到吸盘工具。那么吸盘工具是如何工作的呢？

4.1.2.1　吸盘控制

本任务中所用的吸盘工具如图 4-1-10 所示。吸盘工具用于料块的搬运。

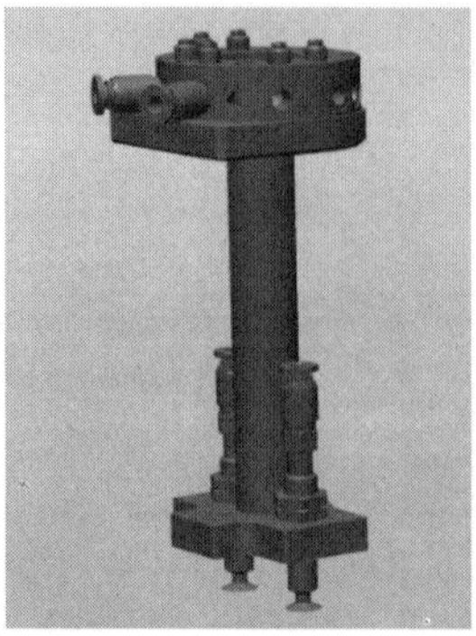

图 4-1-10 吸盘工具

本工作站中吸取和放置料块是由工业机器人通过 I/O 控制指令实现的。下面对吸盘控制硬件、原理及控制指令做简单介绍。

1. 吸盘控制的硬件部分

吸盘控制的硬件部分包括电气控制部分的 ABB 标准 I/O 板 DSQC652,吸盘气动控制部分的两联件、电磁阀。

1)电气控制部分——ABB 常用标准 I/O 板

I/O 是 Input/Output 的缩写,即输入/输出,工业机器人可通过 I/O 端口与外部设备进行交互。这里涉及的输入和输出分别为数字量输入和数字量输出。

数字量输入:各种开关信号反馈,如按钮开关、接近开关等;传感器信号反馈,如光电传感器;触摸屏的开关信号反馈。

数字量输出:控制各种继电器线圈,如接触器、继电器、电磁阀;控制各种指示类信号,如指示灯、蜂鸣器。

ABB 常用标准 I/O 板如表 4-1-1 所示。

表 4-1-1 ABB 常用标准 I/O 板

型号	说明
DSQC651	8 个数字量输入,8 个数字量输出,2 个模拟量输出
DSQC652	16 个数字量输入,16 个数字量输出
DSQC653	8 个数字量输入,8 个数字量输出,带继电器

本工作站所采用的 I/O 板的型号为 DSQC652,主要用于 16 个数字输入信号和 16 个数字输出信号的处理。

(1)DSQC652 I/O 板如图 4-1-11 所示。

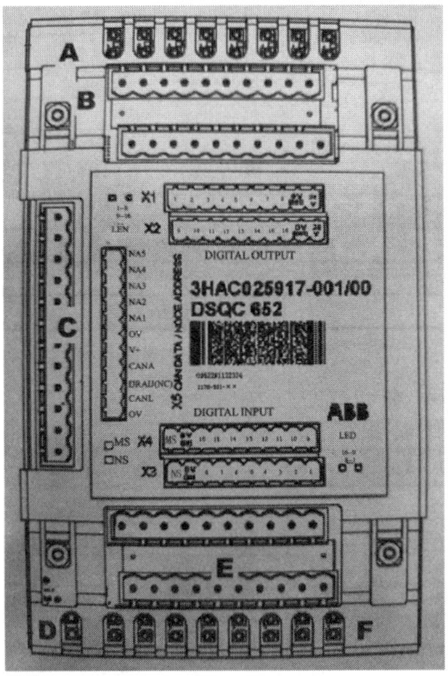

A—数字输出信号指示灯；B—X1、X2 数字输出接口；C—X5 接口；D—模块状态指示灯；
E—X3、X4 数字输入接口；F—数字输入信号指示灯

图 4-1-11　DSQC652 I/O 板

（2）模块接口连接说明：X1 端子表见表 4-1-2。

表 4-1-2　X1 端子表

X1 端子标号	使用定义	地址分配
1	OUTPUTCH1	0
2	OUTPUTCH2	1
3	OUTPUTCH3	2
4	OUTPUTCH4	3
5	OUTPUTCH5	4
6	OUTPUTCH6	5
7	OUTPUTCH7	6
8	OUTPUTCH8	7
9	0 V	
10	24 V	

2）气动控制部分

Ⅰ. 二联件

工业机器人想要在现场完成相应的工作任务，所提供的气源压力大小至少要满足 0.4~0.5 MPa 才能进行正常作业。二联件主要功能包括油水分离和气压数值显示与调节。由于工业现场大型的空气压缩机属于远距离供气，气源往往比较潮湿，所以当油水分离器中

的积液过多时，要及时清理，以避免气路倒吸积液，造成连接气路的其他元器件损坏。二联件实物与机械连接原理图如图 4-1-12 所示。

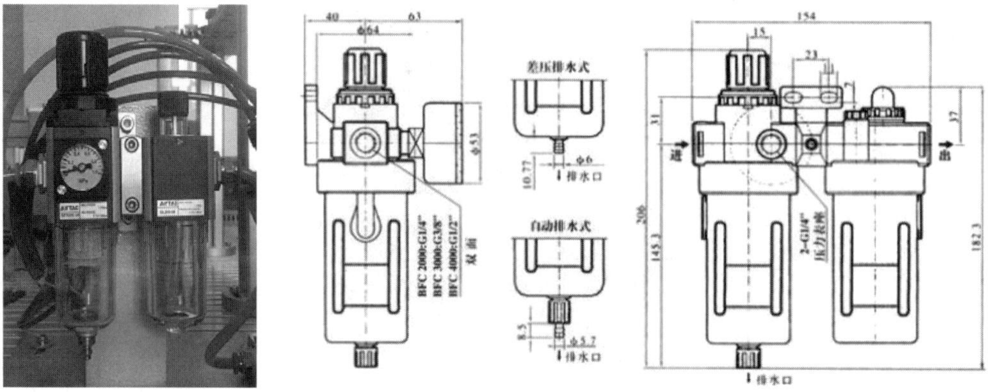

（a）二联件实物　　（b）二联件机械连接原理图

图 4-1-12　二联件实物与机械连接原理图

Ⅱ. 真空发生器

真空发生器（图 4-1-13）是利用正压气源产生负压的一种新型、高效、清洁、经济、小型的真空元器件，这使得在有压缩空气的地方，或在一个气动系统中同时需要正负压的地方获得负压变得十分容易和方便。

真空发生器的传统用途是吸盘配合，进行各种物料的吸附，搬运，尤其适合吸附易碎、柔软、薄的非铁、非金属材料或球形物体。这类应用的一个共同特点是所需的抽气量小，真空度要求不高且为间歇工作。

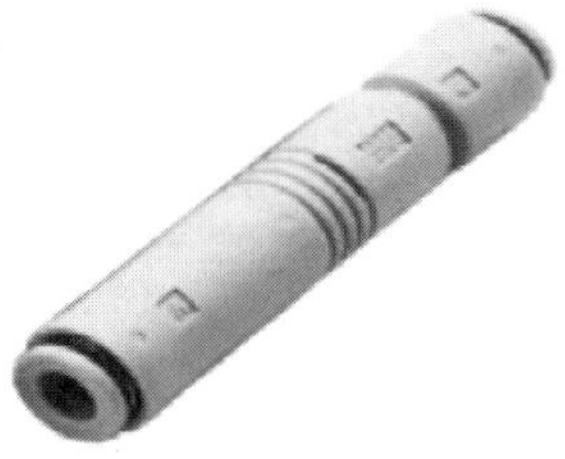

图 4-1-13　真空发生器

Ⅲ. 电磁阀

电磁阀（图 4-1-14）根据电磁原理，通过判断是否得电进行信号有无的输出。在本搬运工作站中，电磁阀通过工业机器人输出控制工具的拆卸与安装，控制吸盘的吸附及释放。

图 4-1-14　电磁阀

2. 吸盘控制原理

控制吸盘的信号为工业机器人的输出信号 DO03（地址为 X1 端子的地址 3），它通过控制电磁阀得电和失电实现对吸盘的控制。当 DO03 为 1 时，控制吸盘吸附；当 DO03 为 0 时，控制吸盘释放。

3. I/O 控制指令

工业机器人可以在程序中对 I/O 信号进行读取与赋值，以实现程序控制的需要，ABB 机器人常用的 I/O 信号的处理指令（即 I/O 控制指令）如表 4-1-3 所示。

表 4-1-3　常用 I/O 信号的处理指令

指令名称	指令说明
InvertDO	对一个数字输出信号的值置反
PulesDO	数字输出信号进行脉冲输出
Reset	将数字输出信号置为 0
Set	将数字输出信号置为 1
SetAO	设定模拟信号输出的值
SetDO	设定数字信号输出的值
SetGO	设定组输出信号的值

实现吸盘工具的吸附和释放需要用到 SetDO 指令。

1）吸盘吸附

SetDO 指令用于设定数字信号输出的值。

指令格式：SetDO Signal Value；

指令解析如表 4-1-4 所示。

表 4-1-4　Set 指令解析

参数	含义
Signal	signaldo 型数据,信号名称
Value	signaldo 型数据,信号值

实现吸盘吸附的步骤如下。

步骤 1:新建名称为“Xipan_xifu”的程序。

步骤 2:选择“添加指令”→“Common”→“I/O”命令,如图 4-1-15 所示。

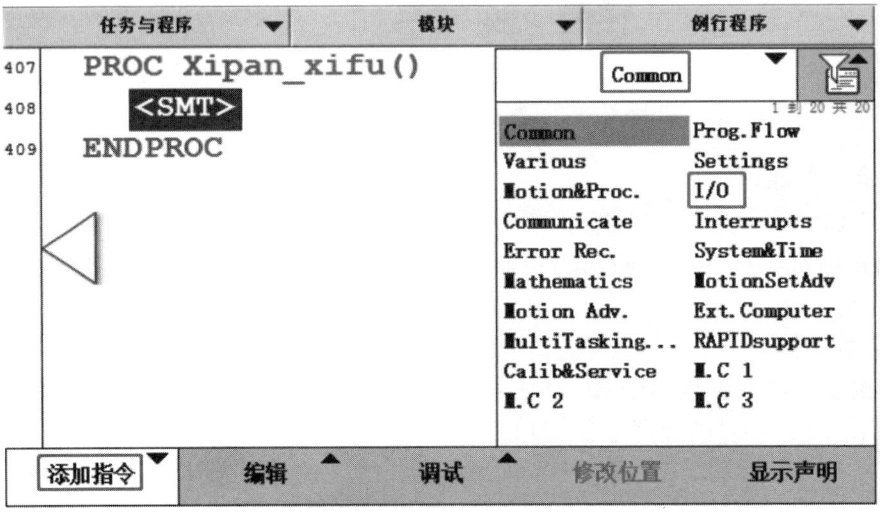

图 4-1-15　I/O 控制指令

步骤 3:在弹出的菜单中选择 SetDO 指令,如图 4-1-16 所示。

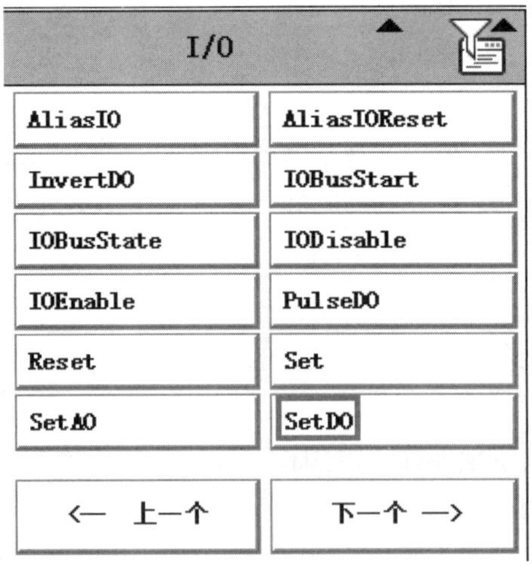

图 4-1-16　选择 SetDo 指令

步骤 4:选择“DO03”,将 DO03 的值设置为 1,如图 4-1-17 所示。

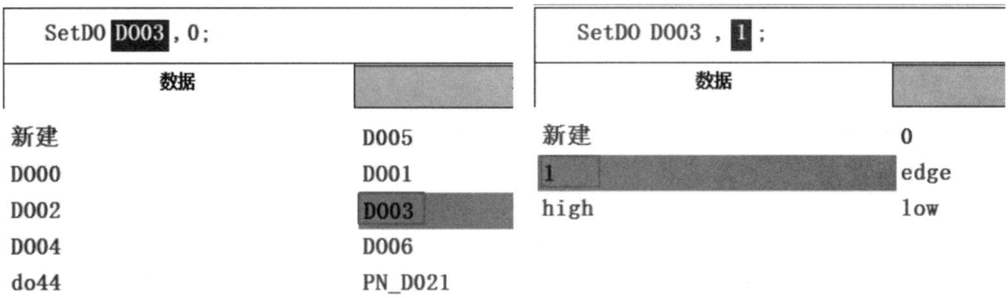

（a）选择“DO03”　　（b）设置数值为 1

图 4-1-17　添加吸盘吸附指令

步骤 5:添加的指令如图 4-1-18 所示。

```
PROC Xipan_xifu()
  SetDO DO03, 1;
ENDPROC
```

图 4-1-18　添加的指令

步骤 6:调试程序。将程序指针移动到程序“Xipan_xifu”中的第一条指令,按下示教器上的【单步前进】键,观察吸盘的动作。

2）吸盘释放

步骤 1:新建名称为“Xipan_shifang”的程序。

步骤 2:添加的指令如图 4-1-19 所示。

```
PROC Xipan_shifang()
  SetDO DO03, 0;
ENDPROC
```

图 4-1-19　吸盘释放指令

步骤 3:调试程序。将程序指针移动到程序“Xipan_shifang”中的第一条指令,按下示教器上的【单步前进】键,观察吸盘的动作。

提示

控制吸盘吸附和释放,还可以使用 Set 和 Reset 指令。

Set:数字信号置位指令。用于将数字输出（Digital Output）置位为“1”。在实际的应用中,一般信号设置为“1”时,才会执行相应的动作及任务（根据实际情况而定）。

指令解析如下表所示。

Set 指令参数

参数	含义
do1	数字输出信号

Reset：数字信号复位指令，用于将数字输出（Digital Output）置位为“0”，一般用于停止正在运行的设备（根据实际情况设定）。指令参数如下表所示。

Reset 指令参数

参数	含义
do1	数字输出信号

3）时间等待指令 WaitTime

在工业实际应用中，吸盘形成真空或者释放真空由检测传感器检测，然后将反馈信号传送给工业机器人，工业机器人在收到反馈信号后才执行后面的动作。在本工作台的吸盘工具中没有设置真空检测信号，为了使吸盘吸附牢靠，需要设置一定的等待时间。

ABB 机器人常用的等待指令如表 4-1-5 所示。

表 4-1-5　等待指令

指令	说明
WaitTime	等待一个指定的时间，程序再往下执行
WaitUntil	等待一个条件满足后，程序继续往下执行
WaitDI	等待一个输入信号状态为设定值
WaitDO	等待一个输出信号状态为设定值

在本项目中所用的等待指令为时间等待指令 WaitTime。

WaitTime 用于程序在等待一个指定时间后，再继续往下执行的情况。程序执行等待的最短时间（以秒计）为 0 s，最长时间不受限制。分辨率为 0.001 s。

4. 强制信号输出

除了编程实现对吸盘的控制，还可以通过强制信号输出的方式实现对吸盘的控制。

强制信号输出的操作步骤如下。

步骤 1：单击左上角的主菜单按钮，选择“输入输出”命令，如图 4-1-20 所示。

图 4-1-20　选择“输入输出”命令

步骤 2:单击“视图”菜单,选择“数字输出”命令,如图 4-1-21 所示。

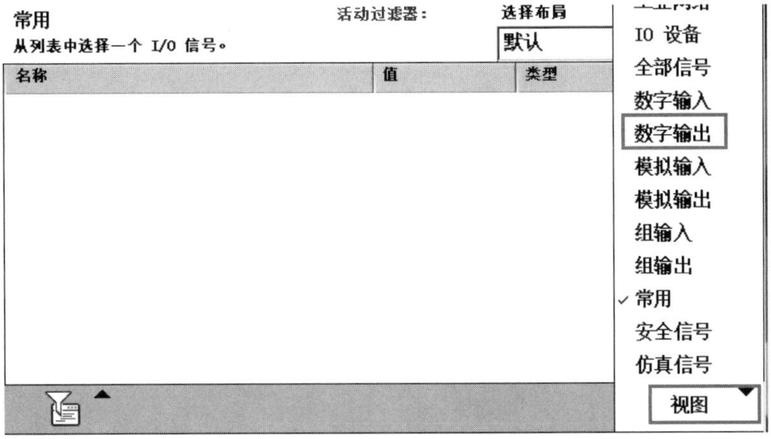

图 4-1-21　选择“数字输出”命令

步骤 3:吸盘吸附。选择“DO03”信号,单击下方的“1”,将 DO03 信号强制为 1,则吸盘吸附,如图 4-1-22 所示。

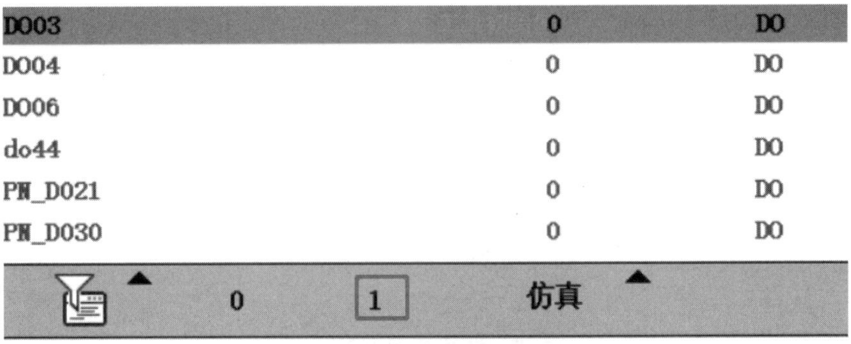

图 4-1-22　将 DO03 信号强制为 1

步骤 4:吸盘释放。采用同样的方式将 DO03 信号强制为 0,则吸盘释放,如图 4-1-23 所示。

图 4-1-23　将 DO03 信号强制为 0

4.1.2.2 搬运轨迹规划

活动

如下图所示，我们是怎样用手从瓶子上方将水杯从A点拿到B点的？试分析拿放的轨迹。

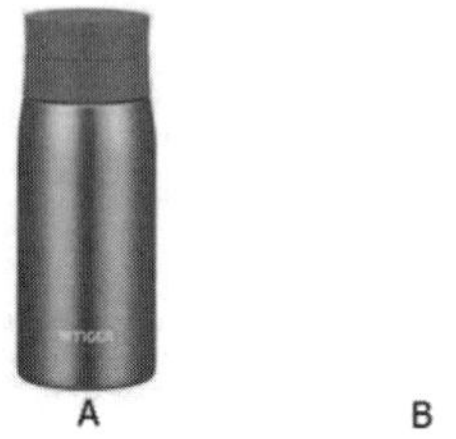

在基本的搬运工作中，需要确定一些点位，如抓取料块的位置、放置料块的位置等。现场的生产情况也不会毫无障碍，在编程时要设置点位规避障碍。这些点位在编程前需要预先规划好，即为轨迹规划。

程序的轨迹规划不仅能加深对项目的认识，也能缩短程序的编制时间，提高工作效率。

进行作业的任务如图4-1-25所示，将料块由A点搬运到B点，搬运点位规划示意图如图4-1-26所示。

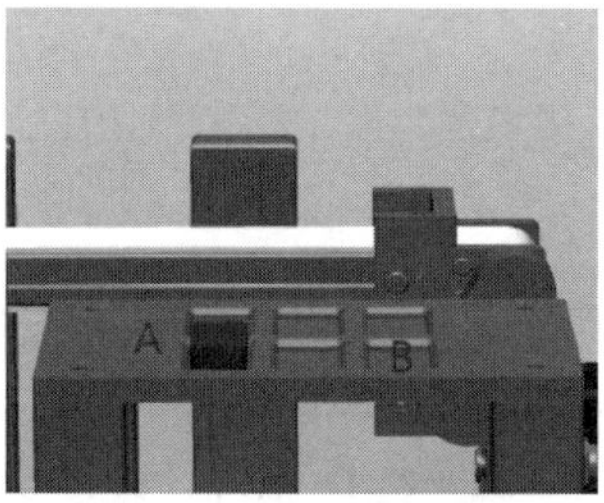

图4-1-25 搬运点位规划前

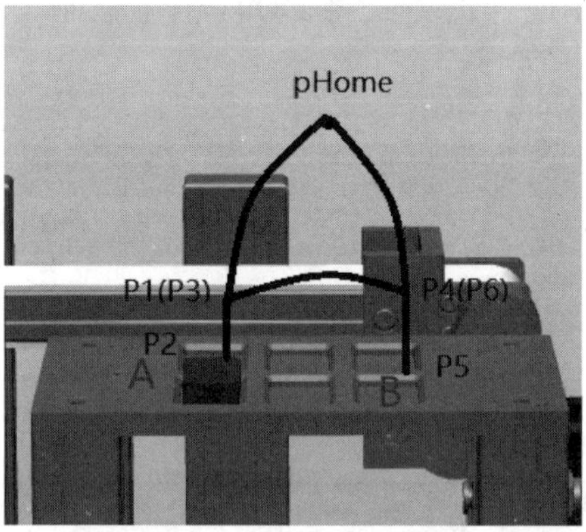

pHome—工作原点；P1—接近取料点（不带料）；P2—取料点；P3—退出取料点（带料）；
P4—接近放料点（带料）；P5—放料点；P6—退出放料点（不带料）

图4-1-26 搬运点位规划示意图

根据轨迹规划,工业机器人运动路线如图 4-1-27 所示。

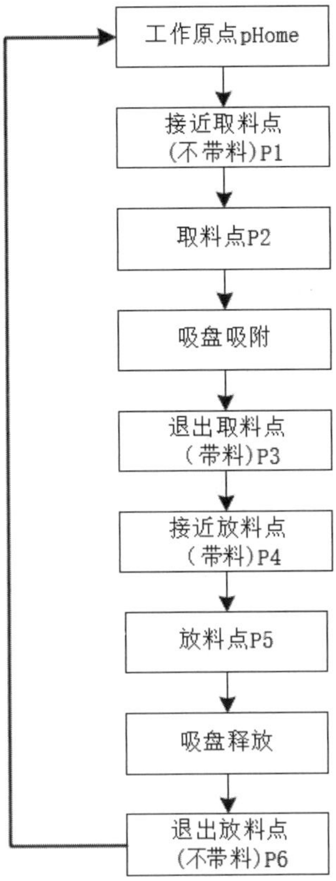

图 4-1-27　工业机器人运动路线

提示

取料点 P2:工业机器人末端执行器抓取物料的点。

放料点 P5:工业机器人末端执行器放置物料的点。

接近点 P1、P4(退出点):工业机器人应用中,对接近(或离开)工作点的速度、位姿通常有特殊要求,为此需要添加的点。

过渡点:工业机器人末端执行器在搬运过程中可能遇到障碍,为此需要设置的规避障碍的点。

在示教位置点时,以示教准确、方便为原则,不必按照从 pHome 到 P6 的顺序示教。通常先示教关键点,如取料点 P2。示教完取料点 P2 后,将机器人以直线轨迹移动合适的距离,记录为接近点 P1(或退出点 P3)。因此,**抓料部分的示教位置顺序为 pHome → P2 → P1**。

提示

物料有不同的大小、不同的形状以及不同的取放姿态，因此要设置接近点 P1 与退出点 P3。接近点与退出点的位置通常相同，可重复使用。如有特殊要求，可单独设置。

这种示教顺序既能保证取料点的准确性，也能减少取料点周边过渡点的示教难度。值得注意的是，尽管在示教顺序上进行了相应的调整，但程序的运行顺序依然是按照搬运的工艺流程来抓取，顺序为 **pHome → P1 → P2 → P3 → P4**。

通过项目 3 的学习可知，工业机器人的 TCP 从起点到终点之间的路径始终为直线，在吸附料块过程中由 P1 → P2 以及吸附完成后由 P2 → P3，**为了保证轨迹的准确性，在抓取过程中，要使用 MoveL 指令**。同理，**在由 P4 → P5 的放置过程中，以及由 P5 → P6 放置完成后退出时，为了保证轨迹的准确性，也要使用 MoveL 指令**。其余的过程点对轨迹的精度要求不高，为了提高运行效率，编程时采用 MoveJ 指令。

思考

由 P1 → P2 以及吸附完成后由 P2 → P3，在编程过程中采用 MoveJ 指令会有什么现象？

4.1.2.3 创建搬运程序

在了解了吸盘控制原理和搬运轨迹规划以后，下面来学习料块搬运程序的创建。

步骤 1：新建名称为“Liaokuai_banyun”的程序并打开，如图 4-1-28 所示。

```
PROC Liaokuai_banyun()
  <SMT>
ENDPROC
```

图 4-1-28 新建程序

步骤 2：将工业机器人移动到合适的位置（第六轴旋转 90°），以该位置为工作原点（安全点 pHome），如图 4-1-29 所示。

图 4-1-29 安全点

步骤 3：记录该点位，程序数据如图 4-1-30 所示。

```
PROC Waike_banyun()
  MoveJ pHome, v100, fine, tool0;
ENDPROC
```

图 4-1-30　添加初始点

步骤 4：工具坐标选择 xipan，如图 4-1-31 所示。

机械单元：	ROB_1...
绝对精度：	Off
动作模式：	线性...
坐标系：	基坐标...
工具坐标：	xipan...
工件坐标：	wobj0...

图 4-1-31　选择工具坐标

步骤 5：将工业机器人手动移动到吸取点位，**调整好工具的姿态，尽量使吸盘的中心与料块的中心在一条竖直线上，**如图 4-1-32 所示，记录该点为 P2，运动形式采用 MoveL，修改运动参数如图 4-1-33 所示，放置时的速度要降低，并且转弯区数据必须为 fine。

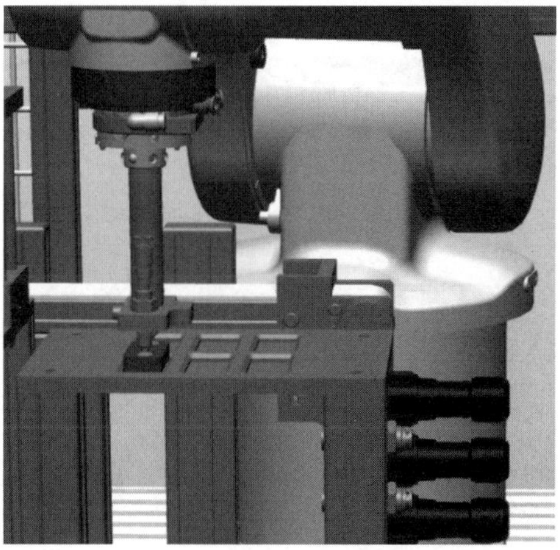

图 4-1-32　吸取点工业机器人的状态

```
PROC Liaokuai_banyun()
  MoveJ pHome, v100, fine, tool0;
  MoveL p2, v20, fine, xipan;
ENDPROC
```

图 4-1-33　添加吸附点

步骤 6：示教抓取接近点（P1）。沿着 Z 轴的方向将工业机器人移动到如图 4-1-34 所示的位置。

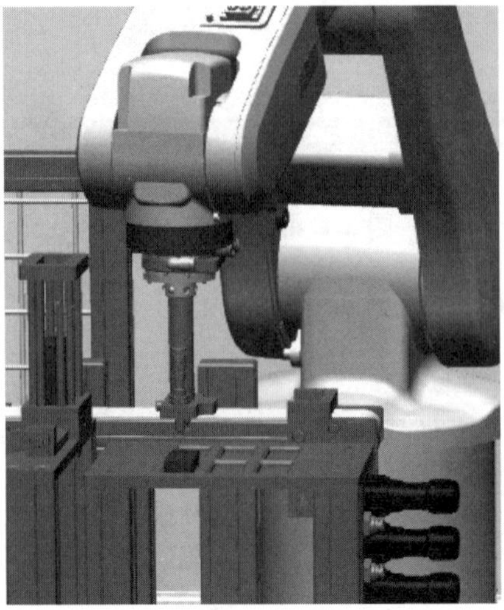

图 4-1-34　抓取接近点位置 P1

步骤 7:用程序的光标选中 pHome 点所在的程序行(记录的程序自动添加到光标行的下一行)。添加关节运动指令 MoveJ,修改该点的名称为 P1,运动参数修改如图 4-1-35 所示,单击“修改位置”。

```
PROC Liaokuai_banyun()
  MoveJ pHome, v100, fine, tool0;
  MoveJ p1, v100, fine, xipan;
  MoveL p2, v20, fine, xipan;
ENDPROC
```

图 4-1-35　添加运动程序

步骤 8:控制吸盘吸附。**将工业机器人移动到记录的 P2 点的位置**,然后调用“Xipan_xifu”程序来控制工业机器人吸盘工具吸附料块,调用程序需要用到 ProcCall 指令,将光标移动到 P2 点所在的行,单击“添加指令”菜单,选择 ProcCall 指令,如图 4-1-36 所示。

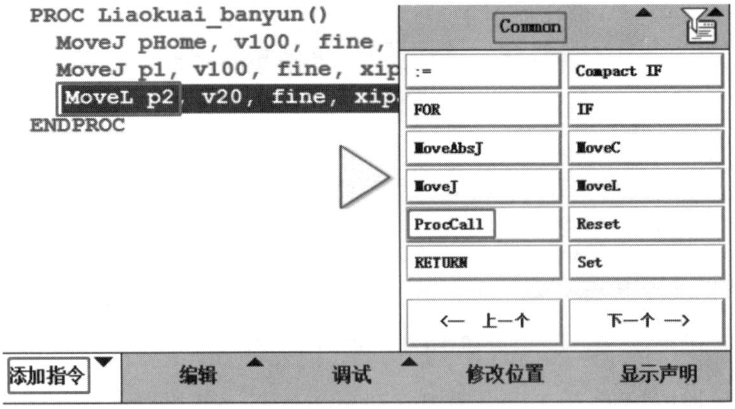

图 4-1-36　ProcCall 指令

步骤 9:在程序列表中,选择“Xipan_xifu”,如图 4-1-37 所示。

```
Liaokuai_banyun        main
Xipan_shifang          Xipan_xifu
```

图 4-1-37　选择程序

添加的程序如图 4-1-38 所示。**用程序控制吸盘吸附,或者采用强制信号的形式使吸盘吸附。**

```
PROC Liaokuai_banyun()
  MoveJ pHome, v100, fine, tool0;
  MoveJ p1, v100, fine, xipan;
  MoveL p2, v20, fine, xipan;
  Xipan_xifu;
ENDPROC
```

图 4-1-38　添加吸盘吸附程序

步骤 10:添加等待时间。设置等待时间为 0.5 s,选择“添加指令”→“下一个”命令,选择 WaitTime 指令,如图 4-1-39 所示。

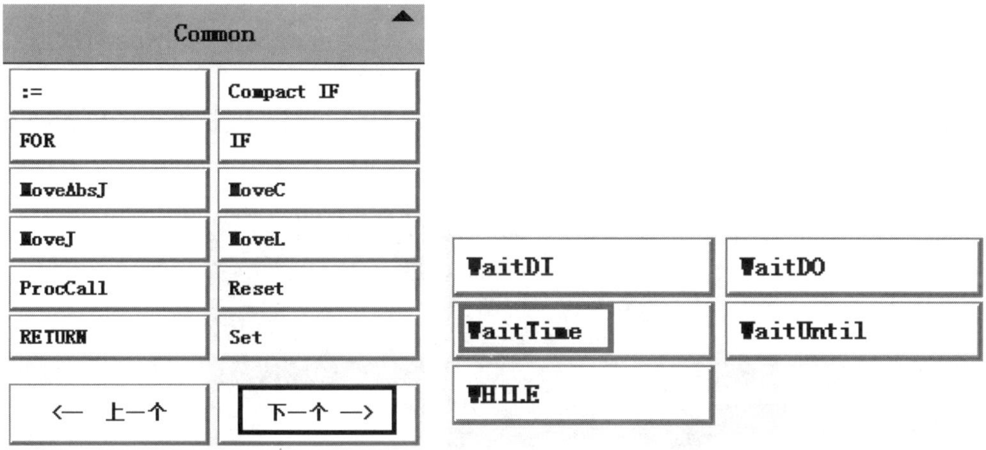

(a)指令列表　　(b)WaitTime 指令

图 4-1-39　选择 WaitTime 指令

步骤 11:单击“123”,如图 4-1-40 所示。

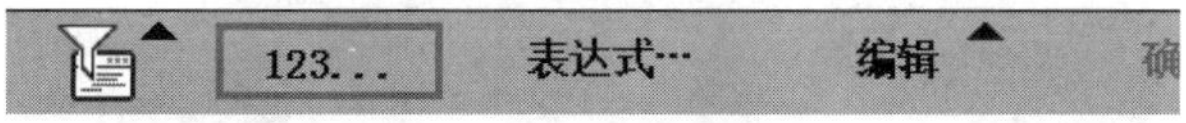

图 4-1-40　设置时间

步骤 12:设置等待时间为 0.5 s,如图 4-1-41 所示。

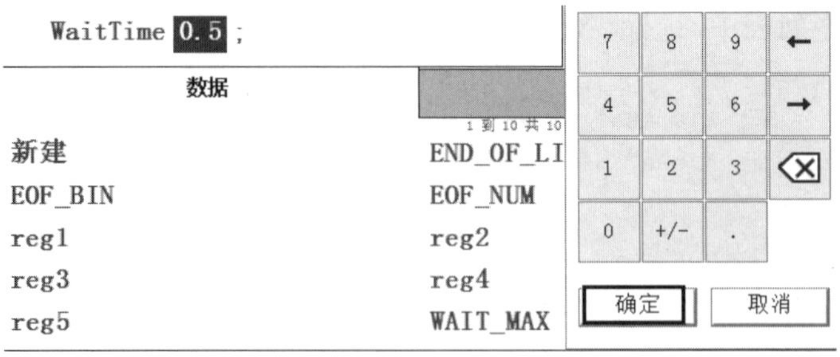

图 4-1-41　设定时间

步骤 13:单击“确定”,如图 4-1-42 所示。等待指令添加完成,如图 4-1-43 所示。

图 4-1-42　单击“确定”

```
MoveL p2, v20, fine, xipan;
Xipan_xifu;
WaitTime 0.5;
```

图 4-1-43　添加等待指令

本任务中的搬运接近点和搬运离开点可采用同一个点。

步骤 14:添加搬运离开点(P3)。**该点可采用 P1 点的位置**,工业机器人的位置如图 4-1-44 所示,已经携带料块。添加指令如图 4-1-45 所示。

图 4-1-44　吸取离开点工业机器人的状态

```
WaitTime 0.5;
MoveL p1, v20, fine, xipan;
```

图 4-1-45　添加搬运离开点

步骤 15：示教放置点（P5 点）。将工业机器人移动到放置点，调节好工业机器人的姿态，如图 4-1-46 所示。添加的程序如图 4-1-47 所示。运动形式采用 MoveL，放置时速度要降低，为保证准确放置，转弯区数据必须设定为 fine。

图 4-1-46　放置点工业机器人的状态

```
WaitTime 0.5;
MoveL p1, v20, fine, xipan;
MoveL p5, v20, fine, xipan;
```

图 4-1-47　添加放置点

步骤 16：添加放置接近点（P4）。沿着 Z 轴方向移动工业机器人到图 4-1-48 所示的位置，记录该位置点，添加的程序如图 4-1-49 所示。

图 4-1-48　放置接近点位置

```
MoveL p1, v20, fine, xipan;
MoveJ p4, v100, fine, xipan;
MoveL p5, v20, fine, xipan;
```

图 4-1-49　添加放置接近点

步骤 17：添加复位信号，并设置等待时间。将工业机器人移动到已经记录好的 P5 点的位置处（可采用单条执行程序的方式）。调用吸盘释放程序“Xipan_shifang”，添加的指令如图 4-1-50 所示。

```
MoveL p5, v20, fine, xipan;
Xipan_shifang;
WaitTime 0.5;
```

图 4-1-50　添加复位信号及时间等待信号

步骤 18：添加放置完成后的离开点（P6）。此点的位置可与放置接近点 P4 相同，但是要保证在 P4 点时，吸盘的位置已经高于料块，避免工业机器人在线性离开时与料块发生碰撞，如图 4-1-51 所示，添加的指令如图 4-1-52 所示。运动方式选择 MoveL，离开放置点，到达离开接近点的位置时速度要降低。

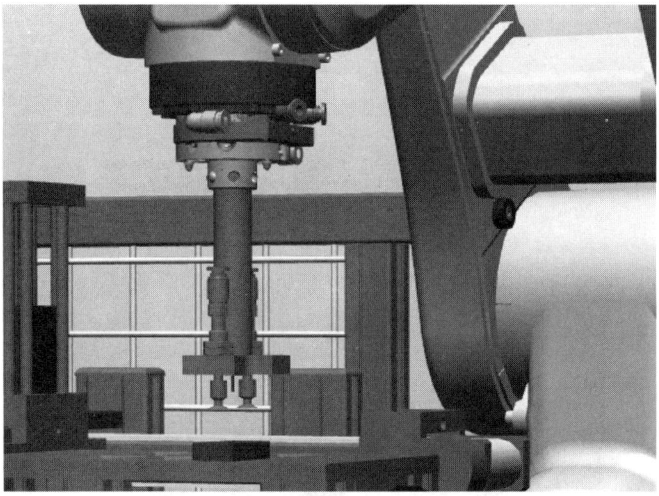

图 4-1-51　放置完成后离开状态

```
MoveL p5, v20, fine, xipan;
Xipan_shifang;
WaitTime 0.5;
MoveL p4, v20, fine, xipan;
```

图 4-1-52　添加放置离开点

步骤 19：添加安全点。**安全点可以采用 pHome 点**。最后一个点转弯区数据必须设定为 fine，添加的指令如图 4-1-53 所示。

```
MoveL p4, v20, fine, xipan;
MoveJ pHome, v100, fine, tool0;
```

图 4-1-53　添加安全点

程序创建完成后如下所示。

PROC Liaokuai_banyun(　)

MoveJ pHome，v100，fine，tool0；　安全点

MoveJ p1，v100，fine，xipan；　取料接近点

MoveL p2，v20，fine，xipan；　取料点

Xipan_xifu；吸盘吸附程序

WaitTime 0.5；　等待 0.5 s

MoveL p1，v20，fine，xipan；退出取料点

MoveJ p4，v100，fine，xipan；接近放料点

MoveL p5，v20，fine，xipan；放料点

Xipan_shifang；吸盘释放程序

WaitTime 0.5；等待 0.5 s

MoveL p4，v20，fine，xipan；放料退出点

MoveJ pHome，v100，fine，tool0；安全点

ENDPROC

至此，程序创建完成，在程序创建完成后要对程序进行检查和优化。检查分为手动检查和自动检查。

1. 手动检查程序

在项目 2 中已经学习了手动检查程序的方法及流程，在搬运工作站中增加了 I/O 信号的检查，因此手动检查搬运程序的关键步骤流程如图 4-1-54 所示。

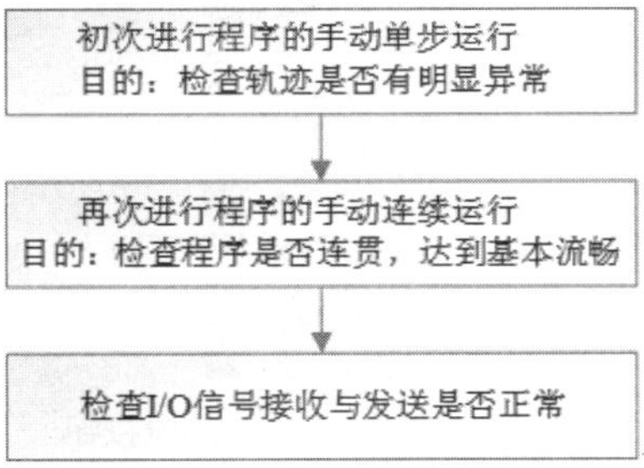

图 4-1-54　手动检查搬运程序的关键步骤流程

步骤 1：将程序指针移动到程序的第一行，如图 4-1-55 所示。

```
PROC Liaokuai_banyun()
    MoveJ pHome, v100, fine, tool0;
    MoveJ p1, v100, fine, xipan;
    MoveL p2, v20, fine, xipan;
    Xipan_xifu;
```

图 4-1-55　程序指针

步骤 2：按下使能键，再按下示教器上的【单步前进】键（图 4-1-56），依次往下执行程序。在执行过程中注意观察工业机器人的姿态以及运行效果。

在手动单步运行过程中，发现轨迹示教错误后要根据实际情况修改位置、速度、转弯区数据等参数。

手动单步运行完成后，再手动自动运行程序。

步骤 3：**将料块放回初始位置**，调节程序指针到程序的第一行，按下示教器上的【程序启动】键（图 4-1-57），观察程序的运行。

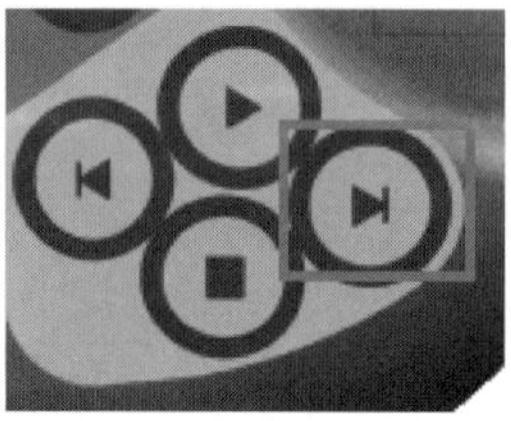

图 4-1-56 【单步前进】键（框线内）

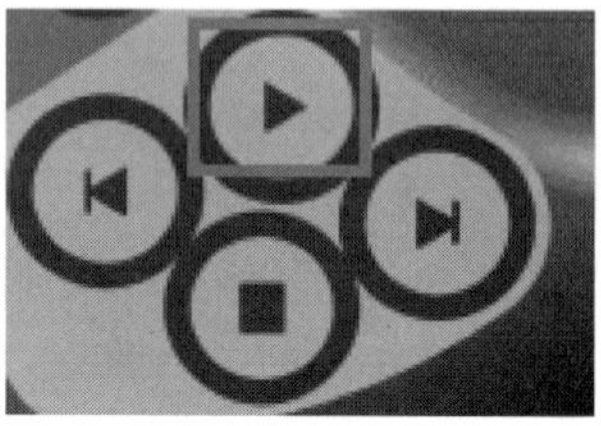

图 4-1-57 【程序启动】键（框线内）

至此，手动单步和手动自动运行程序完成。

2. 自动检查程序

自动检查程序一方面是检查轨迹的完整性和流畅性，另一个重要方面是查验信号能否正确地接收与发送。工业机器人本身的精准性与快速动作能够满足生产要求和生产节拍，但未经过优化的轨迹通常会出现停顿、不美观等现象，所以后期可以根据项目需要，进一步修改运动参数，优化搬运轨迹，使整体轨迹流畅平滑。

步骤 1：将控制柜的钥匙开关打到自动模式。

步骤 2：按下控制柜面板上面的白色马达上电按钮，如图 4-1-58 所示。

步骤 3：按下【程序启动】键，自动运行程序。

图 4-1-58 白色马达上电按钮

提示

根据项目要求，启动机器人使其自动运行。在低速情况下完成一个工作循环之后，将速度逐渐加快，最终达到全速。

节拍是检验生产线标准的一项重要标志。节拍除了与技术工艺有关外，还和轨迹的流畅度有关。

练习题

1. 填空题

（1）智能仓储系统主要由__________、__________、__________、__________组成。

（2）轨迹规划的关键点位包括五个：__________、__________、__________、__________、__________。

2. 简答题

（1）工业机器人搬运工作站主要包括哪几部分？

（2）简要写出手动检查搬运程序的关键步骤流程。

任务完成报告

<table>
<tr><td>姓名</td><td></td><td>学习日期</td><td></td></tr>
<tr><td>任务名称</td><td colspan="3">料块搬运编程</td></tr>
<tr><td rowspan="5">学习自评</td><td colspan="2">考核内容</td><td>完成情况</td></tr>
<tr><td colspan="2">(1)说出工业机器人搬运工作站构成</td><td>□好 □良好 □一般 □差</td></tr>
<tr><td colspan="2">(2)熟练使用I/O控制指令</td><td>□好 □良好 □一般 □差</td></tr>
<tr><td colspan="2">(3)规划搬运轨迹</td><td>□好 □良好 □一般 □差</td></tr>
<tr><td colspan="2">(4)优化搬运轨迹和运动参数</td><td>□好 □良好 □一般 □差</td></tr>
<tr><td>学习心得</td><td colspan="3"></td></tr>
</table>

任务 4.2　料块出入库搬运编程

本任务中,工业机器人要根据条件的判断控制外围设备完成料块的检测、传送、入库作业。

任务要求

(1)推料。当检测到 A 处有料时,推料模块将 A 处的料块推出传送到 B 处。

(2)传送。传送带检测到有料后,将 B 处的料块传送到 C 处。

(3)入库。当 C 处的传感器检测到有料后,工业机器人将 C 处的料块搬运到 D 处的料仓,最后工业机器人返回初始位置。

(4)料块吸取位置要精确,工业机器人姿态要合理,搬运时间要短于 20 s,同时要避免在工业机器人运行时出现中间过渡点的停顿。

学习目标

知识目标:

(1)掌握条件判断指令 IF、WHILE 的用法;

(2)掌握等待指令 WaitDI 的用法;

(3)掌握轨迹规划及程序调试优化的方法。

能力目标:

(1)能够运用条件判断指令做出判断,控制机器人运行;

(2)能够规划入库轨迹;

(3)能够完成料块搬运程序的调试,实现其功能。

素养目标;

(1)提高学生对知识的总结和运用能力;

(2)提高学生的团队合作精神和协作能力。

4.2.1　料块出库、传送控制

4.2.1.1　工具参数设置

思考

标定工具的 TCP 有什么好处？项目 2 中标定 TCP 的方法是什么？下图所示的吸盘工具的 TCP 如何标定？

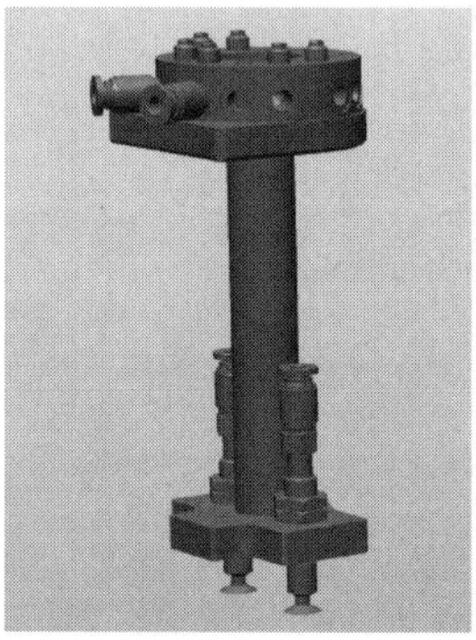

为了更加方便地调节工业机器人抓取物料时的姿态，使工业机器人抓取物料更加精确，需要设定工具的 TCP，使工业机器人能够绕着工具的 TCP 移动和旋转。

在项目 2 中学习了工具数据的创建，采用四点法标定工具的 TCP，设置工具的质量、工具的重心等数据。

有些工具采用四点法无法准确地标定，这时就要采用其他的方法进行标定，其中一种方法是数字输入法。在三维设计软件中设计完工具模型后，可以在软件中测量出工具的 TCP 位置，计算出工具的质量和重心位置。在工具数据设置界面将这些数据直接输入即可。

本任务中使用夹爪的 TCP 的数据为(0, 0, 118)，工具的质量为 0.5 kg，重心数据为(0, 0,40)。

数字输入法的操作步骤如下。

步骤 1：单击左上角主菜单按钮，如图 4-2-1 所示，选择“手动操纵”命令，然后单击“工具坐标”，如图 4-2-2 所示。

图 4-2-1　手动操纵

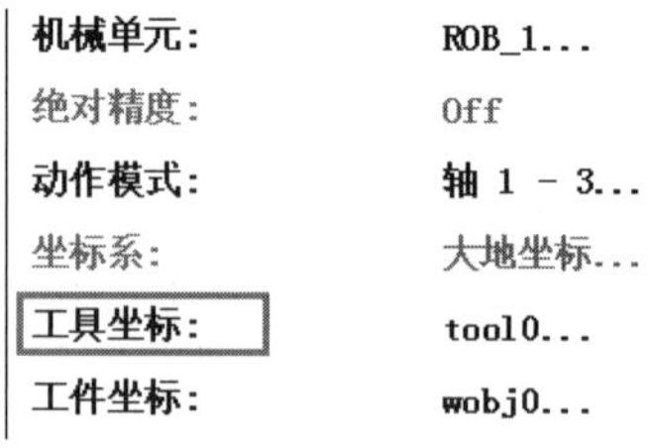

图 4-2-2　工具坐标

步骤 2：单击“新建”，如图 4-2-3 所示。

图 4-2-3　新建

步骤 3：将工具的名字命名为“xipan”，然后单击“初始值”，如图 4-2-4 所示。

图 4-2-4　设定工具初始值

步骤 4：输入工具的 TCP 数值，在“trans”下面的“x”“y”“z”行中分别输入测量的数据，如图 4-2-5 所示。

tframe:	[[0, 0, 118], [1, 0, 0, 0]]	pose
trans:	[0, 0, 118]	pos
x :=	0	num
y :=	0	num
z :=	118	num

图 4-2-5　输入工具的 TCP 数值

步骤 5：设置工具质量，在“mass”行中输入“0.5”，重心数据为（0，0，40），如图 4-2-6 所示。

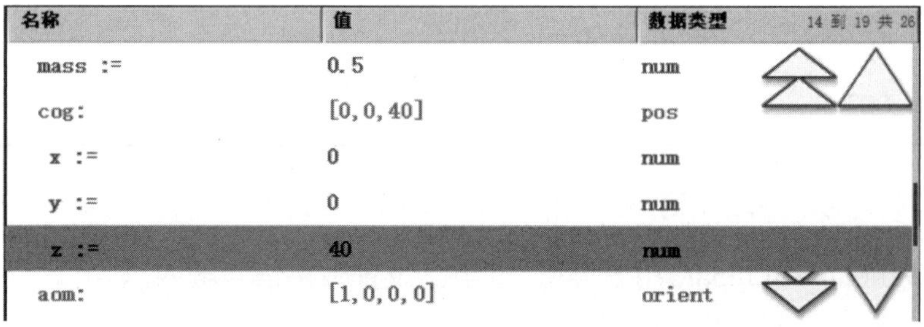

图 4-2-6　质量及重心设置

提示

重心数据是基于 Tool0 原点坐标方向的偏移，Tool0 的默认方向如下图所示。

4.2.1.2 料块出库程序创建

思考

料仓有没有料块，工业机器人是如何得知的？又是如何做出判断的？

工业机器人在工作时，要时时对运行条件进行判断，如系统是否正常，工件是否在加工位，气压是否达到要求等等。只有满足了条件以后，工业机器人才能作业，否则有可能发生事故，造成人员和财产的损失，所以做好准确的条件判断是非常重要的。

本任务中用到的信号如表 4-2-1 所示。

表 4-2-1 信号表

序号	信号名称	信号说明	
1	PN_DI20	推料伸出到位	信号为 1 时伸出到位
2	PN_DI21	推料缩回到位	信号为 1 时缩回到位
3	PN_DI22	料仓有料检测	信号为 1 时检测有料
4	PN_DI23	皮带前端有料检测	信号为 1 时检测有料
5	PN_DI24	皮带后端有料检测	信号为 1 时检测有料
6	PN_DO20	推料电磁阀	信号为 1 时推料； 信号为 0 时收回
7	PN_DO21	传送带电机	信号为 1 时传送带启动； 信号为 0 时传送带停止

检测料仓是否有料可以用 WaitDI 指令。

WaitDI(Wait Digital Input)用于等待，直至已设置数字信号输入。

指令格式：WaitDI Signal Value；

说明：Signal 数据类型为 signaldi。

下面用 WaitDI 指令实现推料出库控制的程序创建流程如下。

步骤 1:新建名称为“Liaokuai_chuku”的程序。

步骤 2:单击“<SMT>”,选择“添加指令”→“下一个”命令,如图 4-2-7 所示。

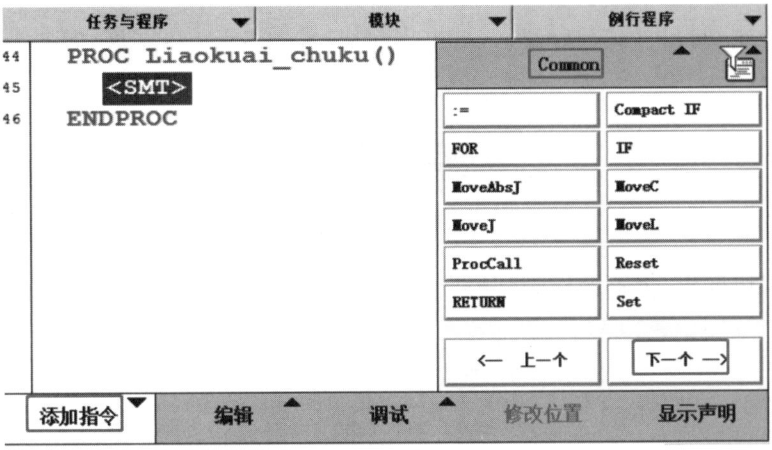

图 4-2-7　添加指令

步骤 3:选择 WaitDI 指令,如图 4-2-8 所示。

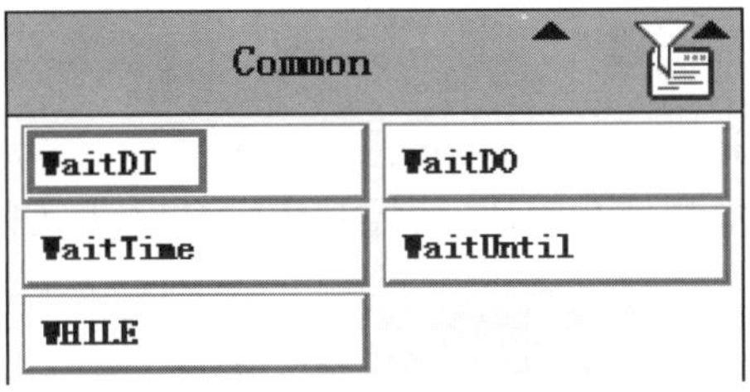

图 4-2-8　选择 WaitDI 指令

步骤 4:选择“PN_DI22”,然后单击“确定”,如图 4-2-9 所示。创建完成的程序如图 4-2-10 所示。

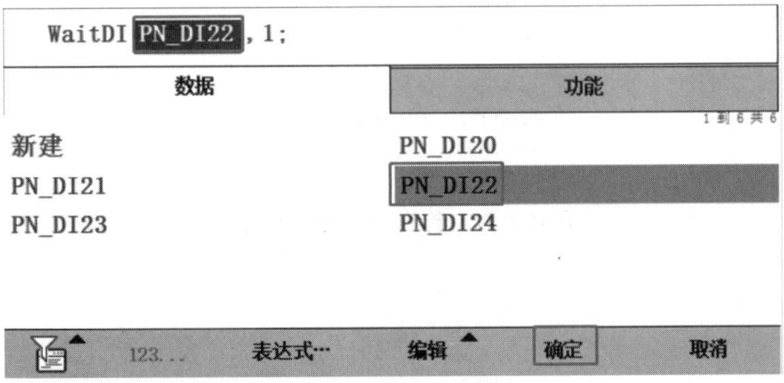

图 4-2-9　设置等待信号

```
PROC Liaokuai_chuku()
  WaitDI PN_DI22, 1;
ENDPROC
```

图 4-2-10 添加 WaitDI 指令

步骤 5:检测到料块后控制推料气缸推出料块,采用 Set 指令实现,如图 4-2-11 所示。

```
PROC Liaokuai_chuku()
  WaitDI PN_DI22, 1;
  Set PN_DO20;
ENDPROC
```

图 4-2-11 添加 Set 指令

步骤 6:料块推出,传感器检测到料块到位后,推料装置缩回,如图 4-2-12 所示。

```
PROC Liaokuai_chuku()
  WaitDI PN_DI22, 1;
  Set PN_DO20;
  WaitDI PN_DI20, 1;
  Reset PN_DO20;
ENDPROC
```

图 4-2-12 推料装置缩回控制程序

4.2.1.3 传送带控制程序创建

步骤 1:新建名称为“Liaokuai_chuansong”的程序。

步骤 2:当传送带前端检测到有料块后,控制传送带启动,如图 4-2-13 所示。

```
PROC Liaokuai_chuansong()
  WaitDI PN_DI23, 1;
  Set PN_D021;
ENDPROC
```

图 4-2-13 传送带启动控制程序

步骤 3:当传动带后端检测到有料块后,控制传送带停止,如图 4-2-14 所示。

```
PROC Liaokuai_chuansong()
  WaitDI PN_DI23, 1;
  Set PN_D021;
  WaitDI PN_DI24, 1;
  Reset PN_D021;
ENDPROC
```

图 4-2-14 传送带停止控制程序

4.2.2　料块入库搬运编程

4.2.2.1　入库程序创建

条件逻辑判断指令用于对条件进行判断后执行相应的操作，是 RAPID 的重要组成部分。下面介绍常用的条件判断指令 IF。

活动

分组举出身边做条件判断的例子，并画出流程图。

1. IF 指令

IF 指令用于求解一个或多个条件表达式的值，当其中的一个条件表达式的值满足时，将执行相应的语句。如果没有一个条件表达式的求值为真，那么将执行 ELSE 字句。

IF 判断指令，根据不同的条件执行不同的指令。

1）只有一个条件判断

如果只有一个条件的判断，并且只执行一条语句，则可将 IF 语句简化为

IF<条件表达式>THEN

语句 1;！ 条件表达式为真时执行

ENDIF

当条件表达式不满足时，则执行下面指令。

流程图如图 4-2-15 所示。

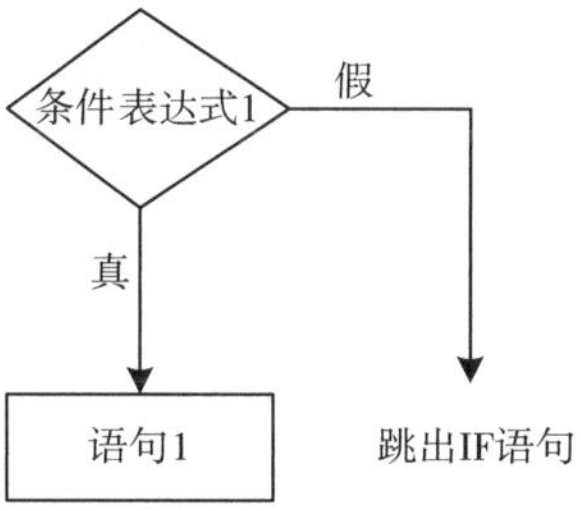

图 4-2-15　IF 语句一个条件表达式一条执行语句流程图

2）只有一个条件判断，对应执行不同语句

IF<条件表达式 1>THEN

语句 1;！ 条件表达式 1 为真时执行

ELSE

语句 2;！ 条件表达式 1 为假时执行

ENDIF

流程图如图 4-2-16 所示。

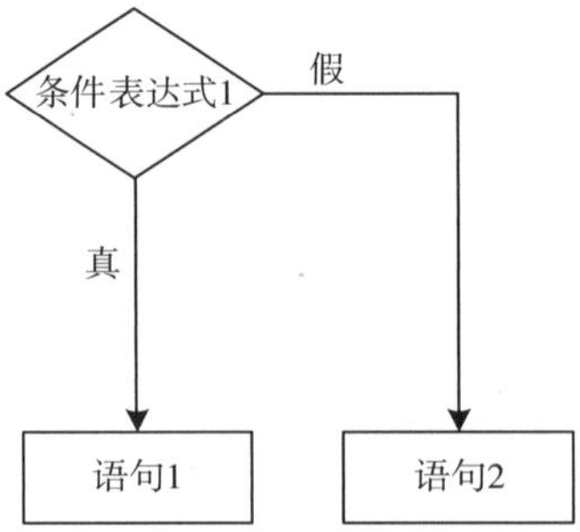

图 4-2-16　IF 一个条件表达式两条执行语句流程图

3）多个条件判断

IF<条件表达式 1>THEN

语句 1;！ 条件表达式 1 为真时执行

ELSEIF<条件表达式 2>THEN

语句 2;！ 条件表达式 2 为真时执行

ELSE

语句 3;！ 除以上两种情况外，执行语句 3。

ENDIF

流程图如图 4-2-17 所示。

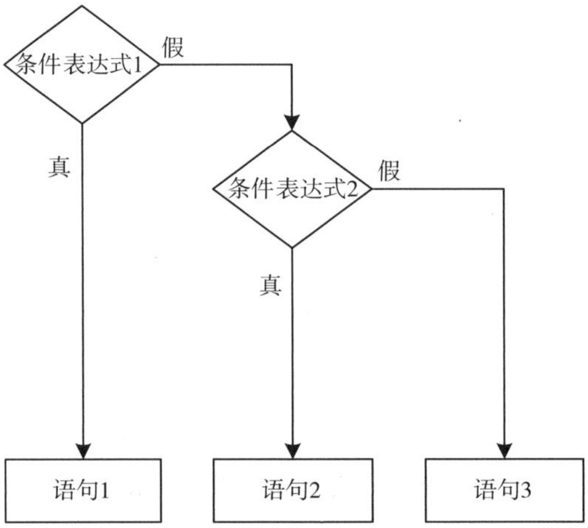

图 4-2-17　IF 多个条件表达式执行语句流程图

提示

条件表达式的数量可以根据实际情况增加或减少。

2. 料块入库程序创建

步骤 1：创建名称为“Liaokuai_ruku”的程序，将工业机器人移动到安全位置（将该位置作为 Home 点），并将该点记录下来，记录的程序如图 4-2-18 所示。

```
PROC Liaokuai_ruku()
  MoveJ pHome, v100, fine, tool0;
ENDPROC
```

图 4-2-18　记录的程序

步骤 2:添加 IF 指令,用来判断仓库第一个仓位是否有料。单击“添加指令”菜单,选择 IF 指令,如图 4-2-19 所示。

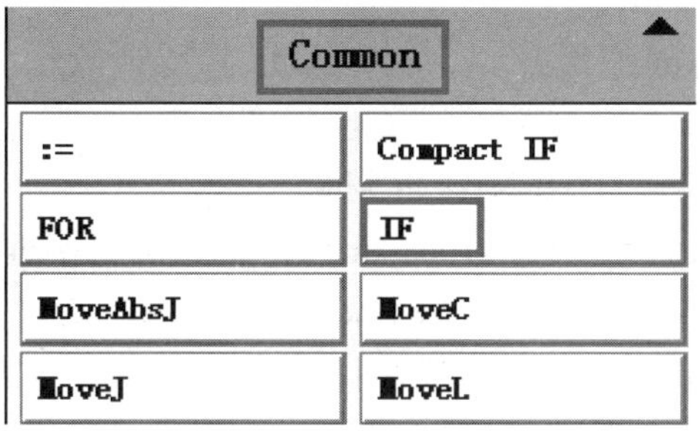

图 4-2-19　添加 IF 指令

步骤 3:单击“<EXP>”,然后选择“编辑”→“ABC”命令,如图 4-2-20 所示。

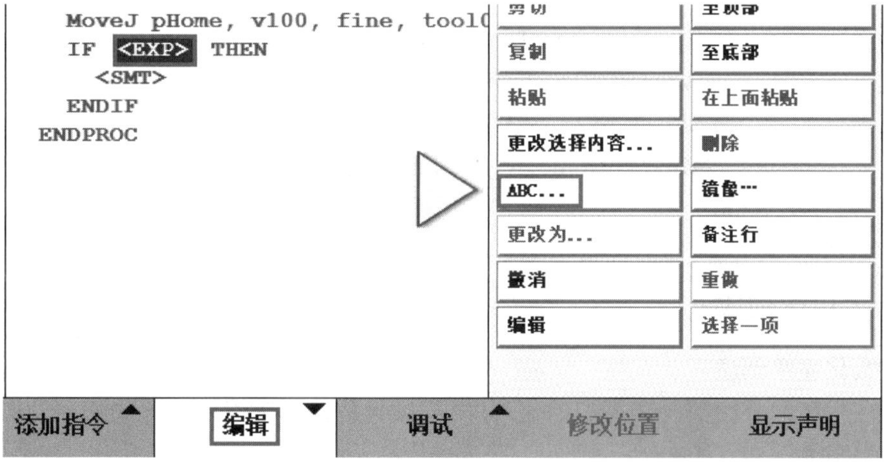

图 4-2-20　编辑 IF 指令

步骤 4:使用软键盘输入“PN_DI24=1”,如图 4-2-21 所示,然后单击“确定”。

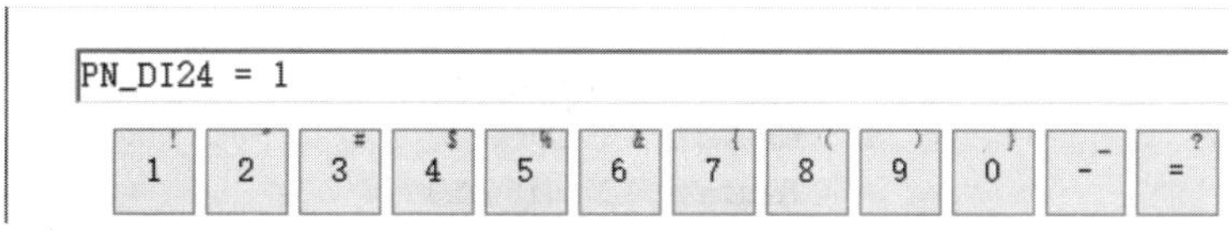

图 4-2-21　设置信号

步骤 5:在“<SMT>”中添加出库运动指令,如图 4-2-22 所示。

```
PROC Liaokuai_ruku()
  MoveJ pHome, v100, fine, tool0;
  IF PN_DI24 = 1 THEN
    <SMT>
  ENDIF
ENDPROC
```

图 4-2-22　添加运动指令

添加的运动指令如下所示。

```
PROC Liaokuai_ruku(  )
      MoveJ pHome, v100, fine, tool0; 安全点
      IF PN_DI24 = 1 THEN;条件判断
            MoveJ p100, v100, fine, xipan; 取料接近点
            MoveL p110, v20, fine, xipan; 取料点
            Xipan_xifu; 吸盘吸附
            WaitTime 0.5; 等待 0.5 s
            MoveL p100, v20, fine, xipan; 退出取料点
            MoveJ p120, v100, fine, xipan; 接近放料点
            MoveL p130, v20, fine, xipan; 放料点
            Xipan_shifang;吸盘释放
            WaitTime 0.5; 等待 0.5 s
            MoveL p120, v100, fine, xipan; 放料退出点
            MoveJ pHome, v100, fine, tool0; 安全点
      ENDIF
ENDPROC
```

4.2.2.2　主程序创建

1. 初始化程序创建

一般在程序的开始都要调用初始化程序，**初始化程序用来设定信号的初始值，避免信号使用时发生错乱。**

一个项目的初始化程序一般单独创建在一个程序中，这样其他程序在使用的时候可以直接调用。根据本项目的信号，在程序运行前需要将本项目用到的输出信号复位。创建信号名称为“rIntiall”的程序，将上述两个信号复位。程序创建完成后如图 4-2-23 所示。

```
PROC rIntiall()
  Reset PN_DO20;
  Reset PN_DO21;
ENDPROC
```

图 4-2-23　初始化程序

2. 总程序调用

总程序创建，用 WHILE 指令。

WHILE 条件判断指令用于在给定条件满足的情况下，一直重复执行对应的指令。

WHILE 指令结构如下：

WHILE Condition DO

…………

ENDWHILE

说明：“Condition”为条件。

首先，评估条件表达式，如果条件表达式（条件）评估结果为 TRUE，则执行 WHILE 块中的指令；随后，再次评估条件表达式（条件），如果该评估结果为 TRUE，则再次执行 WHILE 块中的指令。该过程继续，直至条件表达式（条件）评估结果为 FALSE。随后，终止迭代，并在 WHILE 块后，根据本指令，继续执行程序。

如果条件表达式（条件）评估结果在开始时为 FALSE，则不执行 WHILE 块中的指令，且程序控制立即转移至 WHILE 块后的指令。

主程序创建流程如下。

步骤 1：新建程序名称为“main”的程序。

步骤 2：调用初始化程序。

步骤 3：添加 WHILE 指令，单击“添加指令”菜单，选择 WHILE 指令，如图 4-2-24 所示。

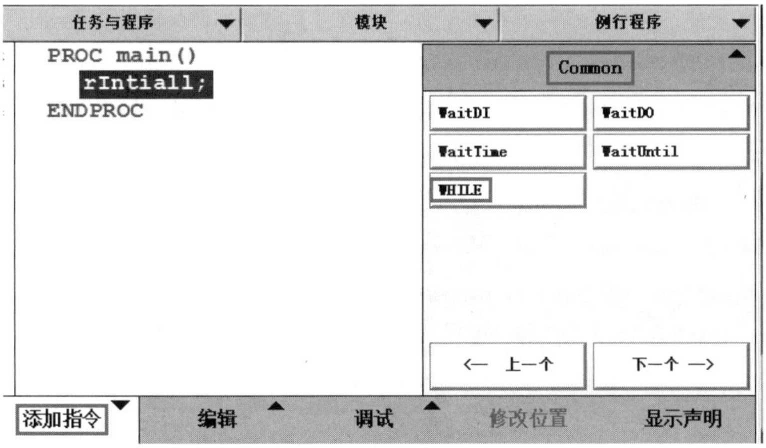

图 4-2-24　添加 WHILE 指令

步骤 4：选择“<EXP>”，如图 4-2-25 所示。

```
PROC main()
  rIntiall;
  WHILE <EXP> DO
    <SMT>
  ENDWHILE
ENDPROC
```

图 4-2-25　编辑 WHILE 指令

步骤 5:选择“TRUE”,如图 4-2-26 所示。

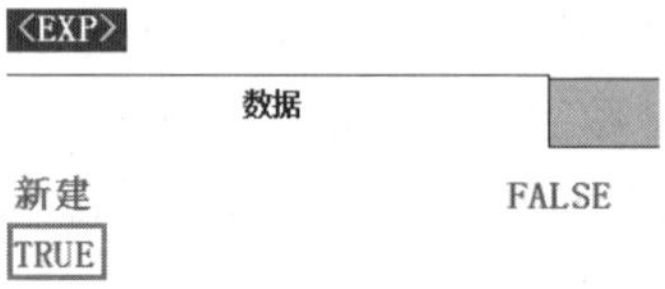

图 4-2-26　信号输入

步骤 6:选择“<SMT>”,如图 4-2-27 所示。

```
PROC main()
  rIntiall;
  WHILE TRUE DO
    <SMT>
  ENDWHILE
ENDPROC
```

图 4-2-27　添加运动指令

步骤 7:将已经创建好的程序添加到主程序中,在主程序的最后添加等待时间 0.1 s,防止机器人系统过载运行,如图 4-2-28 所示。

```
PROC main()
  rIntiall;
  WHILE TRUE DO
    WaitDI PN_DI21, 1;
    Liaokuai_chuku;
    Liaokuai_chuansong;
    Liaokuai_ruku;
    WaitTime 0.1;
  ENDWHILE
ENDPROC
```

图 4-2-28　主程序

步骤 8:先手动运行主程序,再自动运行主程序。

练习题

1. 编程练习

（1）当 di2 信号为 1 时，工业机器人将输出信号 do3 置 1，分别用 IF、WaitDI 指令实现。

（2）当 di3 信号为 1 时，工业机器人等待 3 s 后，将输出信号 do6 置 1，否则将输出信号 do5 置 1，用 IF 指令实现。

任务完成报告

姓名		学习日期	
任务名称	料块出入库搬运编程		
学习自评	考核内容		完成情况
	（1）掌握 IF、WHILE、WaitDI、ProcCall 指令的应用		□好　□良好　□一般　□差
	（2）掌握搬运轨迹规划的方法		□好　□良好　□一般　□差
	（3）掌握轨迹和参数优化的方法		□好　□良好　□一般　□差
	（4）掌握主程序的创建方法		□好　□良好　□一般　□差
学习心得			

项目 5

工业机器人装配应用

学习情境描述

在汽车的整体装配工作中机器人发挥着越来越重要的作用。随着我国汽车制造产业的迅速发展，汽车的各种零部件被大量地生产出来，很多零部件体积小巧，功能复杂，单纯的人工装配在精准度方面很难满足汽车装配的标准化要求，而且需要大量的时间。而汽车专用装配机器人能够更精准地进行汽车配件的装配，比如车座电池装配、汽车车灯装配、汽车车窗装配、仪表装置分配与安装等。在安装过程中，汽车专用装配机器人能够有效地降低安装时潜在的误差系数，使汽车零部件安装起来的整体性更好。同时，汽车专用装配机器人的速度是人工无法媲美的，细小零部件的装配，人工操作非常难以进行，但对于汽车专用装配机器人而言，是极为简单的一个操作步骤，完全没有难度。

项目描述

本项目以工业机器人操作与运维实训台为载体（主要使用装配工作站），采用现场编程的方式完成装配编程与调试，本项目中用到的工业机器人装配工作站如图 5-1 所示。

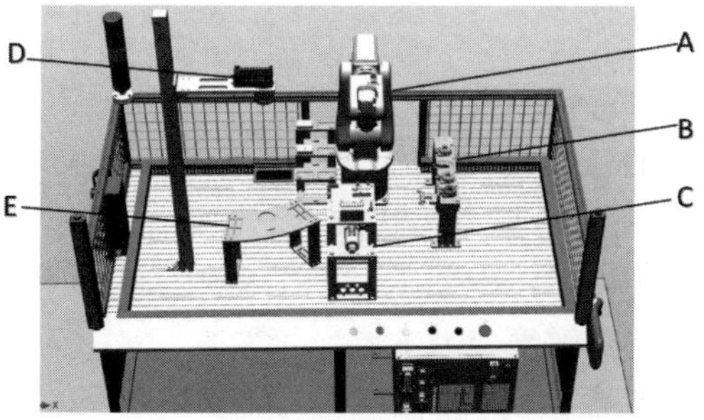

A—工业机器人；B—工具架；C—装配模块；D—智能相机；E—轨迹模块

图 5-1　工业机器人装配工作站

本项目要实现的目标如下：

（1）完成工业机器人快换程序创建；

（2）完成工业机器人斜面装配。

任务分解

任务 5.1　快换程序创建

本任务介绍装配工作站的组成，讲解工业机器人快换程序创建的方法及注意事项，结合示例讲解 Offs 指令的应用。

任务 5.2　工业机器人斜面装配

本任务讲解工件坐标系标定的方法及应用、智能相机的视觉应用、斜面装配程序调试及常用的函数和指令。

任务 5.1　快换程序创建

本任务是学习任务 5.2 的基础，需要学习的内容包括快换程序的创建及 Offs 指令的应用。

任务要求

（1）编辑工业机器人自动运行的程序，使机器人完成吸盘工具的取放。

（2）工业机器人运行轨迹合理，运行无障碍、无碰撞，且没有不必要的停顿。

学习目标

知识目标：

（1）掌握快换程序创建的流程及方法；

（2）巩固基本运动指令的用法；

（3）掌握 Offs 指令的用法。

能力目标：

（1）能够熟练完成快换程序的创建；

（2）能够对工业机器人的运动轨迹进行规划；

（3）能够通过 Offs 指令的使用提高编程效率。

素养目标：

（1）培养学生严谨的机器人编程态度；

（2）培养学生良好的职业素养；

（3）激发学生的探索精神。

5.1.1　装配工作站简介

装配机器人主要由工业机器人本体、控制柜、编程线缆及示教器组成，但是装配工作站只有最基本的工业机器人系统是不够的，还要有外围控制单元、传感系统、气动系统和安全系统等，如图 5-1-1 所示。

装配工作站不仅要求工业机器人完成工艺要求，还要满足安全、快速、易于操作和便于生产等要求。

本项目使用的工业机器人装配工作站如图 5-1 所示。除工业机器人本体和工具架之外，装配工作站还包括装配模块，如图 5-1-2 所示。

该模块主要由原料台、装配台及翻转机构组成。

原料台由支撑板以及固定座组成，是放置待装配体（小物料块）的地方，外形呈 45° 的斜面。工件靠自身重力下滑至原料区，机器人在原料区抓取工件。

翻转机构由旋转气缸、夹紧气缸、翻转台等部分组成。夹紧气缸动作，将工件夹紧，夹紧到位后，旋转气缸动作，将工件翻转 180° 。

装配台是装配的场所，由气缸、定位块组成。气缸伸出带动定位块将工件固定在装配台上，以便将待装配体准确装配在底座上，减少误差。

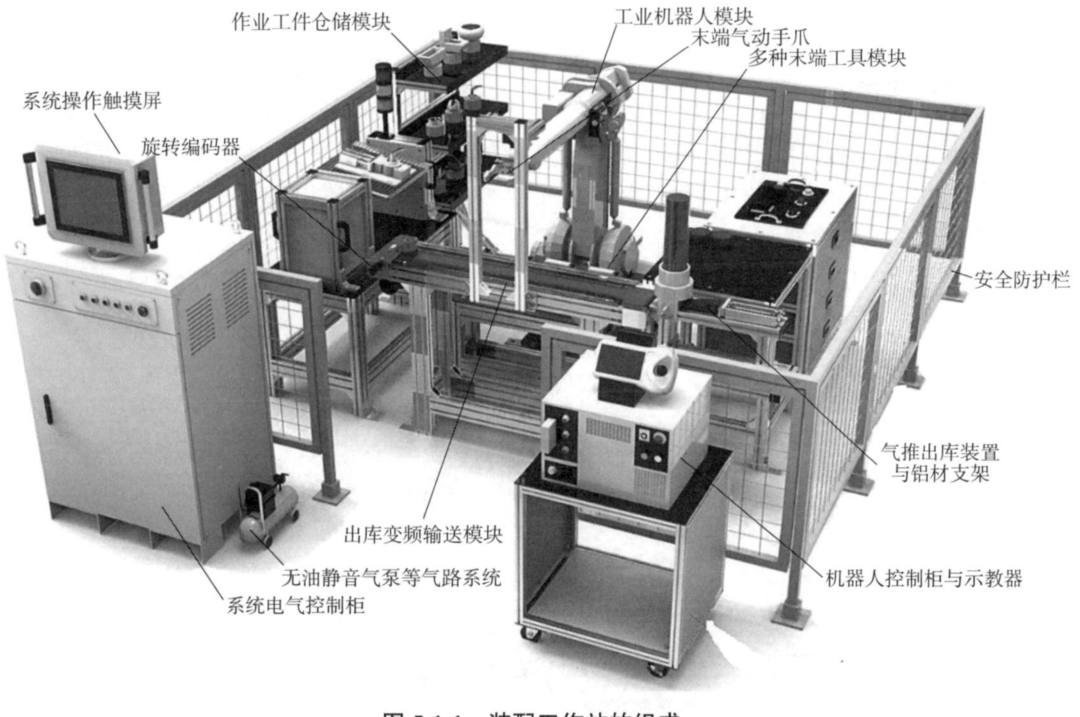

图 5-1-1　装配工作站的组成

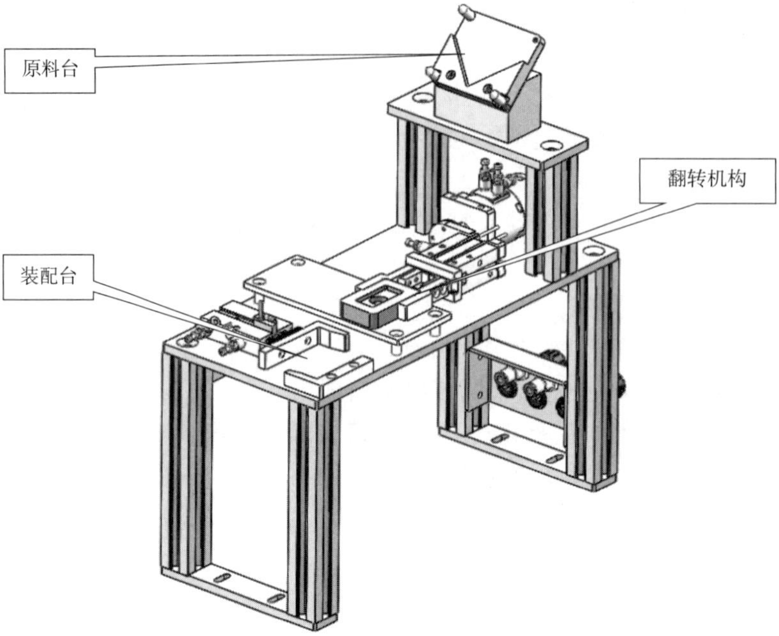

图 5-1- 2　装配模块

5.1.2　快换装置

工业机器人编程完成装配任务,需要将工业机器人的工具更换为吸盘工具,更换吸盘需要用到快换装置。下面介绍工具安装位置、工具种类、快换装置以及快换装置连接。

1. 工具安装位置

工业机器人的工具一般装配在机器人第六轴法兰处,法兰的位置如图 5-1-3 所示。

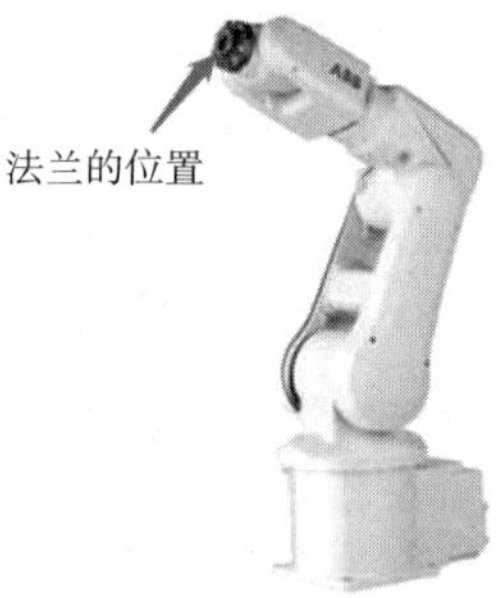

图 5-1-3　法兰的位置

2. 工具种类

有些工作场所需要一台工业机器人完成不同的工作任务,比如:绘图——绘图的工具为画笔;搬运——搬运的工具为夹爪或吸盘;激光切割——激光切割的工具为激光切割头;焊接——焊接的工具为焊枪。这时候就需要工业机器人安装不同的工具来完成不同的工作任务。

在本工作站中，工业机器人的工具有打磨工具、夹爪、焊枪、吸盘，如图 5-1-4 所示。

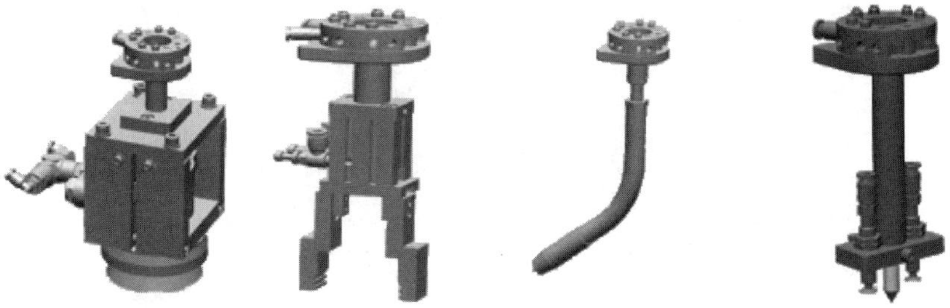

（a）打磨工具　（b）夹爪　（c）焊枪　（d）吸盘

图 5-1-4　工作站中的工具

3. 快换装置

工业机器人是通过快换装置安装工具的，图 5-1-5 所示为本工作站中使用的快换装置，快换装置包含两个部分：机器人侧和工具侧。机器人侧安装在机器人前端手臂上，工具侧安装在执行工具上。

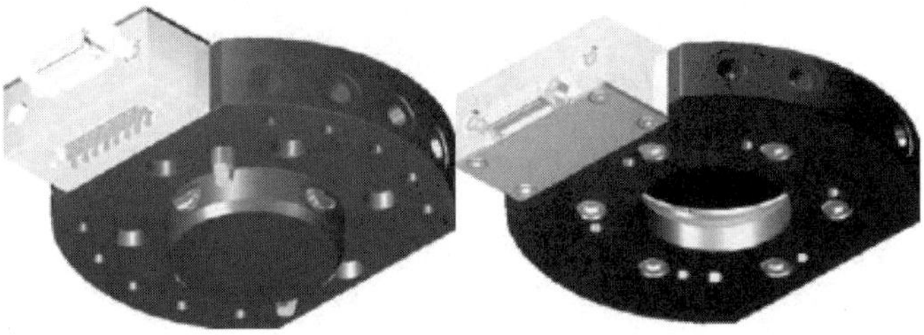

（a）机器人侧　（b）工具侧

图 5-1-5　快换装置

4. 快换装置连接

快换装置的机器人侧与工具侧是如何连接的呢？

（1）控制机器人侧钢珠缩回，松开锁紧机构，如图 5-1-6 所示。

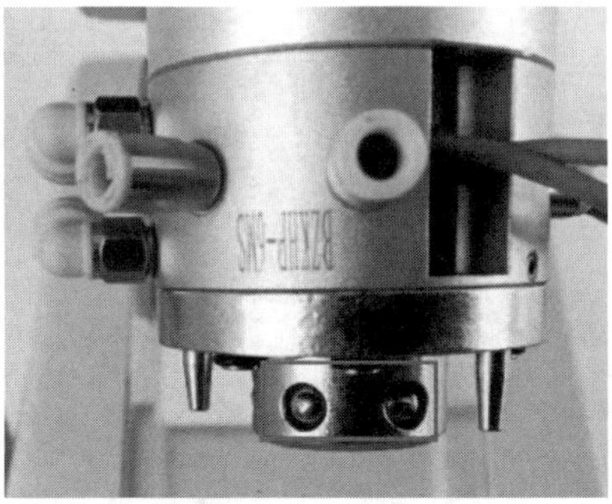

图 5-1-6　钢珠缩回

（2）将机器人侧的导向杆与工具侧的孔对齐，如图 5-1-7（a）、（b）所示，并使机器人侧的下表面与工具侧的上表面贴合，然后控制机器人侧的钢珠伸出，连接好后的工具如图 5-1-7（c）所示。

（a）机器人侧的导向杆　　（b）工具侧的孔

（c）连接完成后的工具

图 5-1-7　工具连接

5.1.3　工业机器人快换程序创建

5.1.3.1　工业机器人拿取吸盘工具

1. 轨迹规划

在本项目中只用到吸盘工具，如图 5-1-8 所示，吸盘工具放置在工具架上。

图 5-1-8　吸盘工具的位置（图中箭头处）

活动 1：我们现在需要用手将吸盘工具从工具架上拿下来，小组讨论出一种最快捷的拿取方式并将此路径在纸上画出来，每组推荐代表进行汇报。

按照图 5-1-9 所示的路径拿取吸盘工具是较为快捷且安全的。工业机器人以 Phome 点为起点，在该点工业机器人第五轴为 90°，其余各轴均为 0°。然后运行到吸盘工具正上方的接近点 P1，然后运行到取工具点 P2。在 P2 点拿取工具后，工业机器人先向上运行一小段距离到达 P3 点，然后向左运行一段距离到 P4 点，随后向上运行一段距离到 P5 点，最后返回初始位置 Phome 点。

图 5-1-9　拿取工具轨迹规划

2. I/O 设置

在 5.1.2 节中学习了快换装置，知道通过控制机器人侧的钢珠伸出与缩回可以完成工具的拿取和放下。在工业机器人操作与运维实训台上，快换装置由气压驱动，并且机器人控制柜通过控制二位五通电磁阀实现对快换装置的控制（图 5-1-10）。

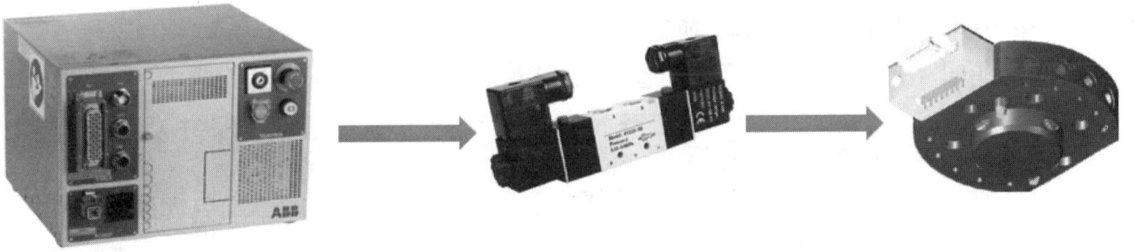

图 5-1-10　快换装置控制

轨迹规划中的 P2 点为取工具点，当机器人到达此位置后，就需要控制快换装置将工具拿取起来，通过控制特定的 I/O 信号可以完成对快换装置的控制。I/O 信号如表 5-1-1 所示。

表 5-1-1　I/O 信号

类型	I/O 名称	状态	功能
输出	DO00	0	初始状态，快换装置钢珠缩回
输出	DO01	1	

续表

类型	I/O 名称	状态	功能
输出	DO00	1	夹紧状态，快换装置钢珠伸出
输出	DO01	0	

通过对 DO00 与 DO01 两个信号的置位与复位完成对二位五通电磁阀的控制。当 DO00 为 0、DO01 为 1 时快换装置钢珠缩回，在此状态下机器人可以顺利运行到 P2 点而不会被卡住。当 DO00 为 1、DO01 为 0 时快换装置钢珠伸出，此时机器人侧的快换装置与工具侧的快换装置贴合并牢牢固定在一起，此时可将工具拿取起来。

3. 程序创建

活动 2：观察图 5-1-9，在工业机器人拿取工具的过程中，哪些路径使用 MoveJ 指令，哪些路径使用 MoveL 指令，小组讨论并说明理由。

步骤 1：单击左上角主菜单按钮，选择“程序编辑器”命令，如图 5-1-11 所示。在新弹出的窗口中，单击“取消”，如图 5-1-12 所示。若已经存在其他程序，不会弹出图 5-1-12 的界面。

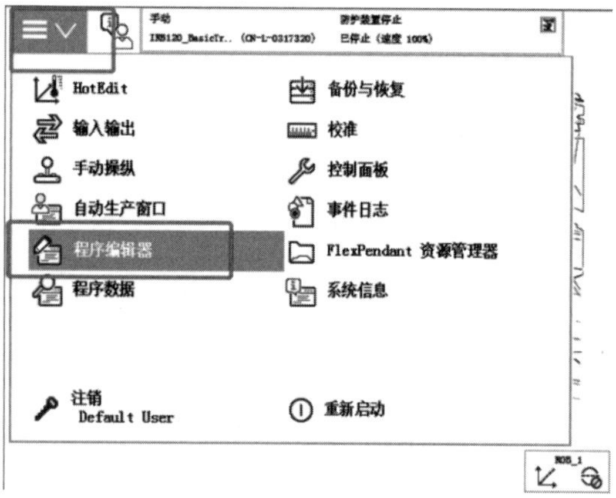

图 5-1-11 选择“程序编辑器”命令

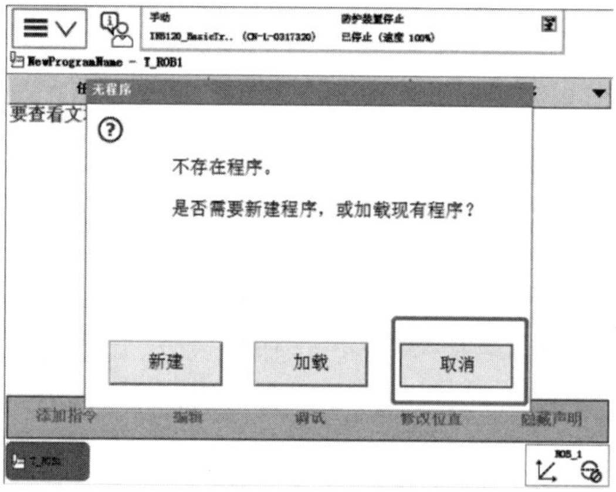

图 5-1-12 单击“取消”

步骤 2：单击左下角“文件”菜单，选择“新建模块”命令，如图 5-1-13 所示。

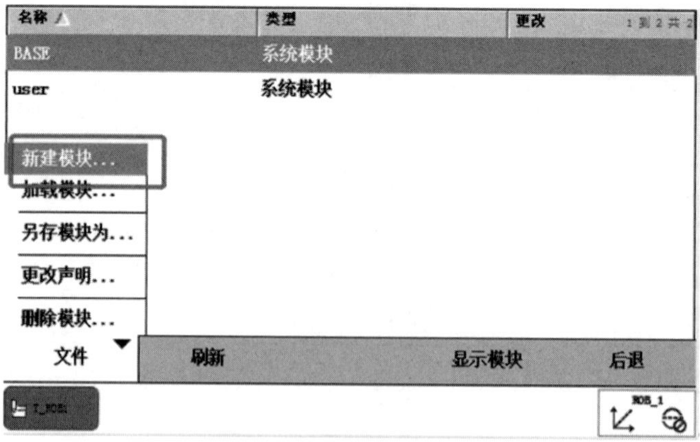

图 5-1-13 新建模块

步骤 3：设定模块名称为“ZPGZZ”，单击“ABC”修改，完成后单击“确定”，如图 5-1-14 所示，将吸盘工具拿取的例行程序放在“ZPGZZ”的程序模块中。

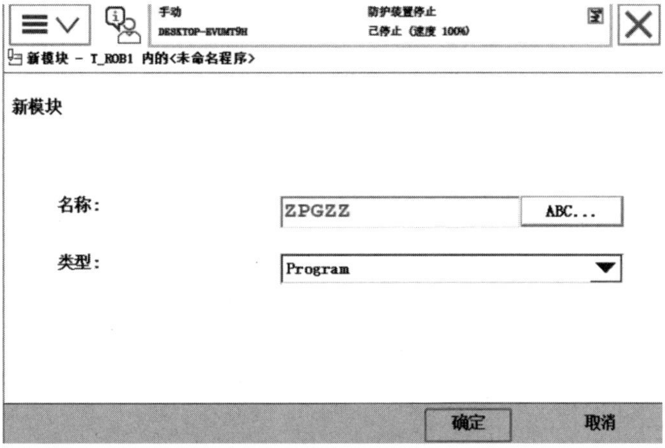

图 5-1-14　模块编辑命名

步骤 4：选中“ZPGZZ”模块，并在此模块中新建一名称为“QXP”的例行程序，新建好例行程序后打开程序编辑界面，如图 5-1-15 所示。

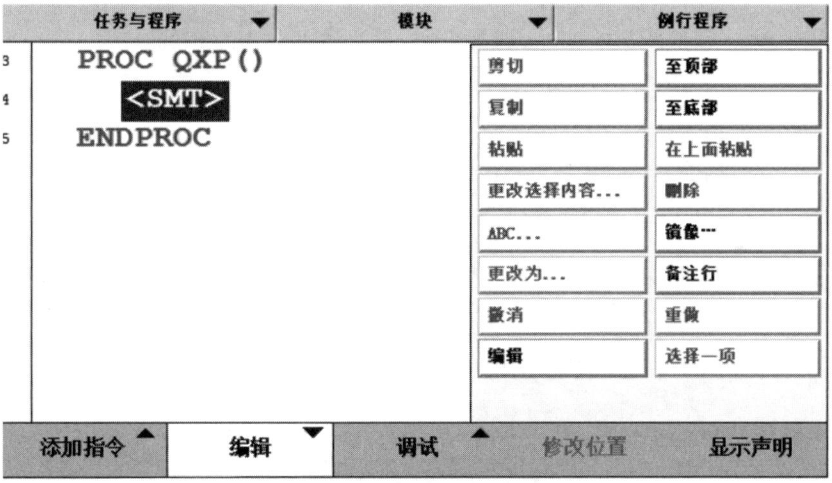

图 5-1-15　程序便捷界面

步骤 5：将机器人运动到起始点位置（第五轴为 90°，其余轴为 0°），然后添加一条 MoveJ 指令记录该点位置，并将该点命名为“Phome”，设置运行速度为 200 mm/s，转弯区数据为 fine，工具坐标系为默认的 tool0，如图 5-1-16 所示。

图 5-1-16　添加 Phome 点

在不移动机器人的情况下，使用 MoveAbsJ 指令也可取得上条指令的效果。

单击“添加指令”菜单，选择 MoveAbsJ 指令，如图 5-1-17 所示。

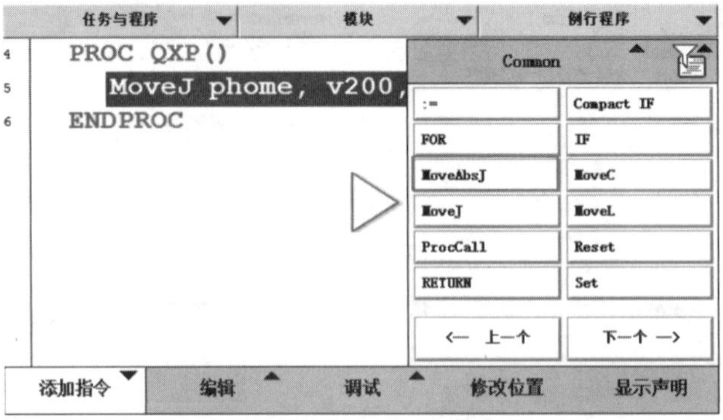

图 5-1-17　选择 MoveAbsJ 指令

单击选择 MoveAbsJ 后面的星形符号，选中后显示为蓝色，单击“调试”菜单，然后单击“查看值”，如图 5-1-18 所示。

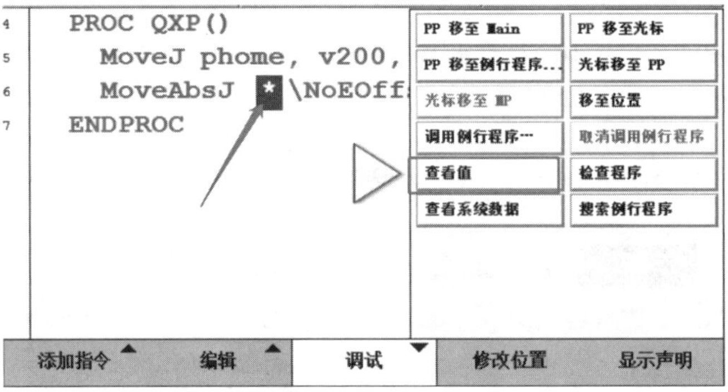

图 5-1-18　查看值操作

在弹出的界面中找到六个轴，将第五轴(rax_5)的值修改为 90，其余各轴的值修改为 0，如图 5-1-19 所示，然后单击“确定”，完成 MoveAbsJ 指令的编辑。

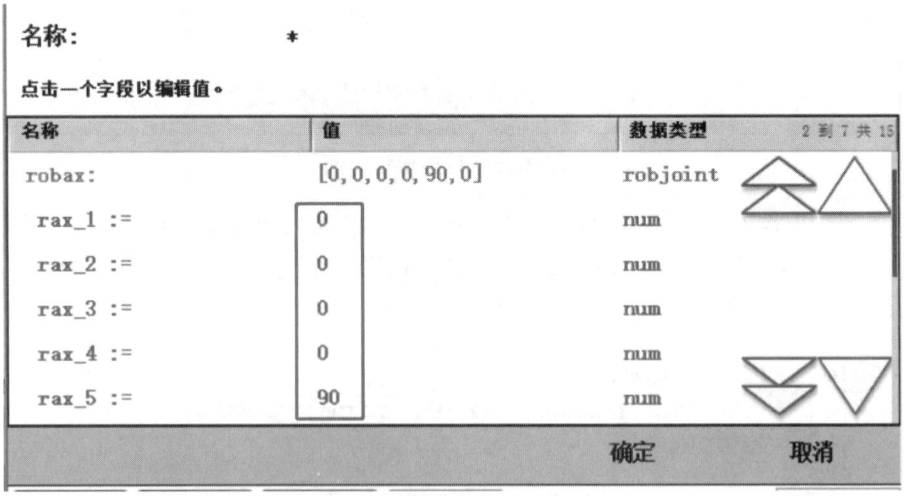

图 5-1-19　编辑各轴的值

运行此条指令和先将机器人运行到起始点位置再记录点位的效果是一样的，同学们可在编程过程中进行验证。

步骤 6：在先前的学习中提到过在示教位置点时，以示教准确、方便为原则，不必按照路径的顺序示教，通常先示教关键点。在拿取吸盘工具的程序中 P2 点为关键点，因此先示教记录 P2 点。

将机器人运行方式修改为“线性”，速度百分比修改为“25%”，用手检查机器人侧快换钢珠是否在缩回位置，不是则触发 I/O 信号使其在缩回位置。在示教 P2 点的过程中，不仅要求机器人侧在进入工具侧快换时前后左右的距离合适，姿态水平，此外因为快换装置间存在定位孔，还要求在机器人运行至 P2 点的过程中仔细观察，旋转机器人第六轴使定位孔准确对齐。P2 点位置如图 5-1-20 所示。

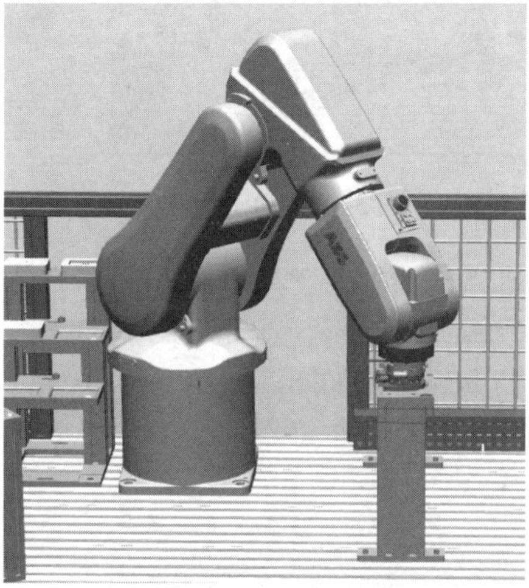

图 5-1-20　P2 点位置

机器人运行至 P2 点后，添加一条 MoveL 指令记录该点位置，并将该点命名为“P2”，设置运行速度为 200 mm/s，转弯区数据为 fine，如图 5-1-21 所示。

```
PROC QXP()
  MoveJ phome, v200, fine, tool0;
  MoveL P2, v200, fine, tool0;
ENDPROC
```

图 5-1-21　示教 P2 点

注：P2 点是拿取吸盘工具的关键点，要保证该点位置的准确性。在机器人运行的过程中要仔细认真、多角度观察机器人位置是否合适。当机器人逐渐接近吸盘工具时要调小机器人的运行速度，必要时可采用小增量的方式完成 P2 点的示教。

步骤 7：示教 P1 点。在 P2 点的基础上将机器人向上运行一段距离（200 mm 左右），然后添加一条 MoveJ 指令记录 P1 点。P1 点位置如图 5-1-22 所示。

图 5-1-22　P1 点位置

步骤 8:示教 P3 点。将机器人运行到 P2 点,然后将机器人向上运行一段距离(10 mm 左右),使得机器人可以离开吸盘工具,又不会使吸盘工具的吸杆与工具架碰撞。随后添加一条 MoveJ 指令记录 P3 点。P3 点位置如图 5-1-23 所示。

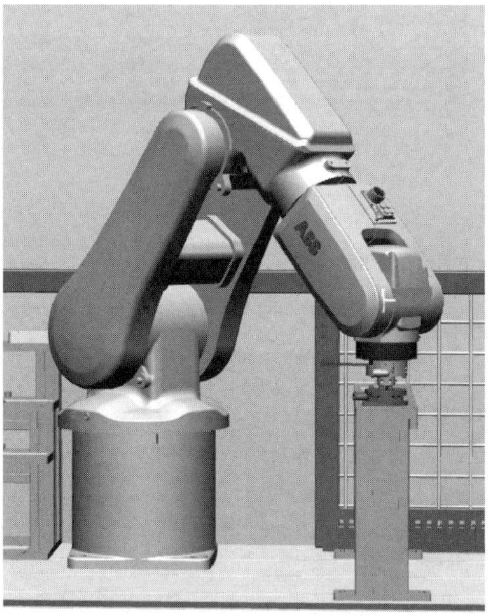

图 5-1-23　P3 点位置

步骤 9:示教 P4 点。在 P3 点的基础上将机器人向左运行一段距离(150 mm 左右),然后添加一条 MoveL 指令记录 P4 点。P4 点位置如图 5-1-24 所示。

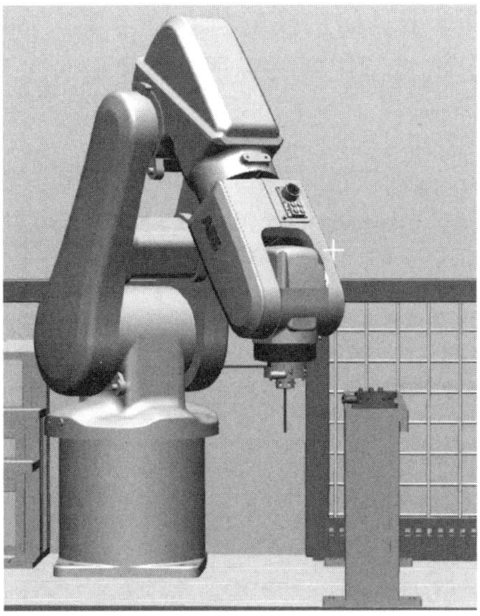

图 5-1-24　P4 点位置

步骤 10:示教 P5 点。在 P4 点的基础上将机器人向上运行一段距离(200 mm 左右),然后添加一条 MoveL 指令记录 P5 点。P5 点位置如图 5-1-25 所示。

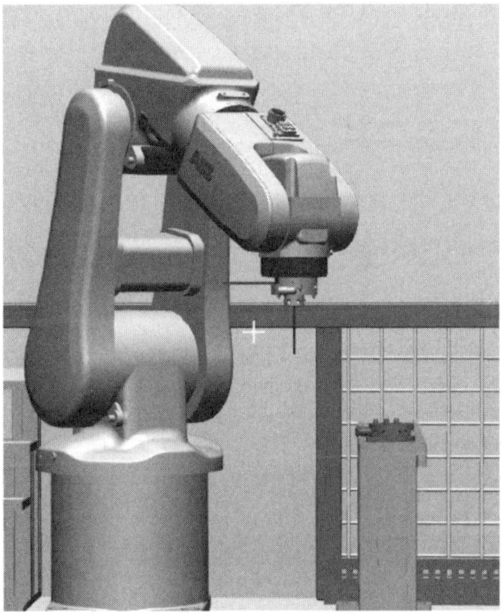

图 5-1-25　P5 点位置

步骤 11:完善程序。在上述步骤中已将六个点示教完成,需要添加对应的 I/O 信号控制指令,这样才能控制机器人拿取吸盘工具。

在 P2 指令后,添加 DO00 的 Set 指令及 DO01 的 Reset 指令,控制快换装置钢珠伸出。添加 WaitTime 指令,并设置时间为 0.5 s,保证吸盘拿取效果。

将 Phome 指令复制一条并放置在 P5 指令之后,这样机器人拿取吸盘工具后会运行到初始位置。

为保证机器人在拿取吸盘工具前快换的状态符合要求，可在 P1 指令前添加 DO01 的 Set 指令及 DO00 的 Reset 指令，控制快换装置钢珠在拿取吸盘工具前为缩回状态。

完整的程序如图 5-1-26 所示。

```
PROC QXP()
  MoveJ phome, v200, fine, tool0;
  Set DO01;
  Reset DO00;
  MoveJ P1, v200, fine, tool0;
  MoveL P2, v200, fine, tool0;
  Set DO00;
  Reset DO01;
  WaitTime 0.5;
  MoveL P3, v200, fine, tool0;
  MoveL P4, v200, fine, tool0;
  MoveL P5, v200, fine, tool0;
  MoveJ phome, v200, fine, tool0;
ENDPROC
```

图 5-1-26　QXP 程序

步骤 12：程序调试验证。先手动单步运行程序，运行无误后再手动连续运行，最后自动运行程序。

注：为避免因为程序预读造成 I/O 信号错误动作，在 Set、Reset 指令前三行的运动指令都使用 fine 做转弯区数据。

5.1.3.2　工业机器人放回吸盘工具

工业机器人放回吸盘是拿取工具的逆过程，按照 Phome → P5 → P4 → P3 → P2 → P1 → Phome 的顺序执行，拿取程序的各个点位可以直接使用，也可复制 QXP 程序后进行修改，以复制 QXP 程序为例讲解放回吸盘程序。

步骤 1：在 QXP 程序编辑界面单击右上角的“例行程序”，在弹出的界面单击左下角的“文件”菜单，选择“复制例行程序”命令，如图 5-1-27、图 5-1-28 所示。

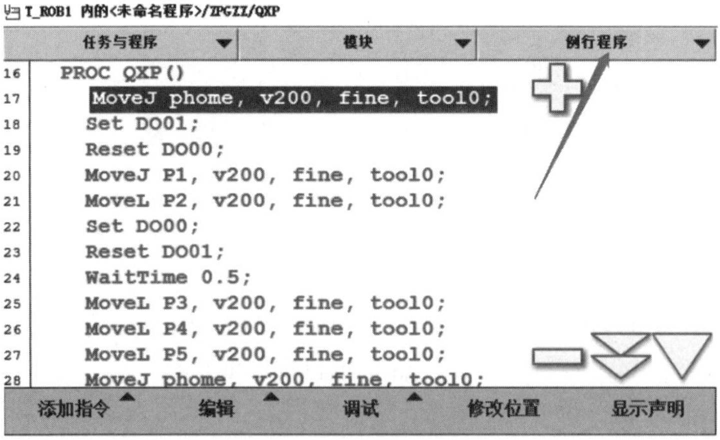

图 5-1-27　例行程序

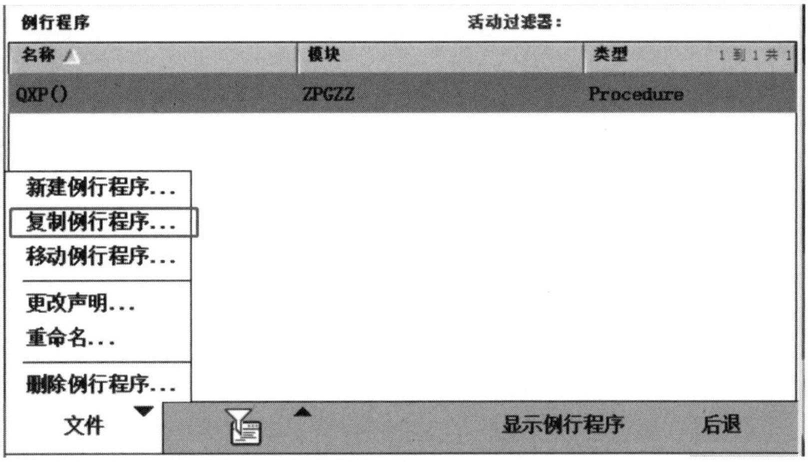

图 5-1-28　复制例行程序

步骤 2：单击程序名称后的“ABC”，将复制的程序命名为“FXP”，单击“确定”，再单击“显示例行程序”，打开程序编辑界面，如图 5-1-29、图 5-1-30 所示。

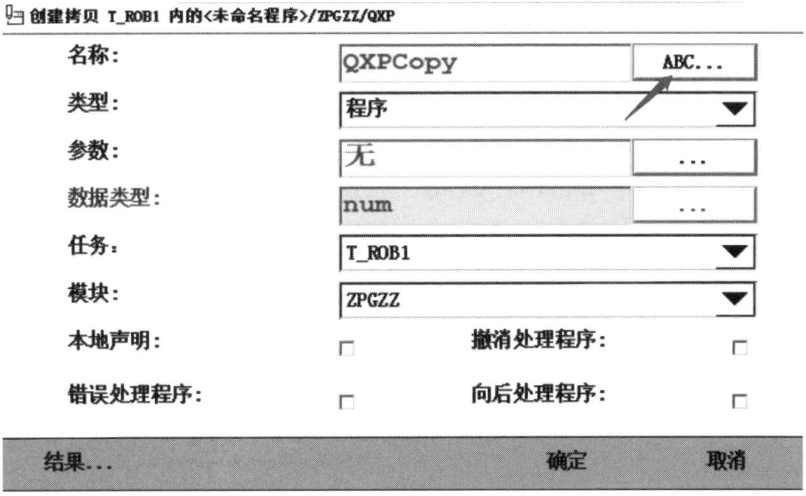

图 5-1-29　重命名例行程序

步骤 3：修改程序。放回工具时机器人是带有工具的，逻辑与拿取工具不同，为避免信号出错，先将程序中的 Set、Seset 指令都删除。

按照 Phome → P5 → P4 → P3 → P2 → P1 → Phome 的顺序调整指令位置，并将 P5 的运动方式修改为 MoveJ，P1 的运动方式修改为 MoveL。

在 P2 指令后添加 Reset DO00、set DO01 指令，并将 WaitTime 指令移动到 Set 指令后。

修改完成的程序如图 5-1-31 所示。

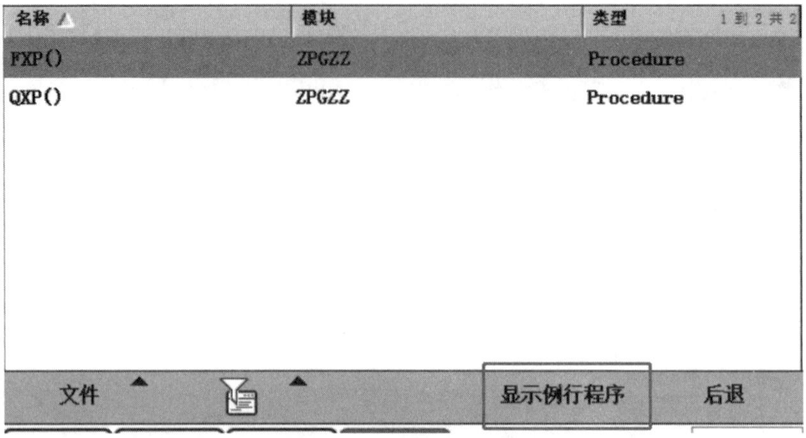

图 5-1-30　显示例行程序

```
PROC FXP()
  MoveJ phome, v200, fine, tool0;
  MoveJ P5, v200, fine, tool0;
  MoveL P4, v200, fine, tool0;
  MoveL P3, v200, fine, tool0;
  MoveL P2, v200, fine, tool0;
  Reset DO00;
  Set DO01;
  WaitTime 0.5;
  MoveL P1, v200, fine, tool0;
  MoveJ phome, v200, fine, tool0;
ENDPROC
```

图 5-1-31　FXP 程序

步骤 4:程序调试验证。先手动单步运行程序,运行无误后再手动连续运行,最后自动运行程序。

5.1.3.3　Offs 指令

1. 认识 Offs 指令

在 QXP 与 FXP 程序创建的过程中一共示教了六个点位,其中 Phome 点为起始点, P2 点为取放工具的点,是关键点,其他点位都可以根据 P2 点的位置进行设置,那是否可以只示教 Phome 与 P2 点,其他点位或其中部分点位通过指令设置而不再示教呢? 答案是可以的,合理利用 Offs 指令就可以取得这样的效果。

Offs 是一个 robtarget 型的内置功能程序,其作用是对一个 robtarget 型的机器人位置数据沿着选定的**工件坐标系**进行偏移(工件坐标系在任务 5.2 中会详细讲解,本任务先以默认的工件坐标系为例),并返回偏移后的 robtarget 型数据值。

Offs 的语法格式为 Offs(Point,XOffset,YOffset,ZOffset),各参数说明如下。

Point:偏移基准点,robtarget 型数据。

XOffset:工件坐标系中 X 方向的偏移值。

YOffset:工件坐标系中 Y 方向的偏移值。

ZOffset：工件坐标系中 Z 方向的偏移值。

Offs 指令是一个非常实用的功能程序，合理使用 Offs 指令能够大大减少一个程序中需要示教的点位。

注意：

（1）在使用 Offs 指令前，先在“手动操纵”界面查看机器人当前的工件坐标系是否为需要使用的坐标系，如图 5-1-32 所示，不是则进行修改（本任务中均使用默认的工件坐标系 wobj0，在完成任务 5.2 的学习后可以进行工件坐标系的切换）。

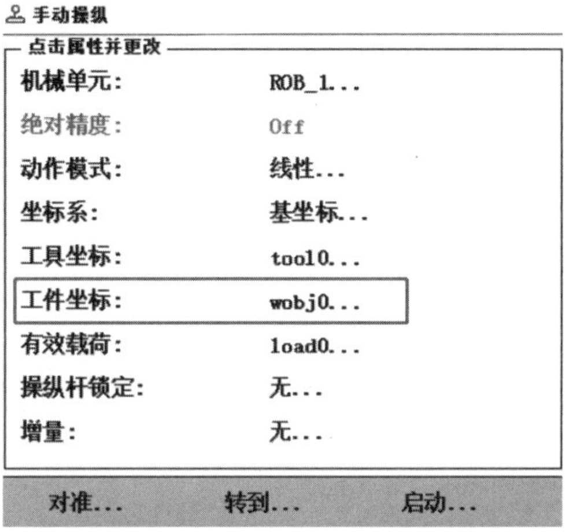

图 5-1-32　查看当前工件坐标系

（2）确定好坐标系后，**一定要清楚当前工件坐标系运行的正方向**，Offs 指令中各个方向的偏移值为正代表向正方向偏移，数值为负代表向负方向偏移，所以正方向一定要明确，否则可能会发生碰撞。若不明确正方向，可以一个安全点为基准先进行 Offs 指令的试用，例如先添加一条“MoveJ Offs(phome，20，30，30)，v200，fine，tool0”指令，将机器人移动到 Phome 位置，再运行此条指令观察机器人的移动方向。

（3）正确使用 Offs 指令有利于减少点位示教，但是错误使用 Offs 指令则可能造成编程错误或机器人碰撞，因此在编程中应合理使用此指令。

活动 3：观察下图，其中 P1 为已经示教好的点位，P2、P3、P4 点位分别为长方形的另外三个顶点，*X*/*Y* 箭头为在当前 wobj0 工件坐标系下的正方向，写出使用 Offs 指令的程序，完成长方形的绘制。

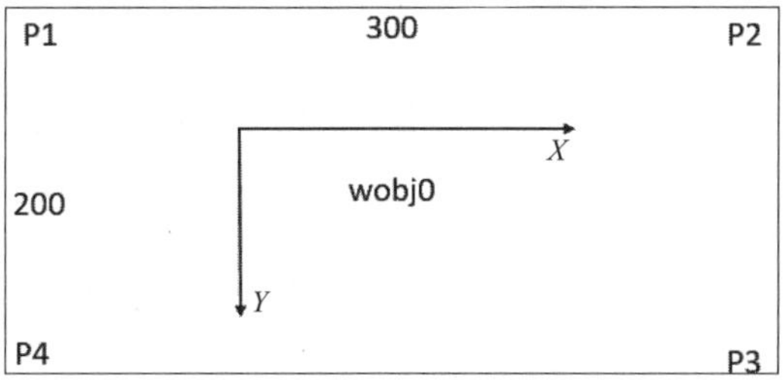

2. Offs 指令添加

打开 QXP 程序，以 P2 点为基准通过 Offs 指令设置 P1 点。

步骤 1：单击选中第一条 MoveJ 指令，该条指令显示蓝色，然后单击左下角的“添加指令”菜单，在该条指令下方添加一条 MoveL 指令。

步骤 2：双击新添加指令的点位的名称，如图 5-1-33 所示。在弹出的界面再次单击选中该点位，然后单击“功能”，在下面的选项中选择“Offs”，如图 5-1-34 所示。（注：以 P1 点为例，也可直接双击 P1 点位名称添加 Offs 功能，而不需要重新添加运动指令。）

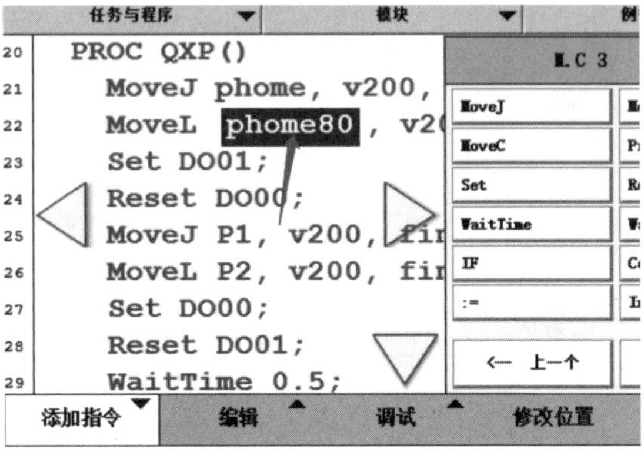

图 5-1-33　添加 Offs 指令(1)

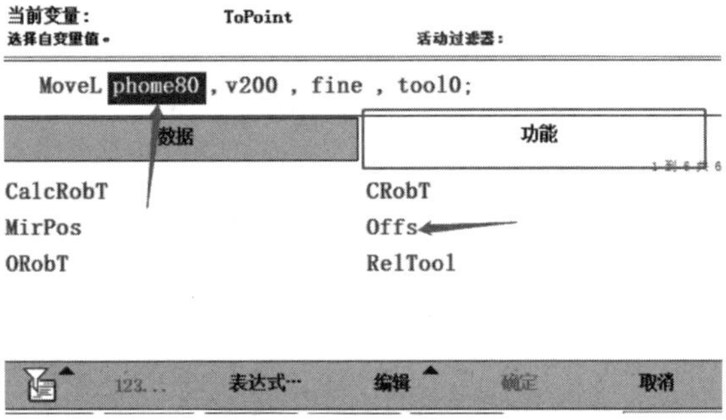

图 5-1-34　添加 Offs 指令(2)

步骤 3：选中“Offs”后弹出设置界面，第一个参数为偏移基准点，通过向下箭头找到需要的基准点并单击选中，如图 5-1-35 所示。

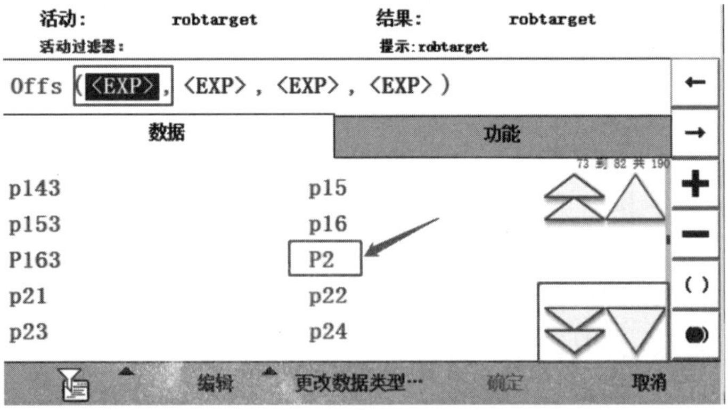

图 5-1-35　设置 Offs 参数(1)

后面三个参数分别为沿 X、Y、Z 方向的偏移值,可通过单击“编辑”菜单,选择“全部”命令进行整体设置,如图 5-1-36 所示。

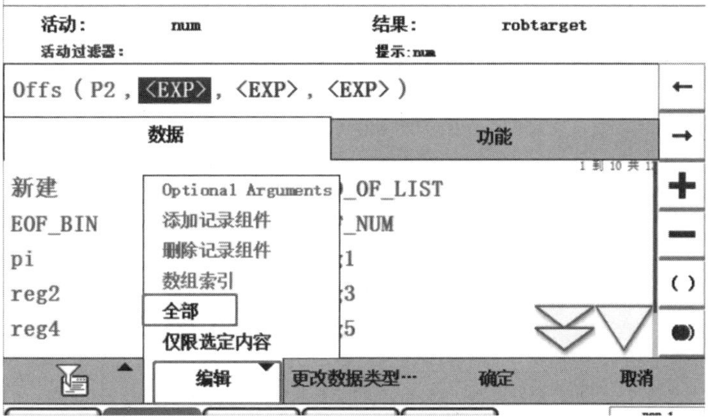

图 5-1-36　设置 Offs 参数(2)

相比于 P2 点, P1 点只是在 Z 轴正方向有偏移,在 X 和 Y 方向上没有偏移,因此前两个偏移数值为 0,第三个偏移数值为 200,单位是 mm,如图 5-1-37 所示。一直单击“确定”回到程序编辑界面,可以看到出现一条以 P2 为基准点的 Offs 指令。

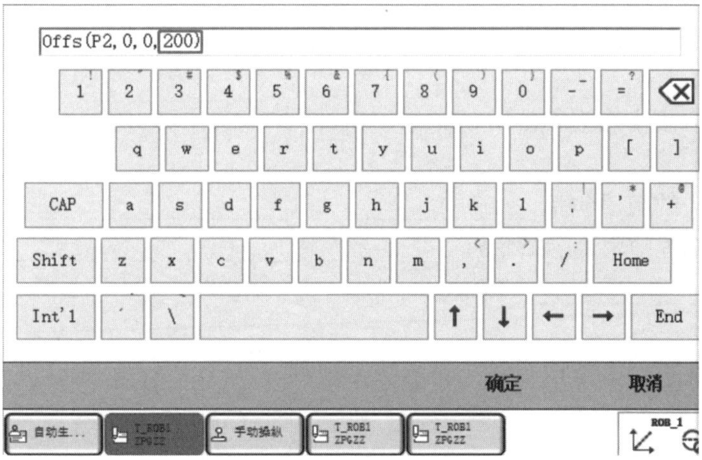

图 5-1-37　设置 Offs 参数(3)

步骤 4:按照此方法并结合 QXP 程序新建的过程,以 Offs 指令的形式完成 P3、P4、P5 点的替代,完成后如图 5-1-38 所示。注意各个方向的偏移值需要简单计算。

步骤 5:程序调试验证。先手动单步运行程序,运行无误后再手动连续运行,最后自动运行程序。

```
PROC QXP()
  MoveJ phome, v200, fine, tool0;
  MoveL Offs(P2,0,0,200), v200, fine, tool0;
  Set DO01;
  Reset DO00;
  MoveL P2, v200, fine, tool0;
  Set DO00;
  Reset DO01;
  WaitTime 0.5;
  MoveL Offs(P2,0,0,10), v200, fine, tool0;
  MoveL Offs(P2,0,-150,10), v200, fine, tool0;
  MoveL Offs(P2,0,-150,210), v200, fine, tool0;
  MoveJ phome, v200, fine, tool0;
ENDPROC
```

图 5-1-38　使用 Offs 指令的 QXP 程序

练习题

1. 判断题

（1）合理的轨迹规划有利于机器人编程。（　　）

（2）本任务中用到的快换装置由气压驱动。（　　）

（3）正确使用 Offs 指令可以减少编程中的点位示教。（　　）

（4）Offs 指令是在基准点下沿工具坐标系进行的各个方向的偏移。（　　）

2. 填空题

（1）Offs 的语法格式为 Offs(Point，XOffset，YOffset，ZOffset)，各参数的含义分别为__________、__________、__________、__________。

（2）装配模块的组成包括__________、__________、__________。

（3）本任务编程中用到的指令有__________、__________、__________、__________、Reset。

3. 简答题

（1）写出工业机器人拿取吸盘工具的路径规划。

（2）写出使用 Offs 指令编程的优点。

任务完成报告

<table>
<tr><td>姓名</td><td></td><td>学习日期</td><td></td></tr>
<tr><td>任务名称</td><td colspan="3">快换程序创建</td></tr>
<tr><td rowspan="5">学习自评</td><td colspan="2">考核内容</td><td>完成情况</td></tr>
<tr><td colspan="2">(1)分析出合理的工具取放路径</td><td>□好　□良好　□一般　□差</td></tr>
<tr><td colspan="2">(2)机器人能自动完成工具的拿取与放回</td><td>□好　□良好　□一般　□差</td></tr>
<tr><td colspan="2">(3)机器人运行流畅、无碰撞</td><td>□好　□良好　□一般　□差</td></tr>
<tr><td colspan="2">(4)正确使用 Offs 指令完成程序编写</td><td>□好　□良好　□一般　□差</td></tr>
<tr><td>学习心得</td><td colspan="3"></td></tr>
</table>

任务 5.2　工业机器人斜面装配

在任务 5.1 中认识了装配工作站并完成了吸盘工具快换程序的创建，在本任务中要完成工业机器人斜面装配，需要学习机器视觉系统的相关内容，工件坐标系的标定方法及常用的数学符号和数学指令。

任务要求

（1）完成视觉检测程序的学习与编写。
（2）完成工件坐标系的标定，标定要准确，能正确使用工件坐标系。
（3）完成斜面装配程序的编写，机器人运行流畅无障碍。

学习目标

知识目标：
（1）了解机器视觉系统的应用；
（2）掌握海康相机基本程序创建的方法；
（3）掌握工件坐标系的标定方法。
能力目标：
（1）能够完成基础视觉检测程序的编写；
（2）能够操作机器人完成工件坐标系的标定；
（3）能够准确高效完成斜面装配程序的编写。
素养目标：
（1）培养学生实训认真、仔细的素养；
（2）培养学生良好的团队协作能力。

5.2.1　机器视觉系统概述

5.2.1.1　机器视觉系统的组成

机器视觉系统通过机器视觉产品（图像采集装置）获取图像，然后将获得的图像传送至处理单元，通过数字化图像处理进行目标尺寸、形状、颜色等的判别，进而根据判别结果控制现场设备。目前市场上的机器视觉系统按结构类型可以分为两大类：基于 PC（个人计算机）的机器视觉系统和嵌入式机器视觉系统。基于 PC 的机器视觉系统采用传统的结构类型，其硬件包括 CCD（电荷耦合器件）相机、视觉采集卡和 PC 等，目前居于市场应用的主导地位，但价格较高，对工业环境的适应性较弱。嵌入式机器视觉系统将需要的大部分硬件（如 CCD、内存卡、处理器及通信接口等）压缩在一个“黑箱”式的模块里，又称为智能相机，其优点是结构紧凑、性价比高、使用方便、对环境的适应性强，是机器视觉系统的发展趋势。

5.2.1.2　机器视觉系统的应用

活动

回想一下我们用手拿取一样东西的过程，在这个过程中我们的眼睛起到了什么作用？

在机器视觉系统的应用中，第一步都是采用图案匹配技术定位相机视场内的物体或其特征。物体的定位是否精确往往决定机器视觉系统应用的成败。如果图案匹配软件工具无法精确定 位图像中的元件，那么它将无法引导、识别、检验、测量元件。在实际生产过程中，元件外观的差异及形变会导致对元件的定位变得困难。要得到精确、可靠、可重复的测量结果，机器视觉系统的元件定位工具必须足够智能化，能够快速、精确地将训练图案与生产线上输送过来的实际物体进行比较（图案匹配）。机器视觉系统的主要应用包括引导、识别、测量和检验元件。

1. 引导

引导是指在机器视觉系统定位元件的位置和方向后，输出元件的位置参数，引导执行机构完成下一个动作（如工业机器人进行抓取、激光进行切割等）。机器视觉系统引导在许多任务中都能够实现比人工定位高得多的速度和精度。例如，将元件放入货盘或从货盘中拾取元件，对输送带上的元件进行包装。

2. 识别

识别是指机器视觉系统通过读取条形码、二维码，将直接部件标识（DPM）及元件、标签和包装上印刷的字符识别出来。

3. 测量

测量是指机器视觉系统对物体上两个或两个以上的点或者几何位置之间的距离进行测量，然后确定这些测量结果是否符合规格。如果测量结果不符合规格，那么机器视觉系统将向机器控制器发送一个未通过信号，进而触发生产线上的不合格产品剔除装置，将该产品从生产线上剔除。

4. 检验

检验是指机器视觉系统通过检测产品是否存在缺陷、污染物、功能性瑕疵和其他不合规之处进行产品检验。

5.2.1.3　本任务所用工业相机

本任务中用到的工业相机为海康相机（图 5-2-1），型号为 MV-SI609-08GM，130 万像素，相机内置 VisionMaster 机器视觉软件，该软件包含 140 种以上模块工具，可进行视觉定位、尺寸测量、缺陷检测以及信息识别等相关机器视觉应用学习，同时支持 TCP/IP、ModBus、串口、UDP 等常见工业通信协议，能兼容主流 PLC（可编程逻辑控制器）型号的通信，二次开发简单易上手，新增的控件可一键导入 Visual Studio，支持 QT、MFC、WPF 和 WinForm 的界面开发。

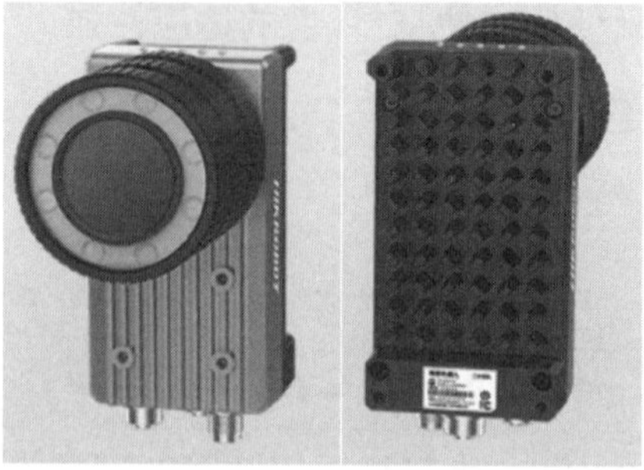

图 5-2-1　海康相机

5.2.2　海康相机编程

5.2.2.1　镜头安装

智能相机配置有光源和镜头罩，在运输过程中镜头是单独运输的，在使用相机前要先安装镜头。镜头与相机为螺纹连接，首先需要拧开相机的防水镜头罩，将镜头旋转安装到相机上，然后再安装上防水镜头罩。

5.2.2.2　连接智能相机

步骤 1：在电脑中安装 MVS 软件。MVS 软件可从海康机器人官方网站（https://www.hikrobotics.com/cn）上下载，进入官网后点击下方的"服务支持"→"下载中心"→"软件"→"客户端"进行下载。

步骤 2：进入 MVS 安装界面，选择需要安装的语言，单击"开始安装"，如图 5-2-2 所示。

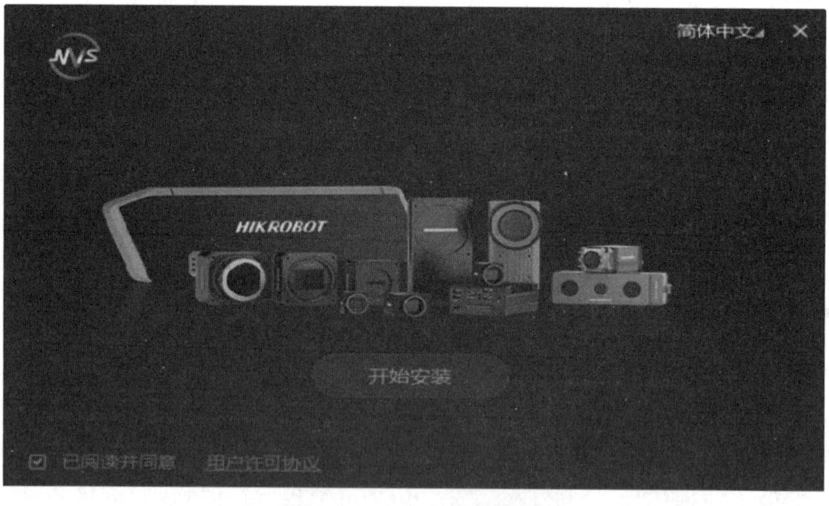

图 5-2-2　MVS 安装界面

步骤 3：根据提示操作，选择安装路径、驱动和其他功能（可多选），并单击"下一步"完成后续安装。

步骤 4:进行电脑环境配置。使用设备前,需关闭电脑防火墙,开启巨帧,且需要配置设备 IP 地址,使其和本地电脑 IP 地址处于同一网段。

关闭防火墙操作:对于 Windows 10 系统,点击“开始”→“Windows 系统”→“控制面板”>“系统和安全”→“Windows 防火墙”→“启用或关闭 Windows 防火墙”→“关闭 Windows 防火墙”,如图 5-2-3 所示。

图 5-2-3　关闭防火墙

本地 IP 地址配置:打开电脑上的“控制面板”→“网络和 Internet”→“网络和共享中心”>“更改适配器配置”,如图 5-2-4 所示,选择对应的网卡,将网卡配置成固定 IP 地址,如图 5-2-5 所示。

图 5-2-4　打开控制面板

图 5-2-5　修改本地 IP 地址

点击“控制面板”→“硬件和声音”→“设备管理器”→“网络适配器”，选中对应的网卡，打开属性中的“高级”选项卡，将本地网卡大型数据帧（即巨帧）设置为最大值 9 014 字节，传输缓冲区和接收缓冲区均设置为 2 048 字节，中断节流率设置为极值。上述最大值视具体网卡情况不同，设置为最大值即可，具体设置如图 5-2-6 所示。

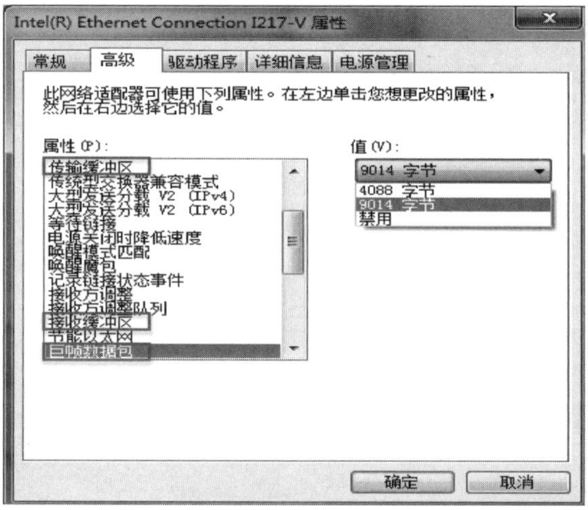

图 5-2-6　开启巨帧

步骤 5：双击图标启动 MVS 软件，主界面如图 5-2-7 所示。

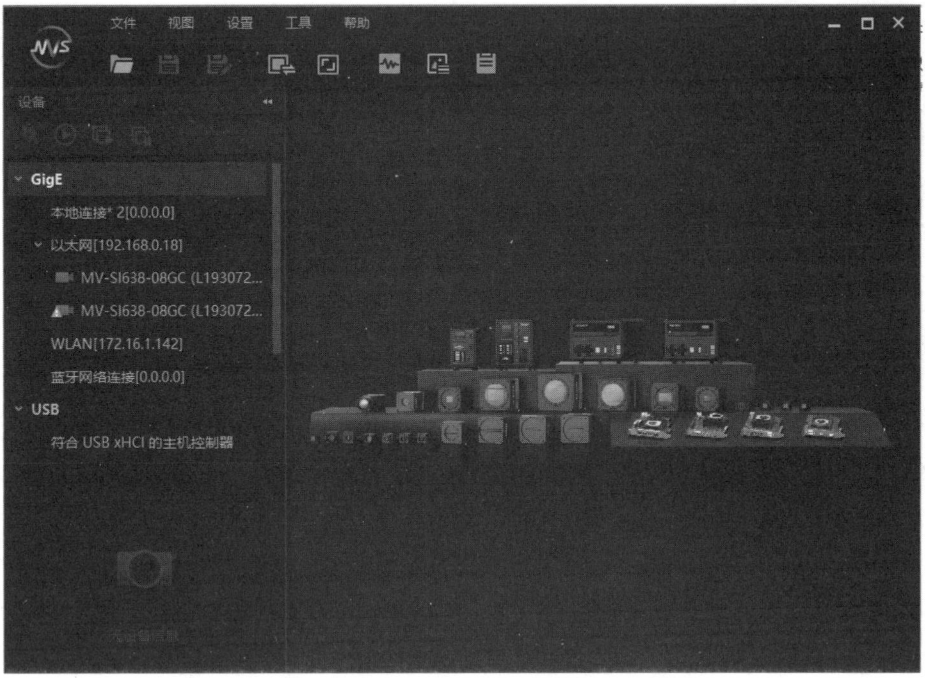

图 5-2-7　MVS 软件界面

设备上电后，打开 MVS，单击“刷新”，可以在设备列表中自动检测到相机，如图 5-2-8 所示。

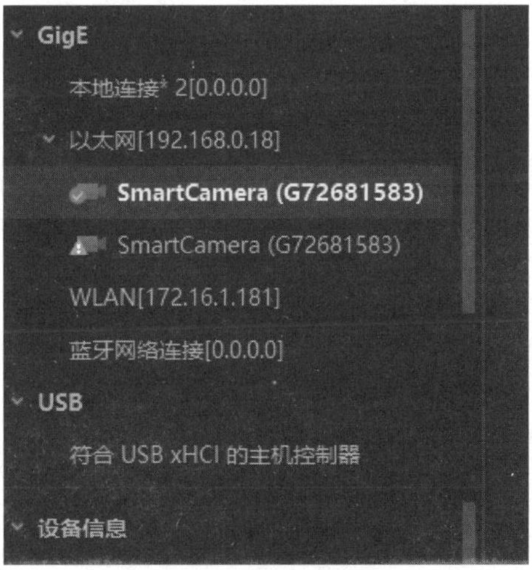

图 5-2-8　检测相机

步骤 6：选中相机后单击鼠标右键弹出修改相机 IP 窗口，如图 5-2-9 所示，将相机 IP 地址设置为 192.168.1.30，与电脑 IP 地址在同一网段，完成智能相机连接。

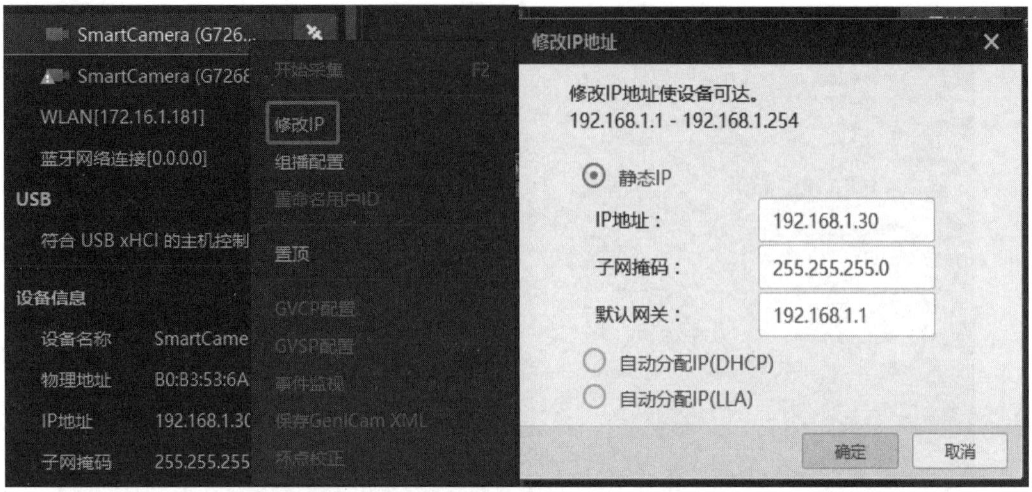

图 5-2-9　修改相机 IP 地址

5.2.2.3　程序编写

步骤 1：在电脑同时按下“win”和“r”键，输入“mstsc”，使用电脑通过远程桌面进入相机内置 Windows 系统，设备 IP 地址为设置的相机 IP 地址，X86 开放平台出厂默认用户名为“administrator”，密码为“Operation666”，如图 5-2-10 所示。

图 5-2-10　相机远程连接

步骤 2：进入 X86 开放平台后打开 MVS 软件，单击“帮助”→“语言”，选择简体中文，如图 5-2-11 所示。

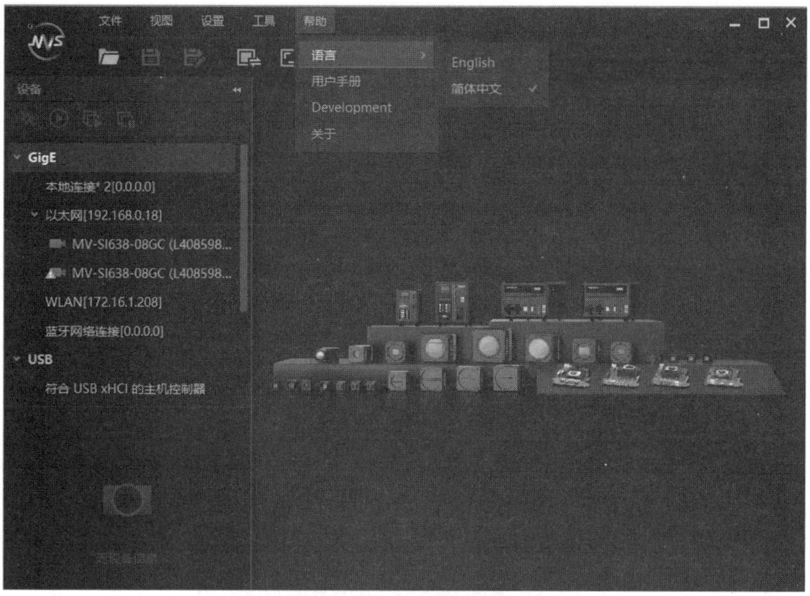

图 5-2-11　修改语言

步骤 3：双击相机打开，将触发源更改为“软触发”，启动“自动触发使能”，点击取图按钮，如图 5-2-12 所示。

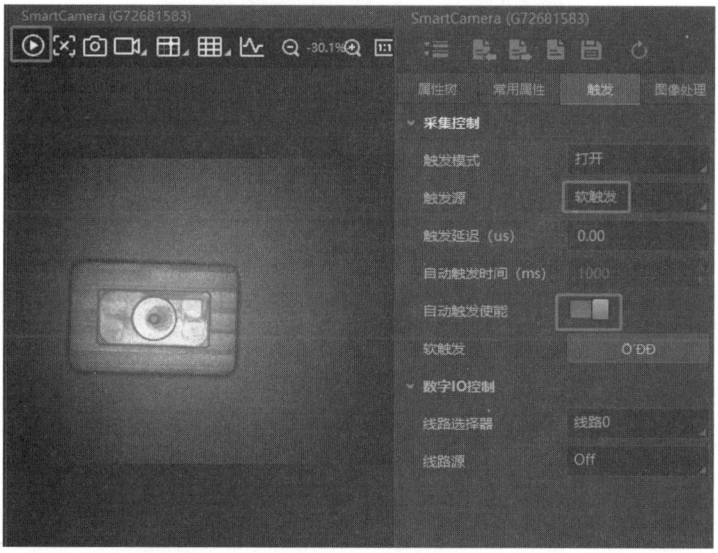

图 5-2-12　相机取图

根据软件显示的图像，调节镜头的光圈和焦距（图 5-2-13），以获取清晰的图像。

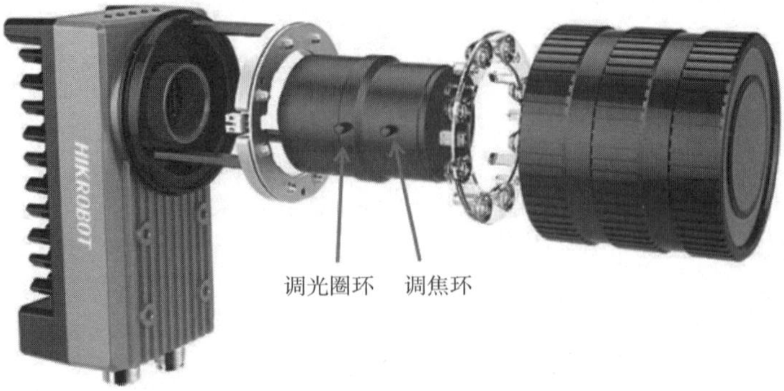

图 5-2-13　相机调节

步骤 4:双击打开 VisionMaster 软件，软件工具采用拖曳的方式使用，首先拖曳出图像源工具，如图 5-2-14 所示。

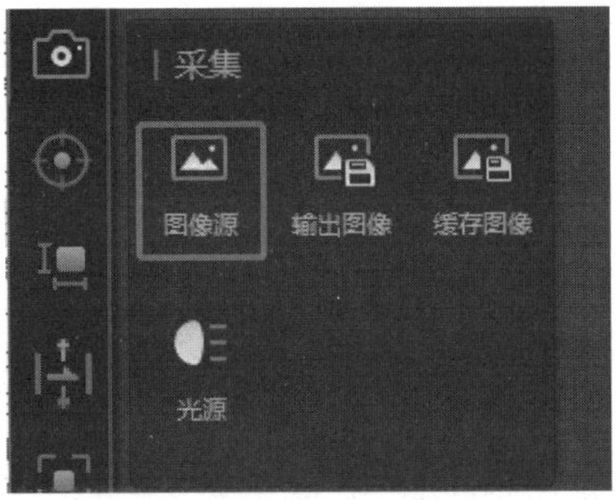

图 5-2-14　图像源工具

对图像源工具进行配置，双击打开图像源配置界面，图像源选择“相机”，关联相机点击相机图标，添加全局相机，如图 5-2-15 所示。

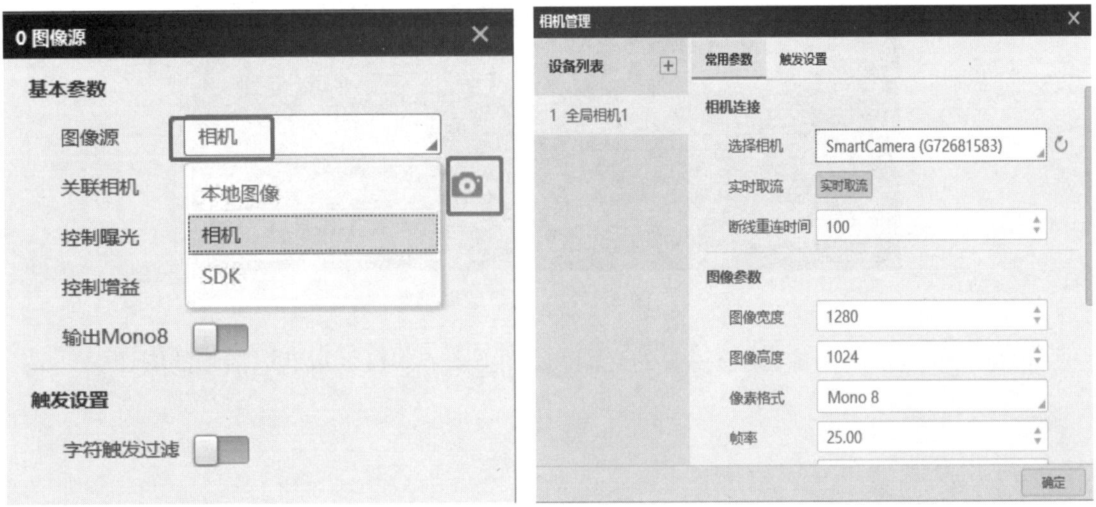

图 5-2-15　添加相机

步骤 5:选择自动获取到的相机,下滑窗口可手动修改相机曝光时间、增益、Gamma 值选项,如图 5-2-16 所示。

更改相机触发方式,修改为“SOFTWARE”(软件)触发,点击“确定”,如图 5-2-17 所示。软件触发是使用软件触发按钮触发相机,在相机程序调试阶段一般使用此种触发方式。在 SOFTWARE 模式下单击“单次运行”可触发一次相机取图;单击“连续运行”可连续预览图像。当相机程序调试完成且系统中有其他控制设备(如 PLC)来控制相机拍照,则选择“LINE”触发,至于是 LINE0、LINE1 或者 LINE2,要根据系统实际接线来确定。

图 5-2-16　相机参数

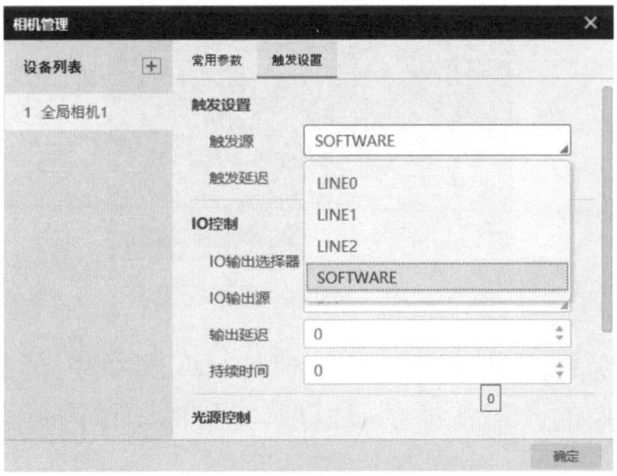

图 5-2-17　修改相机触发方式

修改相机曝光时间,点击“单次执行”获取到清晰的图像,如图 5-2-18 所示。

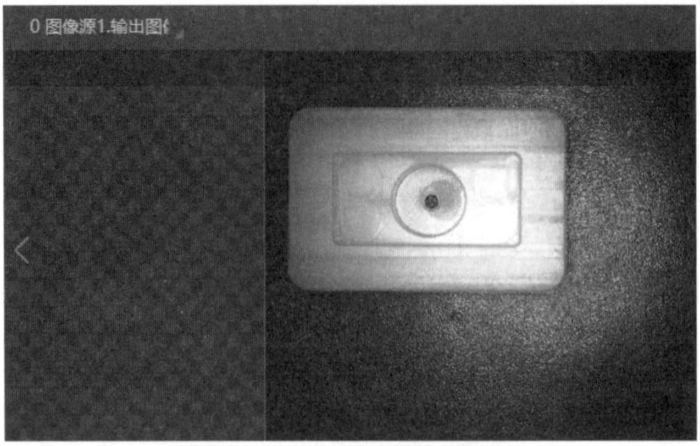

图 5-2-18　获取相机图像

步骤 6：拖曳特征匹配工具到编程界面，如图 5-2-19 所示，将此工具与图像工具连接。特征匹配分为高精度特征匹配和快速特征匹配，此工具使用图像的边缘特征作为模板，按照预设的参数确定搜索空间，在图像中搜索与模板相似的目标，可用于定位、计数和判断有无等。

图 5-2-19　快速特征匹配工具

高精度特征匹配精度高，运行速度会比快速特征匹配慢些，但是设置的特征更精细，匹配精度高。通过模板图像的几何特征学习模型，对目标图像进行查找匹配，一般配合图像使用。

在本任务中使用快速特征匹配，双击特征匹配模块可进行参数配置，里面有“基本参数”“特征模板”“运行参数”“结果显示”等选项卡。

特征模板可以对图像特征进行提取，初次使用时需要编辑模板。选中需要编辑的模板区域，配置好参数后单击训练模型即可。

双击快速特征模板，单击“基本参数”选项卡，“ROI 创建”选择“绘制”，形状选择方形，然后在界面右侧绘制一个方形 ROI 将物块包含在内，ROI 可以大一些，如图 5-2-20 所示。

（注:ROI 全称为 Region of Interest,意思是感兴趣区域。）

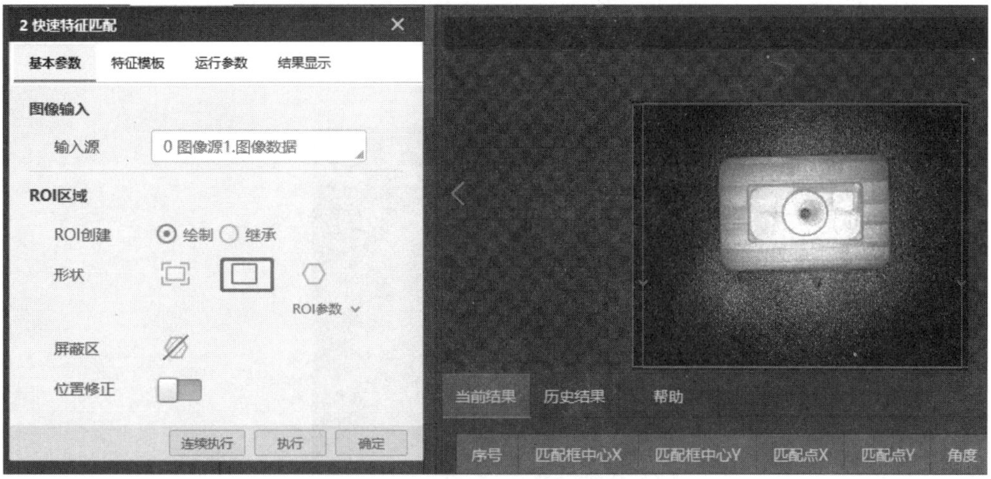

图 5-2-20　设置 ROI

单击“特征模板”选项卡,单击“创建”。在弹出的界面先单击创建矩形掩膜图标,在右侧将物块框选在内,然后单击形状模型匹配中点图标,确定模型中心,如图 5-2-21 所示,设置好后单击“确定”,模板创建完成。

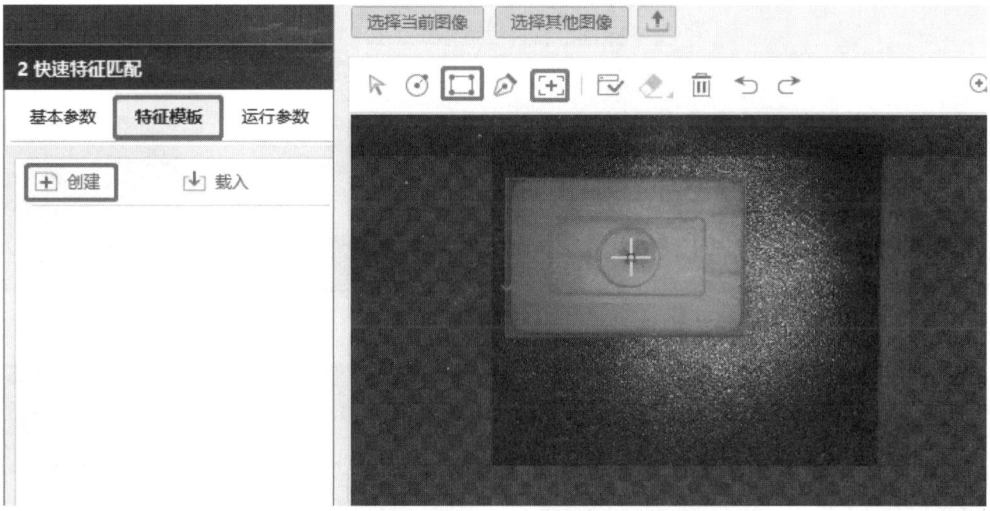

图 5-2-21　创建模板

步骤 7:拖曳位置修正工具到编程界面,如图 5-2-22 所示。

位置修正是一个辅助定位、修正目标运动偏移、辅助精准定位的工具。可以根据模板匹配结果中的匹配点和匹配框角度建立位置偏移基准,然后再根据特征匹配结果中的运行点和基准点的相对位置偏移实现 ROI 检测框的坐标旋转偏移,也就是让 ROI 能够跟上图像角度和像素的变化。位置修正有两种方式,分别是按点修正与按坐标修正。按点修正,点的位置已经确定；按坐标修正，则是用 x，y 来确定点的位置。需要注意的是，不论是点还是坐标，它的位置信息都是从上一个模块传输过来的，它的作用是用来确定像素和角度的偏移。通过一组对比图展示位置修正的作用，如图 5-2-23 所示，上方为修正后的图，下方为未经修正的图。

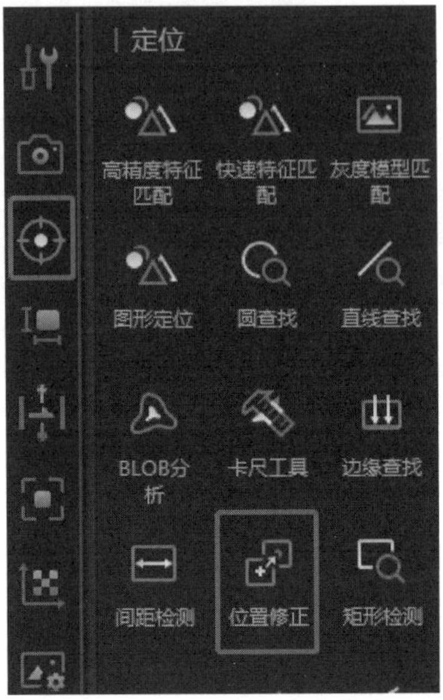

图 5-2-22　位置修正工具

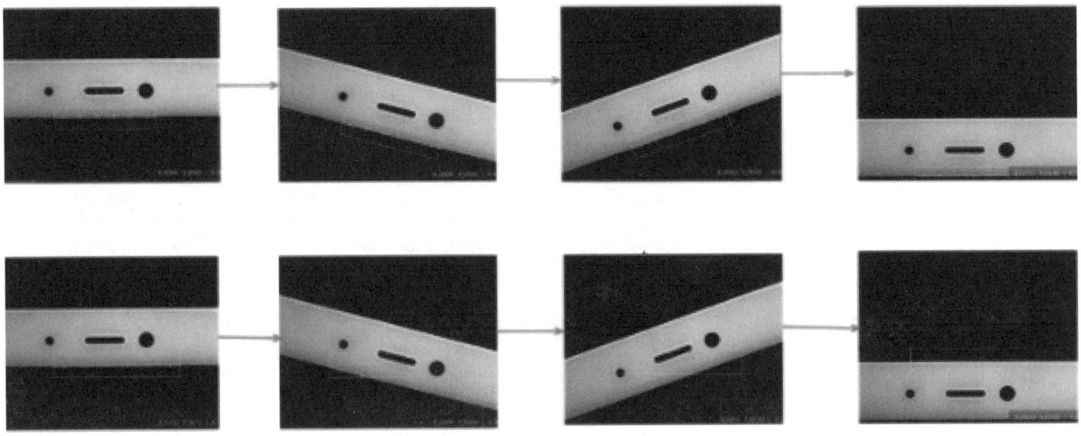

图 5-2-23　位置修正示例

双击“位置修正”，单击“执行”，然后单击“创建基准”，如图 5-2-24 所示。

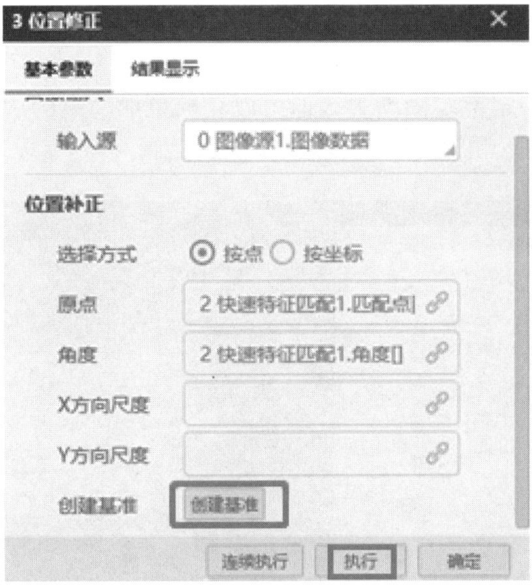

图 5-2-24　创建基准

步骤 8:拖曳直线查找工具到编程界面,如图 5-2-25 所示。

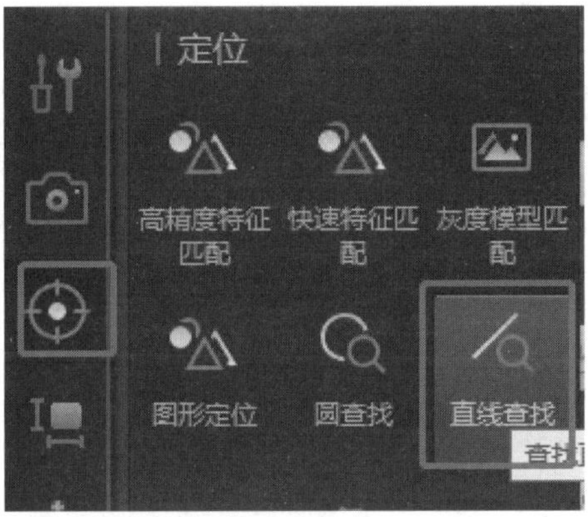

图 5-2-25　直线查找工具

直线查找主要用于查找图像中具有某些特征的直线,利用已知特征点形成特征点集,然后拟合成直线。

查找模式:共有三种模式,分别是"查找最佳的直线""查找第一条直线""查找最后一条直线"。"查找最佳的直线"是指查找梯度阈值最大的边缘点集合,然后拟合成直线;"查找第一条直线"和"查找最后一条直线"指的是查找满足条件的第一条和最后一条直线。

搜索方向:以矩形 ROI 为基准,有"从上到下"和"从左到右"两种方式。

边缘极性:共有"黑到白""白到黑""任意"三种极性。

边缘强度:对噪点起到过滤作用,数值越大抗噪能力越强,得到的边缘数量越少,同时也可能导致目标边缘被筛除。

边缘宽度:即边缘跨度,跨度越大,边缘过渡越缓慢,该值相应地设置得大一些,但如果两个边缘离得太近，值设置过大可能会导致边缘丢失。

投影宽度：即卡尺宽度，在 ROI 中顺序排列若干个查找边缘点 ROI，该值描述查找边缘点 ROI 的区域宽度，在一定范围内增大该值可以获取更加稳定的边缘点。

双击直线测量工具，形状选择卡尺，在物块上边沿画一条直线，如图 5-2-26 所示。

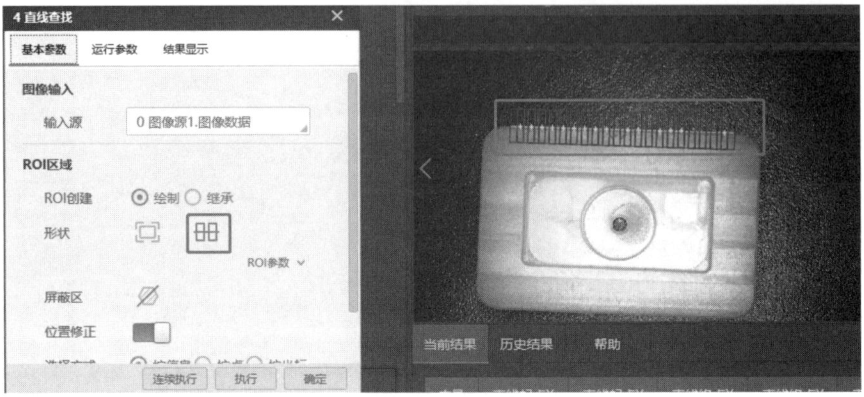

图 5-2-26　添加卡尺

然后单击"运行参数"选项卡，按照图 5-2-27 所示设置参数，依次单击"执行"和"确定"，会找到物块上边的沿直线。

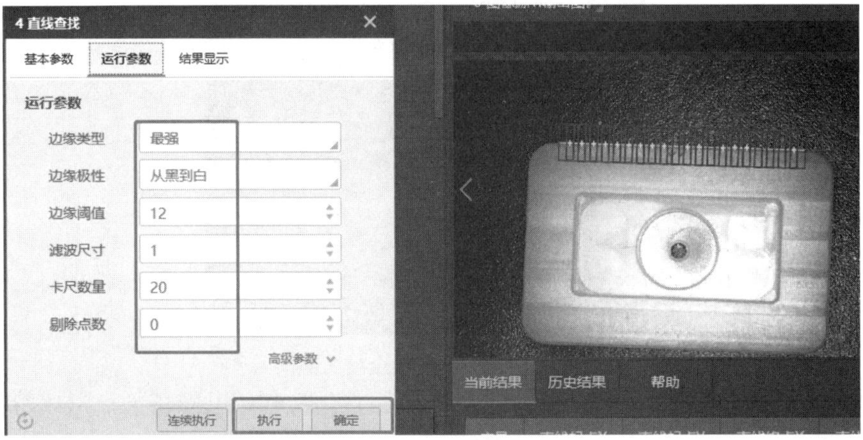

图 5-2-27　设置参数

步骤 9：再拖曳一个直线查找工具到编程界面，用于查找步骤 8 中直线对侧的直线，如图 5-2-28 所示。

步骤 10：拖曳线线测量工具到编程界面，如图 5-2-29 所示。

线线测量距离按照线段四个端点到另一条直线的距离取平均值计算。线线测量分为距离和绝对距离，距离的正反表示两条直线的相对位置关系，第一条只可以在第二条直线的左右/上下；在左边/上边则是正，在右边/下边是负。输出结果说明如下。

按线：输入源是直线查找的结果。

按点：自定义或者绑定直线的起点、终点、角度。

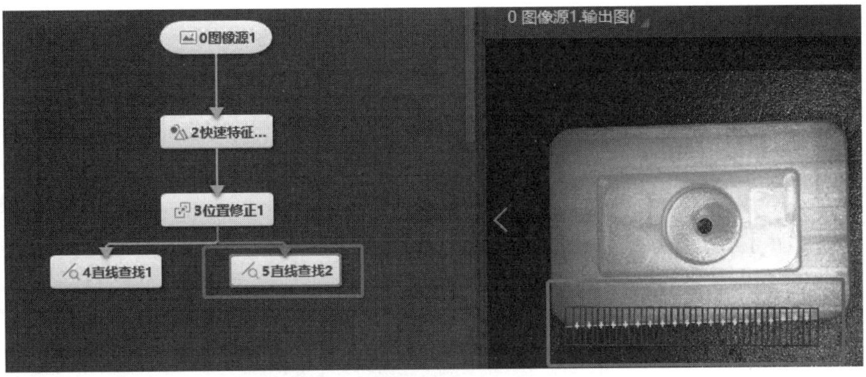

图 5-2-28　再次添加直线查找工具

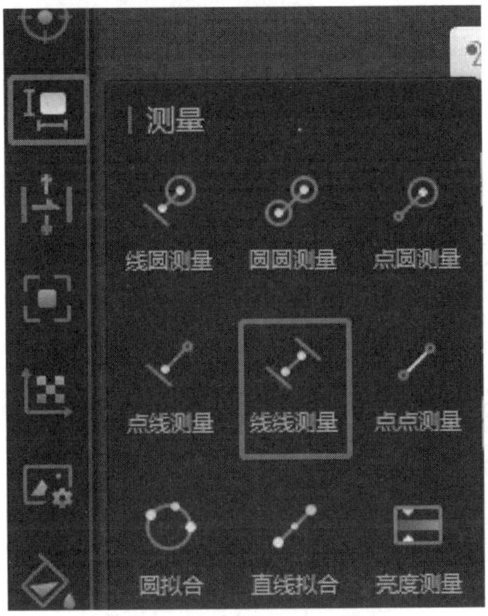

图 5-2-29　线线测量工具

按坐标：自定义或者绑定直线的起点与终点 *X*/*Y* 坐标。

夹角：两条直线的角度差值。

距离：有两个直线段，共四个点，每个点到另一条直线的距离合计四个距离的均值即为距离。

绝对距离：距离的绝对值。

交点 *X*：两条直线延长线的交点 *X* 坐标。

交点 *Y*：两条直线延长线的交点 *Y* 坐标。

双击线线测量工具，按照图 5-2-30 所示设置基本参数，单击“执行”，可以看到在右侧图像区找到两条直线，并且在下方显示绝对距离数值。

步骤 11：添加通信设备，进行此操作时需要使用网线将 PLC 与相机连接，或使用交换机将 PLC、相机和电脑连接在一起。选择“系统”→“通信管理”命令，如图 5-2-31 所示。在弹出的界面单击设备列表右侧的加号[+]，协议类型选择“Modbus”，在“通信设备”文本框中输入 PLC 的 IP 地址（192.168.1.10），设备添加完成。

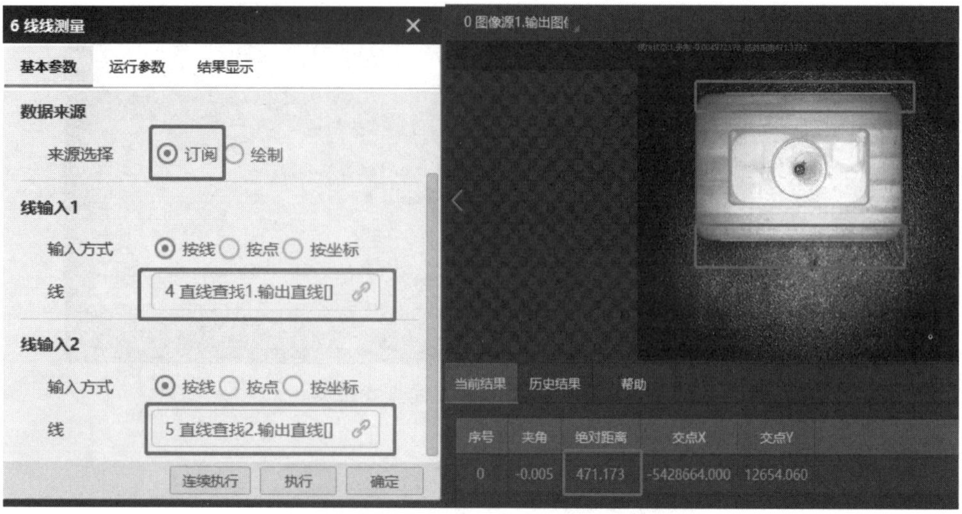

图 5-2-30　设置参数

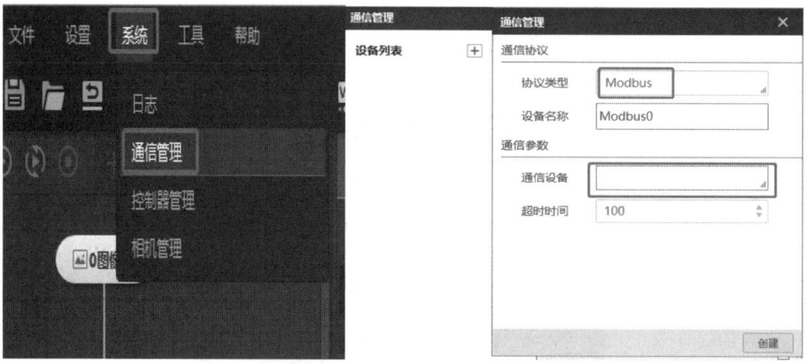

图 5-2-31　添加通信设备

步骤 12：拖曳发送数据工具到编程界面，如图 5-2-32 所示。

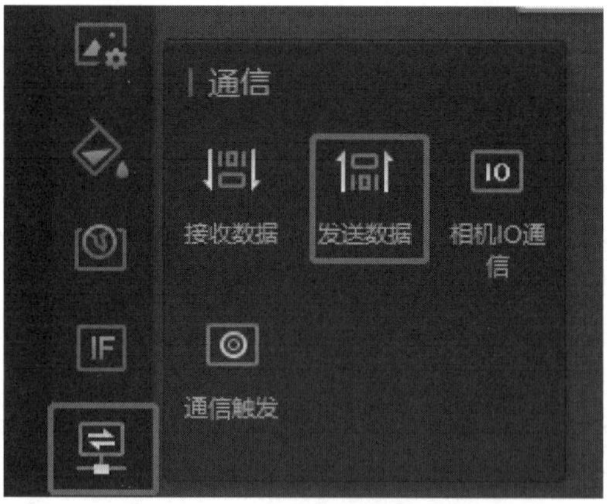

图 5-2-32　发送数据工具

发送数据工具可将流程中的数据发送到数据队列、通信设备或全局变量中，如图 5-2-33 所示，当配置输出至数据队列或全局变量时，最多可配置 16 个输出。当配置输出至通信设备时，仅能配置 1 个输出。输出配置：选择输出至数据队列、通信设备或全局变量。发送数据：选择需要发送的数据。

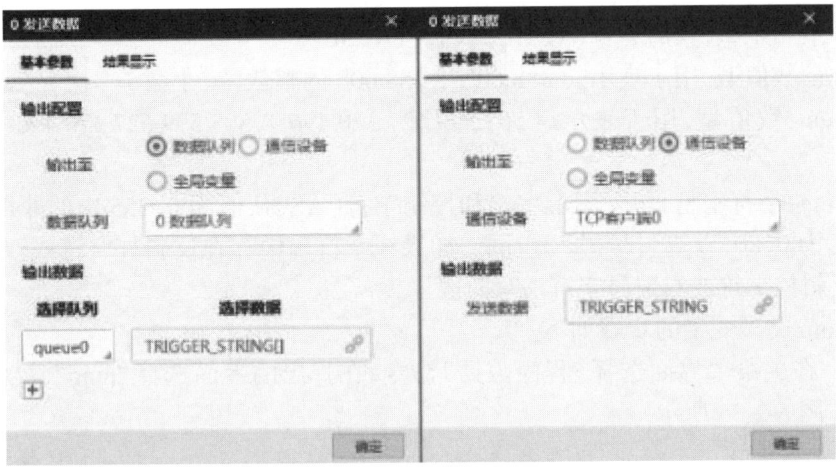

图 5-2-33　设置参数

双击数据发送，“基本参数”选项卡下的“输出至”选择步骤 11 中创建的 Modbus 设备，“发送数据”选择线线测量的数据，单击“确定”，再次触发相机可将线线测量数据发送给 PLC。

至此视觉检测程序创建完成，如图 5-2-34 所示。

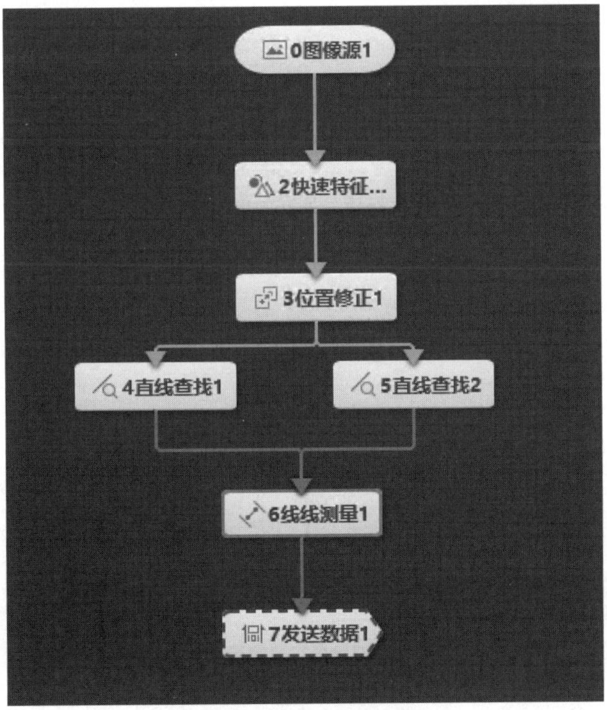

图 5-2-34　视觉检测程序

5.2.3 数据类型与数学运算类指令

5.2.3.1 基本数据类型

RAPID 的基本数据类型有 bool、num、dnum 和 string。

(1)bool:布尔型,其值为真(TRUE)或假(FALSE)。

(2)num:数值型,用于表示-8 388 607~8 388 608 的整数(或小数)。

(3)dnum:数值型,用于表示-4 503 599 627 370 496~4 503 599 627 370 496 的整数(或小数)。

(4)string:字符串型,包含图形字符和控制字符(ASCII 值为 0~255 中的非可见字符)。字符串长度为 0~80,以双引号("")包围。如果在字符串中存在反斜杠字符或双引号字符,则必须将反斜杠字符或双引号字符书写两次。

新建 num 类型变量的步骤如下。

步骤 1:在主菜单界面选择"程序数据"命令,在弹出的界面选择"num",然后单击"显示数据",如图 5-2-35 所示。

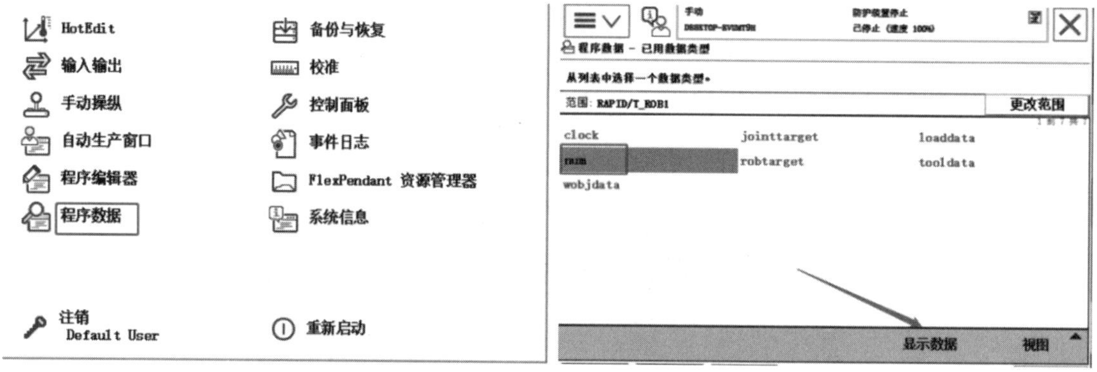

图 5-2-35 显示 num 数据

步骤 2:单击"新建",弹出变量设置界面,如图 5-2-36 所示。

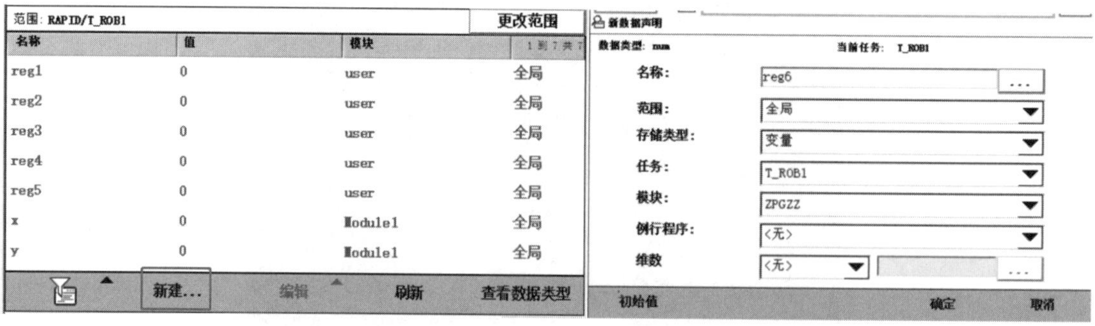

图 5-2-36 设置变量

单击名称右侧的…可以修改变量的名称。

范围有全局、本地和任务三个选项，全局变量可供所有任务、所有模块和程序使用；本地变量只能提供给本模块及所属的程序使用，不能被任务的其他模块共享；任务变量仅对该任务所属的模块和程序有效，不能被其他任务中的模块和程序共享。

存储类型有变量、可变量和常量三种。常量的特点是在定义时已经赋值，不能在程序中进行修改，除非手动修改。变量型数据在程序执行的过程中和停止时，会保持当前的值，但程序执行完后，如果程序指针被移到主（子）程序后，数值丢失。可变量最大的特点是，无论程序的指针如何，都会保持最后赋予的值，使用 robotstudio 申明变量时，只能在模块中申明，不能在主程序或者子程序中申明。

这里保持默认，单击“确定”，num 变量新建完成。

5.2.3.2　常用数学符号

常用数学符号如表 5-2-1 所示。

表 5-2-1　常用数学符号

算术符号	解释说明	关系符号	解释说明
+	加号	<	小于号
-	减号、负号	<=	小于或等于号
*	乘号	>	大于号
/	除号	>=	大于或等于号
( )	括号	=	等于号
		<>	不等于号

算术符号的优先级是括号>乘除>加减，对于优先级相同的运算符号，左侧优先于右侧。

5.2.3.3　赋值指令

“:=”赋值指令用于对程序数据进行赋值。赋值可以是一个常量或数学表达式。下面以添加一个常量与数学表达式赋值说明此指令的使用。

常量赋值：reg1:=1；数学表达式赋值：reg2:=reg1+4。

1. 添加常量赋值指令

步骤 1：任意打开一个例行程序，可以打开 main 例行程序，单击选中“<SMT>”，单击“添加指令”菜单，在指令列表选择“:=”指令，如图 5-2-37 所示。

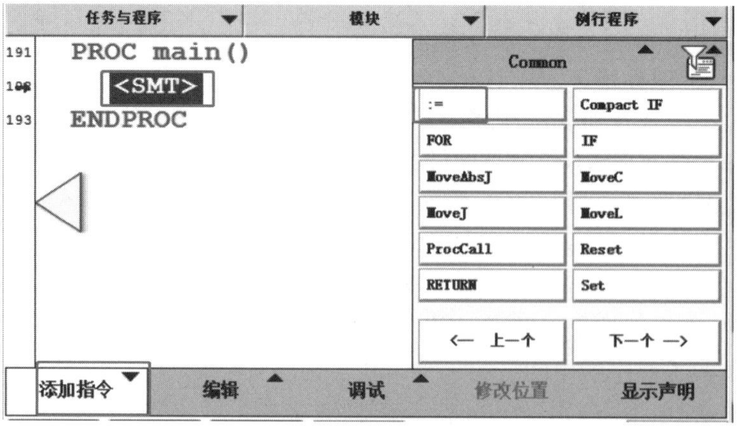

图 5-2-37 添加“:=”指令

步骤 2:单击“更改数据类型”,在列表中找到 num 并选中,如图 5-2-38 所示,然后单击“确定”。

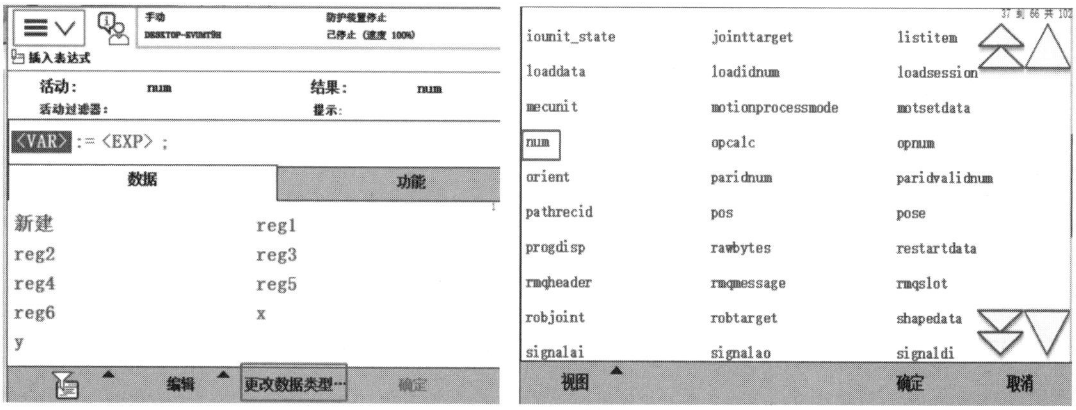

图 5-2-38 选择 num 类型

步骤 3:选中“reg1”,如图 5-2-39 所示。

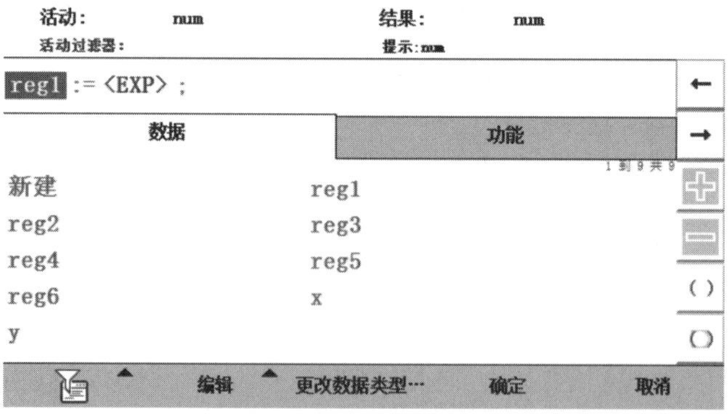

图 5-2-39 选中“reg1”

步骤 4:选中“<EXP>”(显示蓝色),打开“编辑”菜单,选择“仅限选定内容”命令,如图 5-2-40 所示。

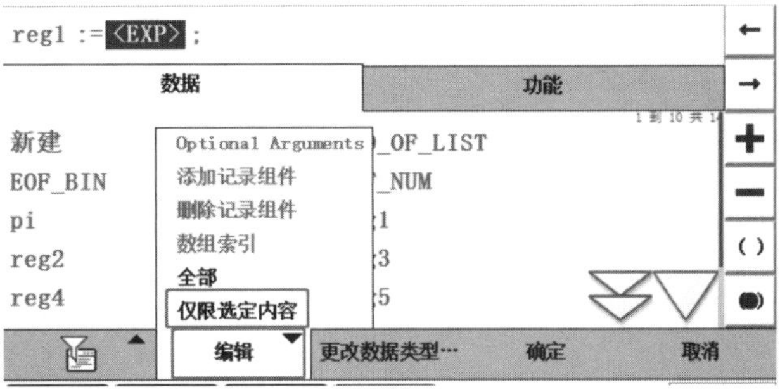

图 5-2-40　选中“<EXP>”

步骤 5:通过软键盘输入数字 1,如图 5-2-41 所示,然后单击“确定”。

图 5-2-41　修改数值

步骤 6:再次单击“确定”可以看到新增加的指令,如图 5-2-42 所示。

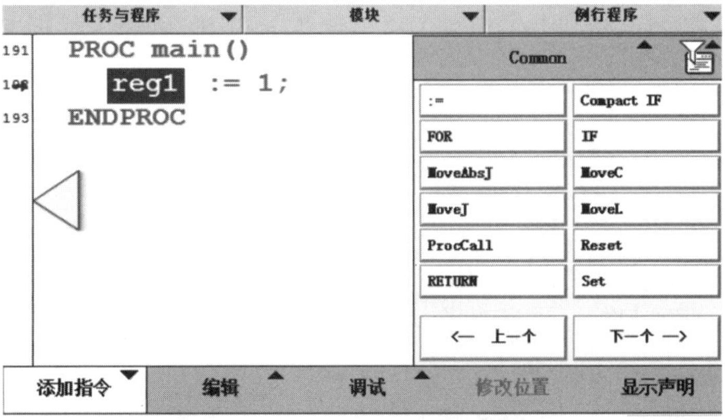

图 5-2-42　“:=”指令添加完成

2. 添加带数学表达式的赋值指令

步骤 1:添加“:=”指令并选中“reg2”,如图 5-2-43 所示。

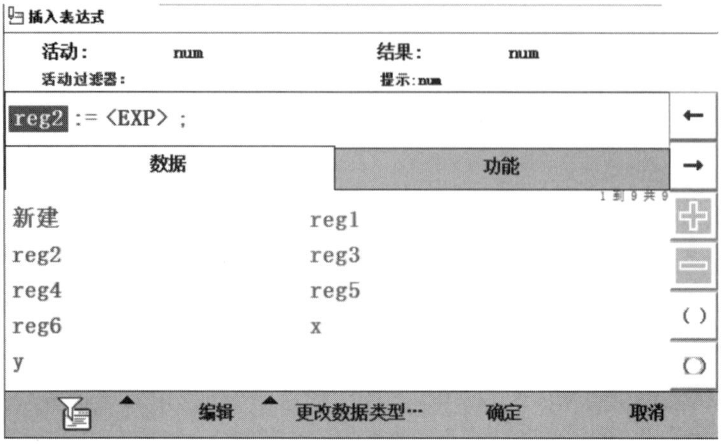

图 5-2-43　选中“reg2”

步骤 2:选中“<EXP>”(显示蓝色),选中“reg1”,如图 5-2-44 所示。

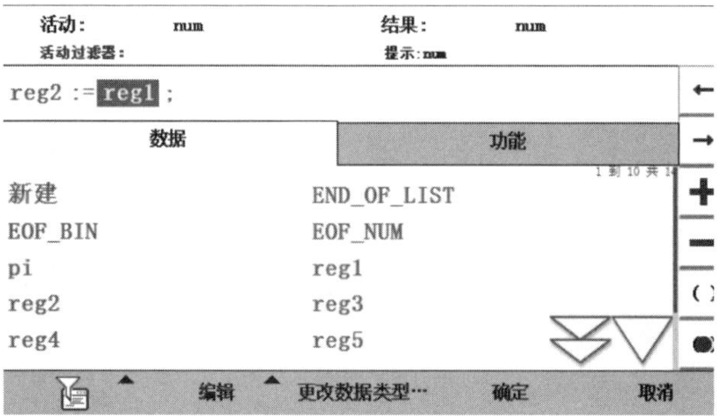

图 5-2-44　选中“reg1”

步骤 3:单击 + 按钮,选中“<EXP>”(显示蓝色),打开“编辑”菜单,选择“仅限选定内容”命令,如图 5-2-45 所示。

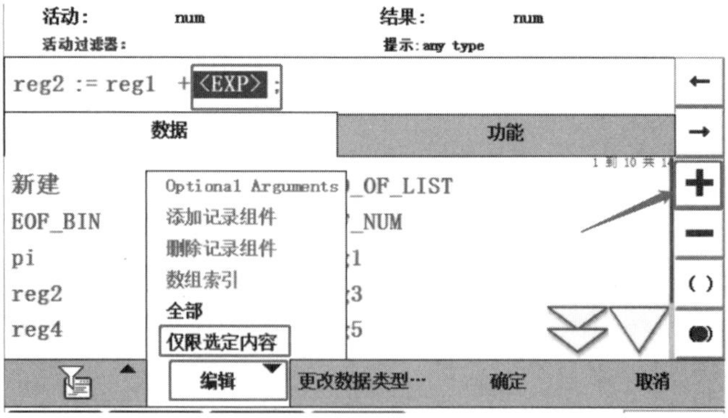

图 5-2-45　“编辑”菜单

步骤 4：通过软键盘输入数字 4，单击“确定”，再次单击“确定”，单击“下方”，如图 5-2-46 所示。

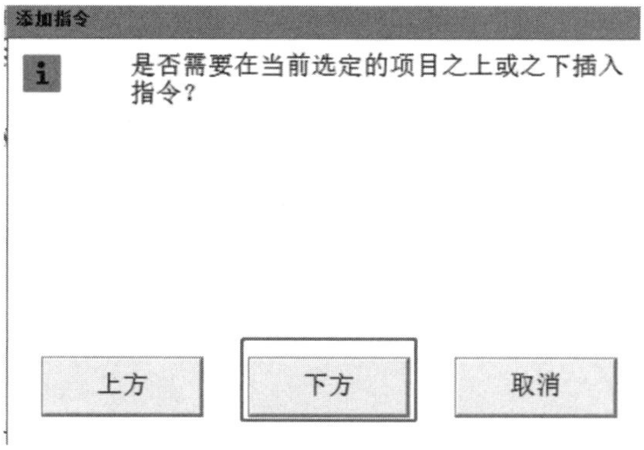

图 5-2-46　添加指令

指令添加完成，如图 5-2-47 所示，单击“添加指令”菜单，将指令列表收起来。

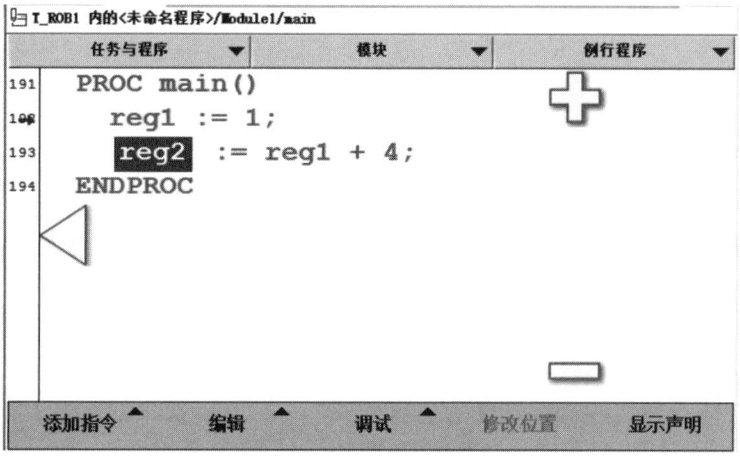

图 5-2-47　指令添加完成

5.2.3.4　常用数学指令

常用数学指令如表 5-2-2 所示。

表 5-2-2　常用数学指令

数学指令	指令说明
Add	增加数值指令，用于给数据对象增加一个数值
Incr	自加 1 指令，用于给数据对象增加 1
Decr	自减 1 指令，用于从对象减去 1
Clear	清除指令，用于清除对象，即将对象的数值设置为 0

1. Add 指令

指令格式为:Add Name,Addvalue;

各参数说明如下。

Add:指令代码。

Name:执行增加数值的对象的名称,支持的数据类型为 num、dnum。

Addvalue:期望增加的值,支持的数据类型为 num、dnum、数值常数。

例 1:Add reg2,5;将 5 增加到 num 型变量 reg2 中,等同于 reg2:=reg2+5。

例 2:Add reg2,-reg1;从 reg2 的数值中减去 reg1 的数值,等同于 reg2:=reg2-reg1。

2. Incr 指令

指令格式为:Incr Name;

各参数说明如下。

Incr:指令代码。

Name:执行自加 1 的数据对象的名称,支持的数据类型为 num、dnum。

例:Incr reg1;将 reg1 的数值增加 1,等同于 reg1:=reg1+1。

3. Decr 指令

指令格式为:Decr Name;

各参数说明如下。

Decr:指令代码。

Name:执行自减 1 的数据对象的名称,支持的数据为 num、dnum。

例:Decr reg1;将 reg1 的数值减去 1,等同于 reg1:=reg1-1。

4. Clear 指令

指令格式为:Clear Name;

各参数说明如下。

Clear:指令代码。

Name:执行清除数值的数据对象的名称。

例:Clear reg1;将 reg1 的值清除为 0,等同于 reg1:=0。

5.2.4 工件坐标系的应用与标定

5.2.4.1 工件坐标系的应用

工件坐标系与工件对应,它定义工件相对于大地坐标系(或其他坐标)的位置。机器人可以拥有若干工件坐标系,或者表示不同工件,或者表示同一工件在不同位置的若干副本。

正确使用工件坐标系会给编程带来很多优点。

(1)重新定位工作站中的工件时,只需更改工件坐标的位置,所有路径即刻随之更新。

(2)允许操作以外轴或传送导轨移动的工件,因为整个工件可连同其路径一起移动。

(3)便于机器人手动示教。工件的边沿不与机器人基坐标系的轴线平行,例如在进行斜面 Logo 雕刻时,如果需要通过摇杆手动控制机器人的 TCP 沿工件边沿线性运动,在未建立自定义的工件坐标系时是很困难的，此时可创建自定义的工件坐标系，使得工件坐标系的轴的方向与工件边沿平行，可方便进行机器人手动示教。

如图 5-2-48 所示，Ⓐ是机器人的大地坐标系，为了方便编程，给第一个工件建立了一个工件坐标系Ⓑ，并在这个工件坐标系Ⓑ中进行编程。如果台子上还有一个一样的工件需要走一样的轨迹，那只需建立一个工件坐标系Ⓒ，然后将工件坐标系从Ⓑ更新为Ⓒ，则无须对一样的工件进行重复轨迹编程了。

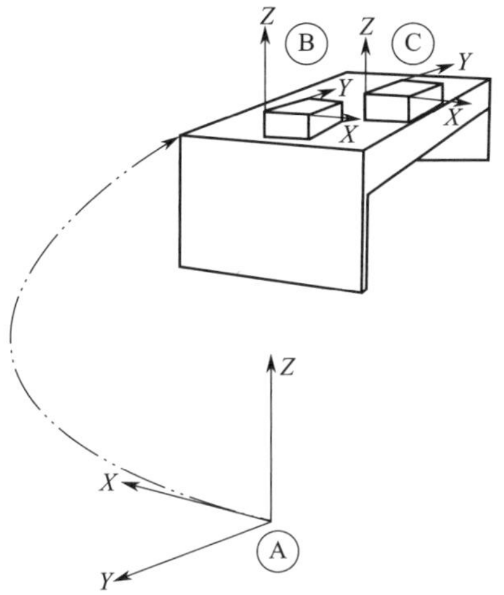

图 5-2-48　工件坐标系

如图 5-2-49 所示，如果在工件坐标系Ⓑ中对Ⓐ对象进行了轨迹编程，当工件坐标的位置变化成工件坐标Ⓓ后，只需在机器人系统中重新定义工件坐标Ⓓ，则机器人的轨迹就自动更新到Ⓒ了，不需要再次进行轨迹编程了。Ⓐ相对于Ⓑ、Ⓒ相对于Ⓓ的关系是一样的，并没有因为整体偏移而发生变化。

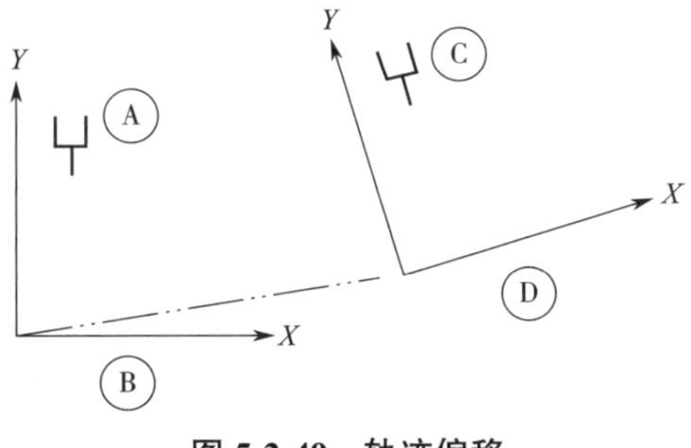

图 5-2-49　轨迹偏移

5.2.4.2　工件坐标系标定

在工件的平面上，只需要定义三个点，就可以建立一个工件坐标系。如图 5-2-50 所示，X1 点确定工件坐标的原点，X1、X2 点确定工件坐标系 X 轴的正方向，Y1 确定工件坐标系 Y 轴的正方向。工件坐标系符合右手定则。

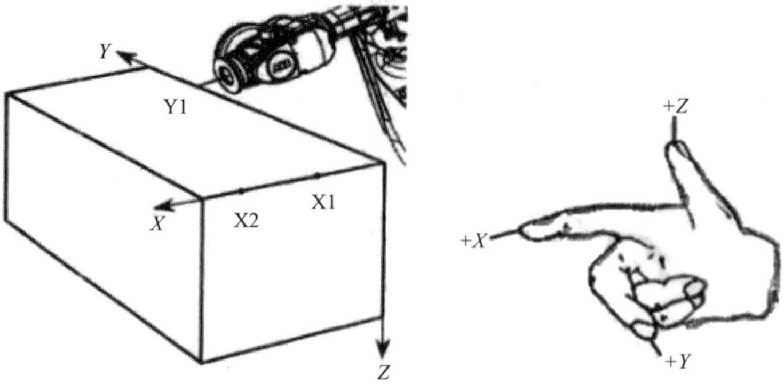

图 5-2-50　工件坐标系形式

步骤 1：在手动操纵界面中，选择工件坐标，单击“新建”，如图 5-2-51 所示。

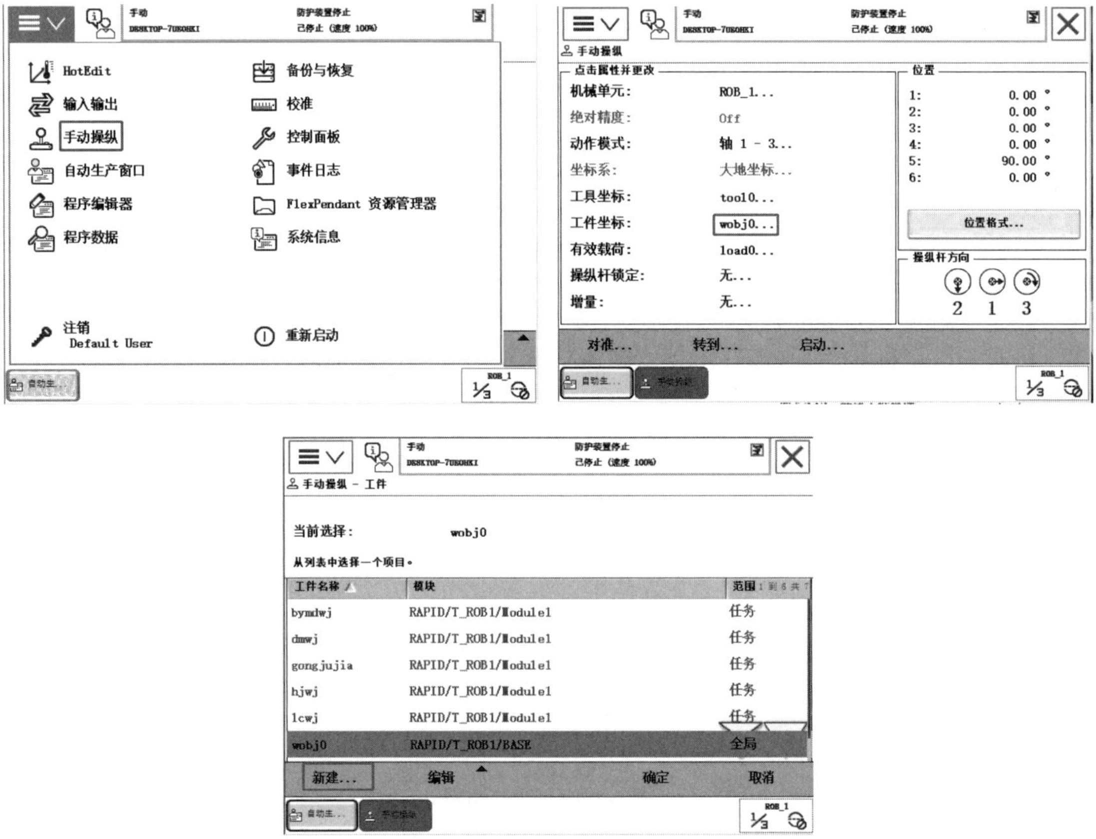

图 5-2-51　新建工件坐标

步骤 2：对工件坐标数据属性进行设定，这里将名称修改为“xiemian”，单击“确定”。

步骤 3：选择新建的 xiemian 工件坐标，打开“编辑”菜单，选择“定义”命令，如图 5-2-52 所示。

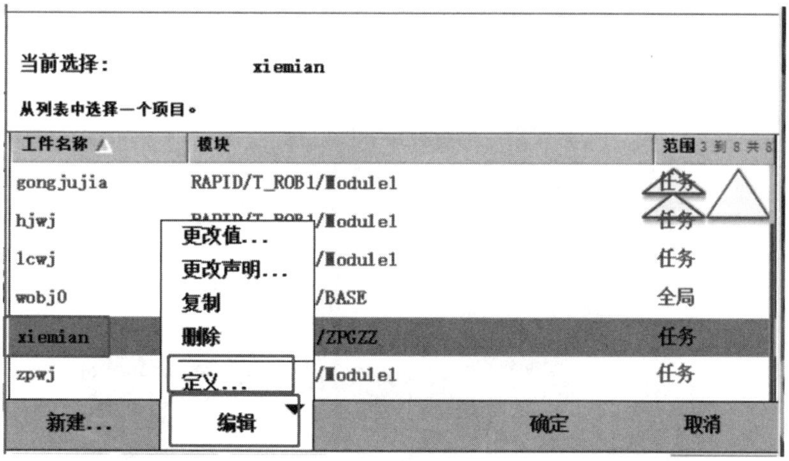

图 5-2-52　选择“定义”命令

步骤 4：将用户方法设定为 3 点，如图 5-2-53 所示。

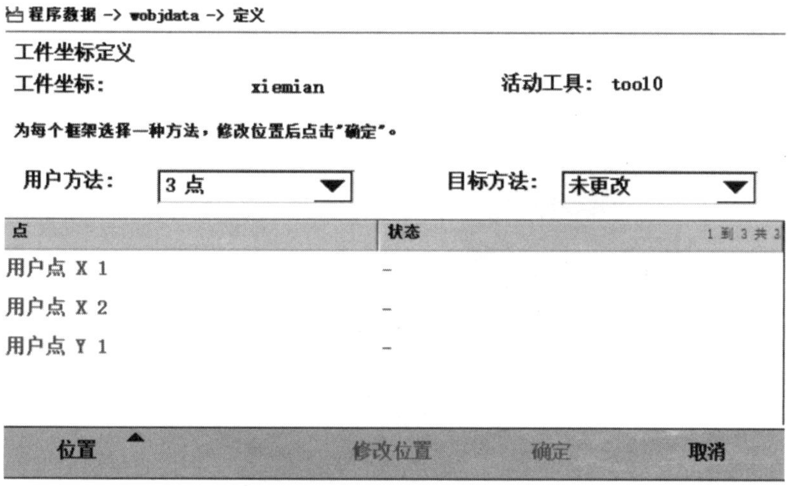

图 5-2-53　设定用户方法

步骤 5：将吸盘工具手动安装到机器人上，然后将吸盘工具配套的尖端工具旋紧安装在吸盘工具上，以此尖端为基准标定工件坐标系更加准确，如图 5-2-54 所示。

步骤 6：调整机器人手动运行速度百分比为 25%，在标定过程中根据编程需要再次下调此速度。动作模式根据编程需要选择线性或各轴，坐标系选择基坐标。

步骤 7：在装配模块斜面进行工件坐标系标定，手动操纵机器人使吸盘尖端末端靠近定义工件坐标系的 X1 点，如图 5-2-55 所示。单击“修改位置”，将 X1 点记录下来。

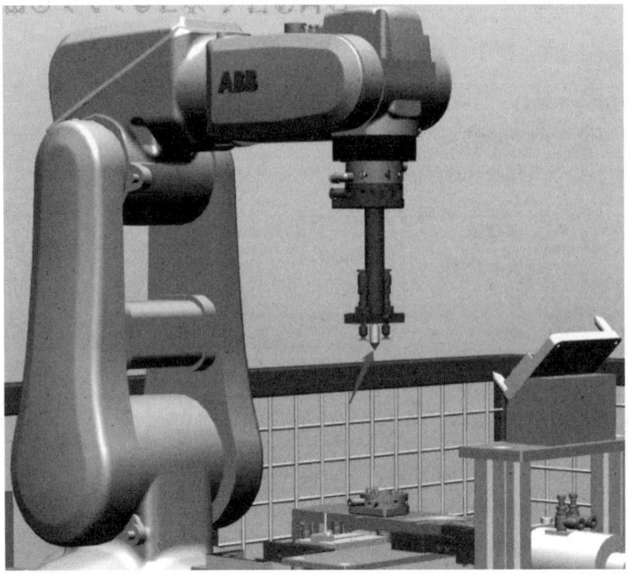

图 5-2-54　安装尖端工具

图 5-2-55　记录 X1 点

步骤 8:同理操纵机器人分别到 X2 点与 Y1 点,将这两点记录下来。

步骤 9:点位记录完成后单击“确定”,对自动生成的工件坐标数据进行确认后,单击“确定”,如图 5-2-56 所示。

步骤 10:在手动操纵界面将动作模式选为线性,坐标系选择工件坐标,工件坐标选择刚标定的 xiemian,如图 5-2-57 所示,体验新建立的工件坐标。

图 5-2-56　确认工件坐标数据

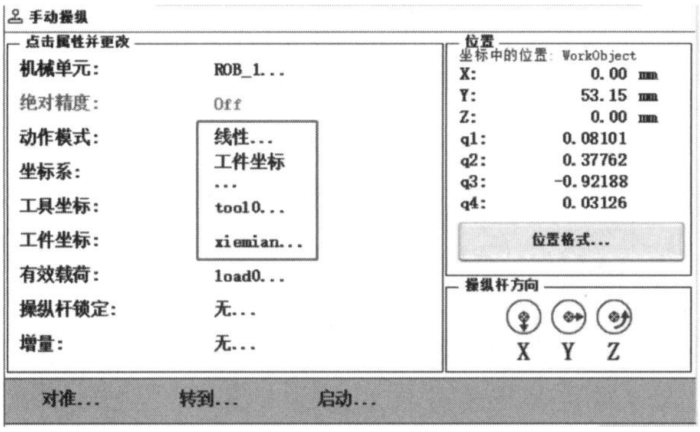

图 5-2-57　选择新建坐标系

5.2.5　斜面装配

5.2.5.1　斜面装配流程

斜面装配使用吸盘工具，装配流程如图 5-2-58 所示。工业机器人取吸盘工具，在料仓处取大物块并放置到视觉检测区，如果检测不合格，则机器人保持在原点位置；如果检测合格，则机器人将大物块取上并放置到装配模块的翻转机构，翻转机构将大物块夹紧并翻转 180°，翻转换面后取放大物块到装配台，装配台气缸夹紧，然后从物料台取小物块装配到大物块上，装配完成后机器人放回吸盘工具，装配台气缸松开，翻转机构翻转回初始位置并松开气缸，机器人回到原点位置，程序结束。

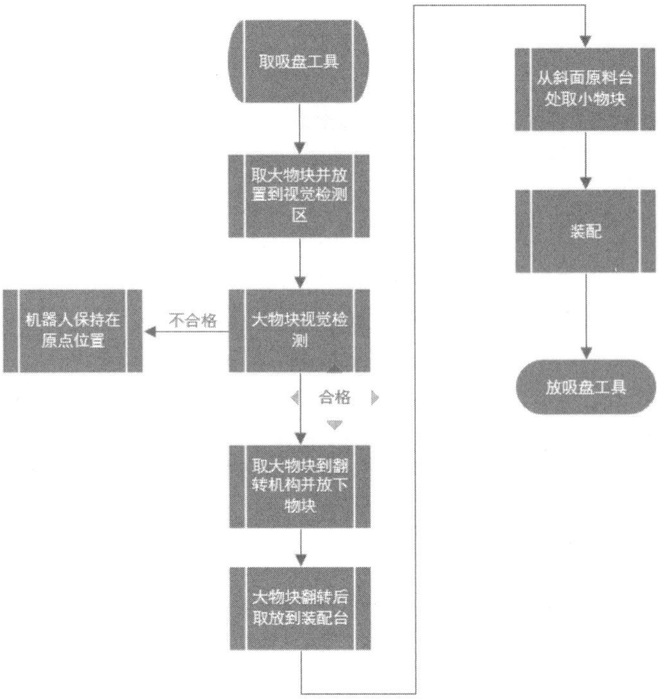

图 5-2-58　装配流程

5.2.5.2　斜面装配 I/O 信号

在斜面装配过程中除了使用 I/O 信号控制吸盘工具的取放，还需要通过数字量输出信号控制装配模块的翻转与夹紧以及通过数字量输入信号判断模块状态，本任务中用到的其他 I/O 信号如表 5-2-3 所示。

表 5-2-3　其他 I/O 信号

信号类型	信号名称	信号含义
输出信号	DO03	吸盘动作
	PN_DO52	相机启动
	PN_DO28	旋转电磁阀动作
	PN_DO29	旋转夹紧电磁阀动作
	PN_DO30	装配夹紧电磁阀动作
输入信号	PN_DI53	拍照完成
	PN_DI54	物块检测合格
	PN_DI28	旋转气缸左限位信号
	PN_DI29	旋转气缸右限位信号
	PN_DI30	装配加紧到位信号
	PN_DI31	旋转加紧到位信号

5.2.5.3　斜面装配程序编写

在完全熟悉装配的流程及相关的 I/O 信号后，下面开始斜面装配程序的编写。

1. 建立 XMZP1 程序

该程序的作用是将大物块从料仓搬运到视觉检测区。

步骤 1：新建一名称为“xipan”的工具坐标系，打开程序编辑器，在 ZPGZZ 模块下新建一名称为“XMZP1”的例行程序并打开程序编辑界面，如图 5-2-59 所示。

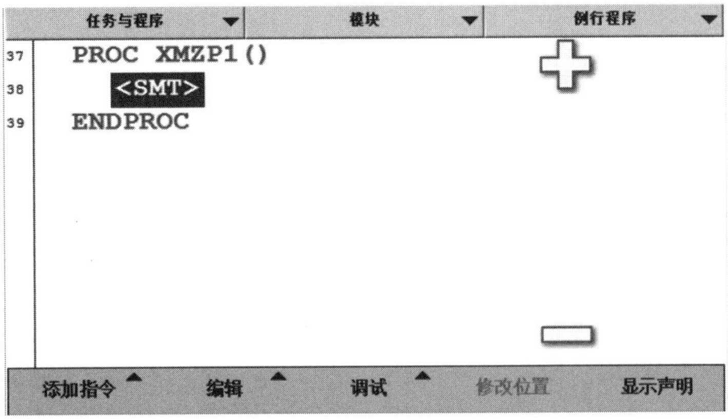

图 5-2-59　新建例行程序

步骤 2：将 QXP 程序的第一条 MoveJ phome 指令复制到 XMZP1 程序中，如图 5-2-60 所示。

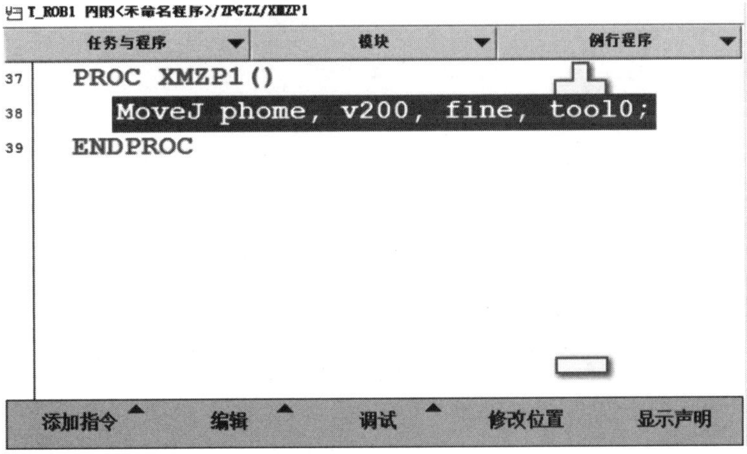

图 5-2-60　复制指令

步骤 3：机器人示教编程需要选择合适的动作模式和坐标系，以及设置合适的运行速度。打开手动操纵界面，动作模式选择线性，坐标系选择基坐标，工件坐标选择 wobj0，工具坐标系选择 xipan，如图 5-2-61 所示，**在取原料台的小物块前机器人均使用此动作模式**。机器人运行速度百分比设定为 25%，编程中根据实际编程操作提高或降低运行速度。

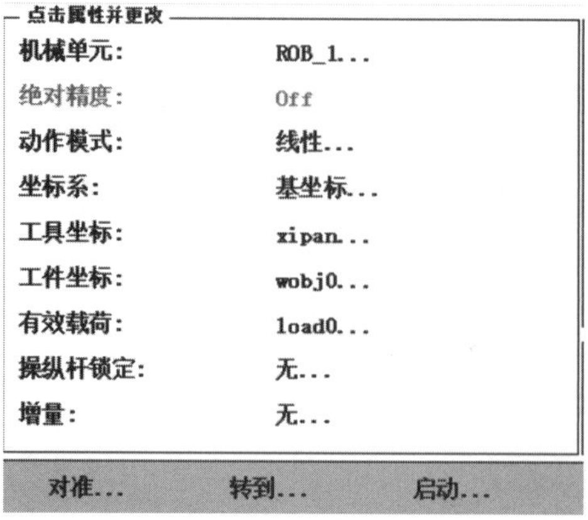

图 5-2-61　手动操纵界面设置

步骤 4:拆下机器人建立工件坐标系时安装在吸盘上的尖端工具,手动将吸盘工具安装到机器人上,操作机器人到料仓的待取大物块位置,如图 5-2-62 所示。注意在手动示教机器人过程中要多角度观察,保证吸盘在物块的中间位置。

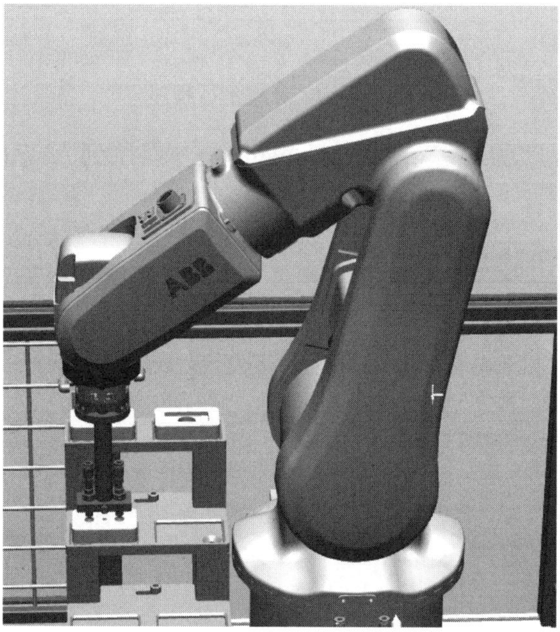

图 5-2-62　吸取大物块位置

步骤 5:添加 MoveL 指令,并将此点位命名为“QDWK1”,指令添加完成如图 5-2-63 所示。

```
MoveJ phome, v200, fine, tool0;
MoveL QDWK1, v200, fine, xipan;
```

图 5-2-63　添加指令

步骤 6：打开输入输出界面，单击界面右下角的“视图”菜单，然后选择“数字输出”命令，如图 5-2-64 所示。然后找到 DO03 并选中，单击下方的“1”，可以手动置位 DO03 信号输出，如图 5-2-65 所示，此时吸盘会动作并有气流声。

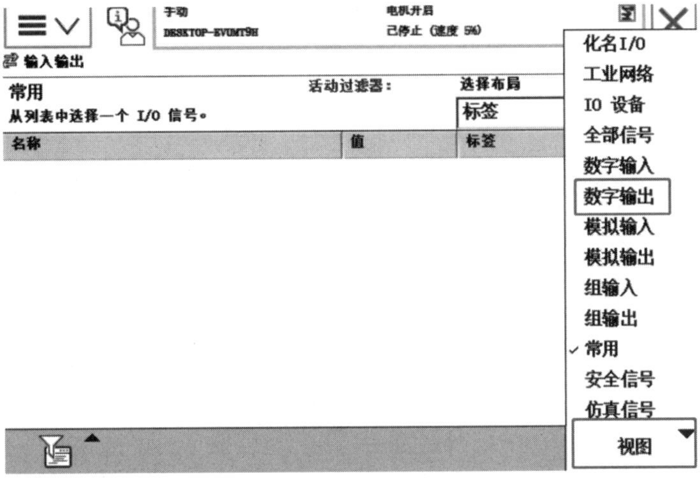

图 5-2-64　数字输出信号

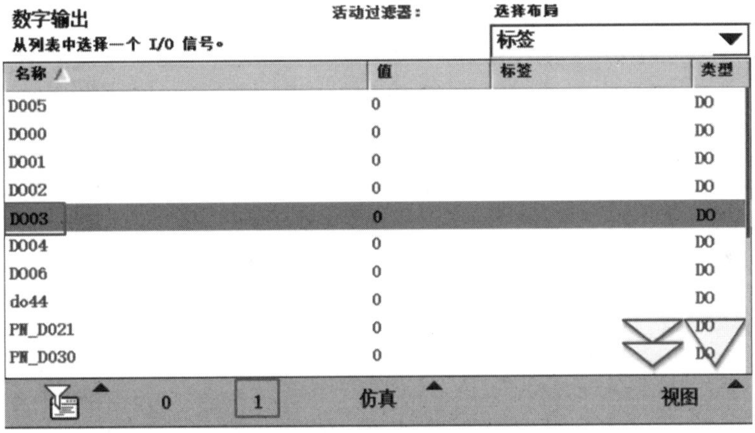

图 5-2-65　手动置位输出信号

步骤 7：手动操纵机器人将大物块运输到视觉检测区，并手动复位 DO03 信号（选中 DO03 后单击“0”），如图 5-2-66 所示。

步骤 8：添加 MoveL 指令，并将此点位命名为“FDWK1”，指令添加完成如图 5-2-67 所示。

步骤 9：使用 Offs 指令及 I/O 信号指令完成 XMZP1 程序的编写，完整的程序如图 5-2-68 所示。

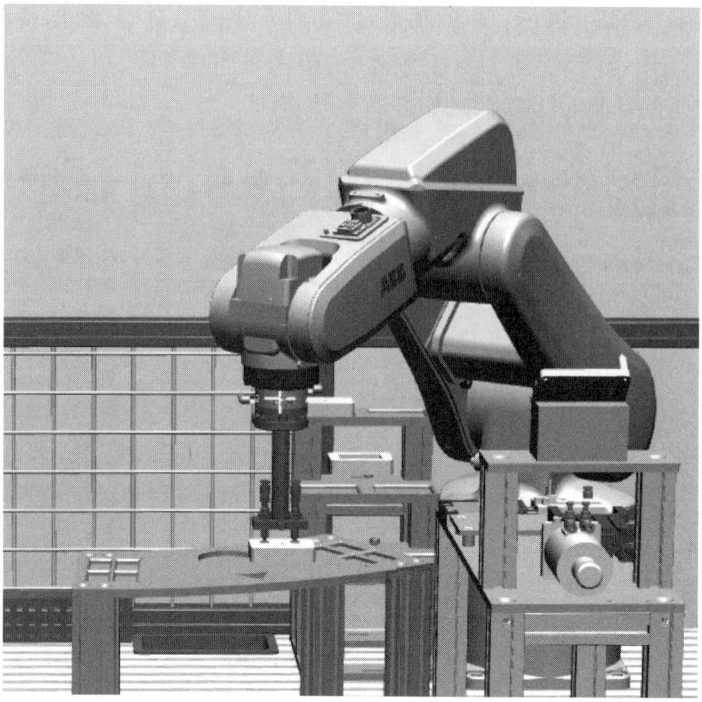

图 5-2-66　放置大物块至检测区

```
MoveJ phome, v200, fine, tool0;
MoveL QDWK1, v200, fine, xipan;
MoveL FDWK1, v200, fine, xipan;
```

图 5-2-67　添加指令

```
PROC XMZP1()
  MoveJ phome, v200, fine, tool0;
  MoveJ Offs(QDWK1,0,0,200), v200, fine, xipan;
  MoveL QDWK1, v200, fine, xipan;
  Set DO03;
  WaitTime 0.5;
  MoveL Offs(QDWK1,0,0,200), v200, fine, xipan;
  MoveJ Offs(FDWK1,0,0,100), v200, fine, xipan;
  MoveL FDWK1, v200, fine, xipan;
  Reset DO03;
  WaitTime 0.5;
  MoveL Offs(FDWK1,0,0,100), v200, fine, xipan;
  MoveL Offs(FDWK1,0,200,100), v200, fine, xipan;
  Set PN_DO52;
  WaitDI PN_DI53, 1;
  MoveJ phome, v200, fine, tool0;
  Reset PN_DO52;
ENDPROC
```

图 5-2-68　XMZP1 完整程序

程序解释如下。

（1）第 56 条指令的作用是使用 Offs 指令将机器人移动到视觉检测范围之外，防止影响相机拍摄。实训台模块摆放位置不同会影响 Offs 指令的偏移数值，在实际操作时根据实际实训台设置偏移数值，不必严格按照 200，100 设置。

（2）第 57 条指令的作用是触发相机拍照。

（3）第 58 条指令的作用是判断相机是否触发成功。

2. 建立 XMZP2 程序

该程序的作用是将视觉检测合格的大物块从视觉检测区搬运到装配模块的翻转机构，然后从翻转机构取料并放置到装配台。

步骤 1：新建一名称为“XMZP2”的例行程序，并将 QXP 程序的第一条 MoveJ phome 指令复制到 XMZP2 程序中。

步骤 2：运行 XMZP1 例行程序中图 5-2-69 所示的这两条指令，将机器人吸盘工具移动到视觉检测区的大物块上并使吸盘与大物块上表面贴合。

```
MoveJ Offs(FDWK1,0,0,100), v200, fine, xipan;
MoveL FDWK1, v200, fine, xipan;
```

图 5-2-69　XMZP1 程序部分指令

步骤 3：回到 XMZP2 例行程序界面，使用手动置位信号的方法置位 DO03，此时吸盘可以将大物块吸取起来。

步骤 4：手动操纵机器人，将大物块搬运到装配模块的翻转机构，如图 5-2-70 所示。注意将大物块放置到翻转机构夹爪的中间。

图 5-2-70　将大物块放置到翻转机构上

步骤 5：添加一条 MoveL 指令将此点位记录下来，将该点命名为“FDWK2”，如图 5-2-71 所示。

```
MoveJ phome, v200, fine, tool0;
MoveL FDWK2, v200, fine, xipan;
```

图 5-2-71　添加指令

步骤 6：手动复位 DO03 信号，然后手动操纵机器人垂直向上移动 200 mm 左右的距离，该距离必须保证翻转机构翻转时不会打到吸盘，如图 5-2-72 所示。

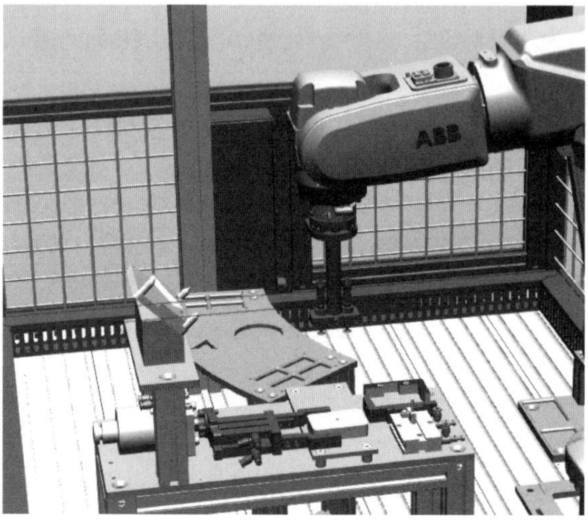

图 5-2-72　移动机器人至安全位置

步骤 7：手动置位 PN_DO29 信号使翻转机构夹紧，然后手动置位 PN_DO28 信号使翻转机构翻转，翻转完成后手动复位 PN_DO29 信号使翻转机构夹紧松开，如图 5-2-73 所示。

图 5-2-73　物块放置完成

步骤 8:手动操纵机器人使吸盘运动到大物块正上方并与大物块上表面贴合,如图 5-2-74 所示,然后添加一条 MoveL 指令记录该点位,点位命名为“FDWK3”,如图 5-2-75 所示。

图 5-2-74　吸盘与大物块上表面贴合

```
MoveJ phome, v200, fine, tool0;
MoveL FDWK2, v200, fine, xipan;
MoveL FDWK3, v200, fine, xipan;
```

图 5-2-75　添加指令

步骤 9:手动置位 DO03 信号,使机器人吸取大物块,然后手动操纵机器人移动到装配模块的装配台,如图 5-2-76 所示,添加一条 MoveL 指令记录该点位,点位命名为“FDWK4”,如图 5-2-77 所示。

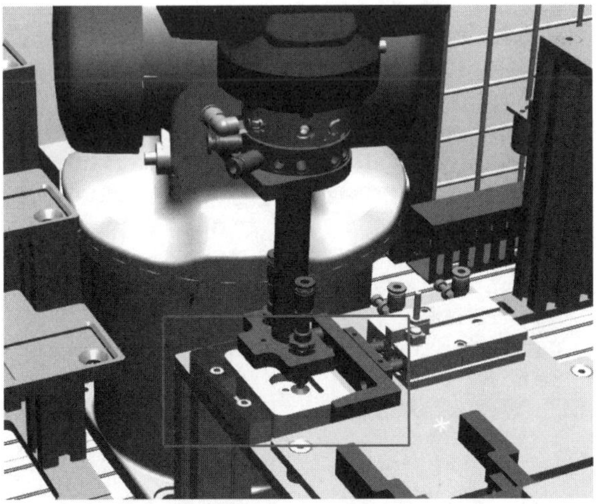

图 5-2-76　放置大物块到装配台上

```
MoveJ phome, v200, fine, tool0;
MoveL FDWK2, v200, fine, xipan;
MoveL FDWK3, v200, fine, xipan;
MoveL FDWK4, v200, fine, xipan;
```

图 5-2-77　添加指令

步骤 10:手动复位 DO03 信号,然后手动操纵机器人垂直向上移动一段距离,如图 5-2-78 所示,手动置位 PN_DO30 信号使装配台夹紧。

图 5-2-78　垂直移动机器人

步骤 11:使用 Offs 指令及 I/O 信号指令完成 XMZP2 程序的编写,完整的程序如图 5-2-79 所示。

```
PROC XMZP2()
  WaitDI PN_DI54, 0;
  MoveJ phome, v200, fine, tool0;
  WaitDI PN_DI54, 1;
  MoveJ Offs(FDWK1,0,0,100), v200, fine, xipan;
  MoveL FDWK1, v200, fine, xipan;
  Set DO03;
  WaitTime 0.5;
  MoveL Offs(FDWK1,0,0,100), v200, fine, xipan;
  MoveJ Offs(FDWK2,0,0,150), v200, fine, xipan;
  MoveL FDWK2, v200, fine, xipan;
  Reset DO03;
  MoveL Offs(FDWK2,0,0,150), v200, fine, xipan;
  Set PN_DO29;
  WaitTime 0.5;
  Set PN_DO28;
```

```
91            WaitDI PN_DI28, 1;
92            MoveJ Offs(FDWK3,0,0,100), v200, fine, xipan;
93            MoveL FDWK3, v200, fine, xipan;
94            Reset PN_DO29;
95            Set DO03;
96            MoveL Offs(FDWK3,0,0,100), v200, fine, xipan;
97            MoveJ Offs(FDWK4,0,0,100), v200, fine, xipan;
98            MoveL FDWK4, v200, fine, xipan;
99            Reset DO03;
100           MoveL Offs(FDWK4,0,0,100), v200, fine, xipan;
101           Set PN_DO30;
102           MoveJ phome, v200, fine, tool0;
103         ENDPROC
```

图 5-2-79　XMZP2 程序

程序解释如下。

(1)第 76、78 条指令的作用是使用 WaitDI 指令判断大物块的视觉检测是否合格，检测不合格则机器人保持在原点位置不动作，检测合格则进行接下来的操作。

(2)大物块从视觉检测区被拿取并放置到翻转机构之间的路径较长，在实际编程中可添加过渡点以避免机器人发生碰撞。

3. 建立 XMZP3 程序

该程序的作用是将原料台的小物块取放到装配台的大物块上，完成装配。

步骤 1：新建一名称为“XMZP3”的例行程序并打开。

步骤 2：合理使用线性、重定位及单轴运动模式，将吸盘工具末端调整到与装配台斜面平行，如图 5-2-80 所示。

图 5-2-80　吸盘工具末端与装配台斜面平行

步骤 3：在手动操纵界面将动作模式选为线性，坐标系选择工件坐标，工件坐标选择 xiemian，如图 5-2-81 所示，接下来取小物块的操作使用此配置完成。

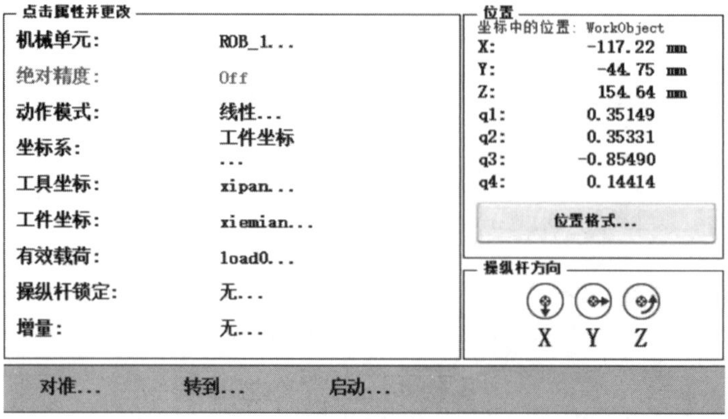

图 5-2-81 手动操纵界面设置

步骤 4：手动操纵机器人使机器人吸盘工具与小物块上表面贴合，如图 5-2-82 所示，添加一条 MoveL 指令记录该点，并将该点命名为“QXWK”，如图 5-2-83 所示。

图 5-2-82 吸盘工具与小物块上表面贴合

```
MoveL QXWK, v200, fine, xipan\WObj:=xiemian;
```

图 5-2-83 添加指令

可以看到添加的该条指令末端出现“xiemian”工件坐标字样。

步骤 5：手动置位 DO03，然后在手动操纵界面将坐标系改为基坐标，将工件坐标改为 wobj0，手动操纵机器人将小物块装配到装配台的大物块上，如图 5-2-84 所示。

图 5-2-84　放置小物块

步骤 6:添加一条 MoveL 指令记录该点,并将该点命名为“FXWK”,如图 5-2-85 所示。

```
MoveL QXWK, v200, fine, xipan\WObj:=xiemian;
MoveL FXWK, v200, fine, xipan;
```

图 5-2-85　添加指令

步骤 7:使用 Offs 指令及 I/O 信号指令完成 XMZP3 程序的编写,完整的程序如图 5-2-86 所示。

```
114    PROC XMZP3()
115      MoveJ Offs(QXWK,0,0,100), v200, fine, xipan\WObj:=xiemian;
116      MoveL QXWK, v200, fine, xipan\WObj:=xiemian;
117      Set DO03;
118      MoveL Offs(QXWK,0,0,100), v200, fine, xipan\WObj:=xiemian;
119      MoveJ Offs(FXWK,0,0,100), v200, fine, xipan;
120      MoveL FXWK, v200, fine, xipan;
121      Reset DO03;
122      MoveL Offs(FXWK,0,0,100), v200, fine, xipan;
123      MoveJ phome, v200, fine, tool0;
124      Reset PN_DO30;
125      Reset PN_DO29;
126      Reset PN_DO28;
127    ENDPROC
```

图 5-2-86　XMZP3 程序

程序解释:第 124、125、126 条 Reset 指令的作用是将装配模块翻转机构与装配台位置复位,保证下一次程序可以正常运行。

建立 XMZP 程序,在该程序中使用 ProcCall 指令调用吸盘取放及刚建立的程序,如图 5-2-87 所示,至此斜面装配程序编写完成。

```
PROC XMZP()
  QXP;
  XMZP1;
  XMZP2;
  XMZP3;
  FXP;
ENDPROC
```

图 5-2-87　斜面装配程序

步骤 8:程序调试验证。先手动单步运行程序,运行无误后再手动连续运行,最后自动运行程序。

练习题

1. 判断题

(1)一般使用“三点法”对工业机器人进行工件坐标系的标定。 (　　)

(2)bool 类型为数值型,用于表示-8 388 607~8 388 608 的整数(或小数)。 (　　)

(3)工件坐标系一定是固定的位置,且不能再修改。 (　　)

(4)机器视觉系统不具备检验的作用。 (　　)

(5)Add 指令为自减 1 指令。 (　　)

2. 填空题

(1)机器视觉系统的主要应用包括__________、__________、__________、__________。

(2)RAPID 的基本数据类型包括__________、__________、__________、string。

(3)常用数学指令有__________、__________、__________、__________。

3. 简答题

(1)简述工件坐标系的标定过程。

(2)简述相机编程中用到的线线测量的作用。

任务完成报告

姓名		学习日期	
任务名称	工业机器人斜面装配		
学习自评	考核内容	完成情况	
	（1）视觉程序检测准确	□好　□良好　□一般　□差	
	（2）工件坐标系标定准确，会正确使用	□好　□良好　□一般　□差	
	（3）斜面装配程序流畅，无碰撞	□好　□良好　□一般　□差	
	（4）在编程过程中根据示教位置的不同选择合理的坐标系及动作模式	□好　□良好　□一般　□差	
学习心得			

项目 6

工业机器人抛光打磨应用

学习情境描述

随着生产制造向智能化和信息化发展，工业机器人技术越来越多地应用于制造加工的打磨、抛光等工序中。与进行加工作业的工人相比，工业机器人对工作环境的要求较低，具备持续加工的能力，同时加工产品质量稳定、生产效率高，能够加工多种材料类型的工件，如铝、不锈钢、铜、复合材料、树脂、木材和玻璃等，有能力完成各类高精度、大批量、高难度的复杂加工任务。

项目描述

本项目以工业机器人操作与运维实训台为载体（主要使用打磨工作站），采用现场编程的方式完成抛光打磨编程与调试，并且结合 PLC 与触摸屏这些外围设备的编程调试，完成打磨工作站的综合调试。本项目中用到的工业机器人打磨工作站如图 6-1 所示。

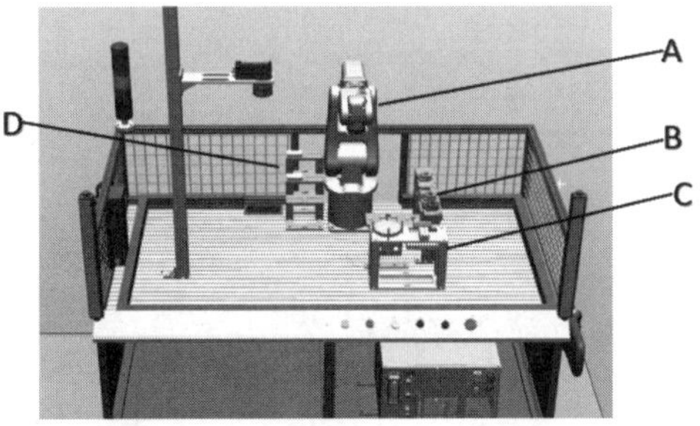

A—工业机器人；B—工具架；C—打磨模块；D—料仓

图 6-1　工业机器人打磨工作站

本项目要实现的目标如下：

（1）完成工业机器人抛光打磨程序创建，包括初始化程序、打磨工具的快换程序、抛光打磨程序；

（2）完成 PLC 组态、基础程序创建及 PLC 与机器人、远程 I/O 模块间的通信操作；

（3）完成触摸屏程序的编写；

（4）完成打磨工作站的整体调试。

任务分解

任务 6.1　工业机器人抛光打磨程序创建

本任务介绍抛光打磨程序（包括初始化程序、打磨工具快换程序以及抛光打磨程序）创建，规范完整功能程序的编写流程。

任务 6.2　触摸屏、PLC 与工业机器人联调运行

本任务讲解 PLC 与触摸屏组态、主界面及子界面设计、触摸屏程序调试下载、PLC 与触摸屏调试、PLC 与机器人调试以及打磨工作站综合调试的内容。

任务 6.1　工业机器人抛光打磨程序创建

本任务中需要完成工业机器人抛光打磨程序创建，即初始化程序、打磨工具快换程序以及抛光打磨程序的编写。

任务要求

（1）抛光打磨程序完整，无遗漏步骤，动作指令参数设置正确。

（2）工业机器人运行轨迹合理，运行无障碍、无碰撞，且没有不必要的停顿。

学习目标

知识目标：

（1）巩固快换程序创建的流程及方法；

（2）掌握程序流程之间的逻辑关系衔接；

（3）熟练使用 I/O 指令、逻辑指令及示教器的使用。

能力目标：

（1）能够熟练完成打磨工具快换程序的创建；

（2）能够对工业机器人进行运动轨迹规划；

（3）能够通过合理使用 Offs 指令、工具坐标系、工件坐标系缩短程序创建及调试的时间。

素养目标：

（1）培养学生严谨认真的编程习惯；

（2）培养学生工作站综合调试的能力；

（3）培养学生团队合作的意识。

6.1.1　打磨工作站简介

活动

回想一下我们在生活中或电视、网络上是否看到过机器人打磨或人工打磨的情景，描述打磨过程。

抛光打磨工作站是现代工业机器人众多应用中的一种，用于替代人工进行工件的打磨抛光工作，主要用于工件的表面打磨、棱角去毛刺、焊缝打磨、内腔内孔去毛刺、孔口螺纹口加工等工作。抛光打磨工作站可以在计算机的控制下实现连续轨迹控制和点位控制，经常应用在卫浴五金、汽车零部件、工业零件、医疗器械、木材建材、家具制造、民用产品等领域。通过集成力觉、视觉等传感器可以进一步提高抛光打磨的质量与一致性。

抛光打磨工作站一般由工业机器人、打磨机具、力控制设备、末端执行器等外围设备硬件系统和工业机器人力矩等软件系统组成，如图 6-1-1 所示。

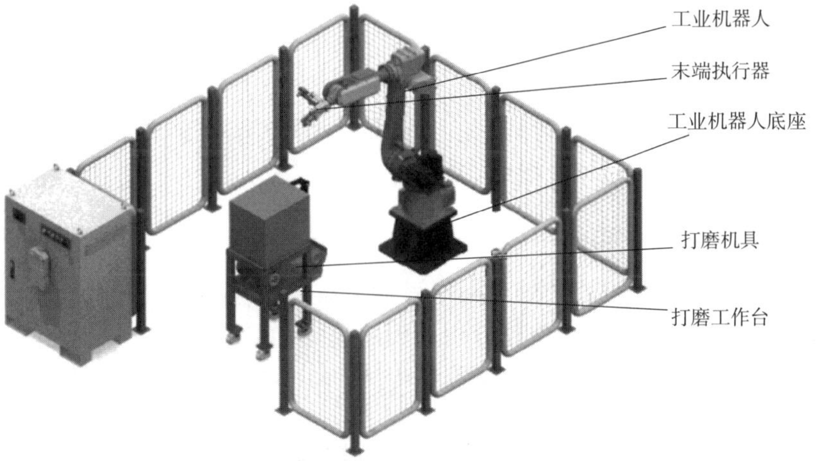

图 6-1-1　抛光打磨工作站

在本项目中，除工业机器人本体和工具架之外，抛光打磨工作站还包括打磨模块和打磨台，如图 6-1-2 所示。打磨模块包括换片装置、砂片放置区和废料区。砂片放置区放置合格的打磨片，带有气缸顶升装置，是打磨片的存放区。换片装置有一个水平气缸，气缸动作时可以将打磨片牢牢夹住，这时动作机器人可将用过的打磨片取下；松开换片装置的气缸，打磨片利用自身重力滑落到下方的废料区。打磨台用来放置待打磨的料块。

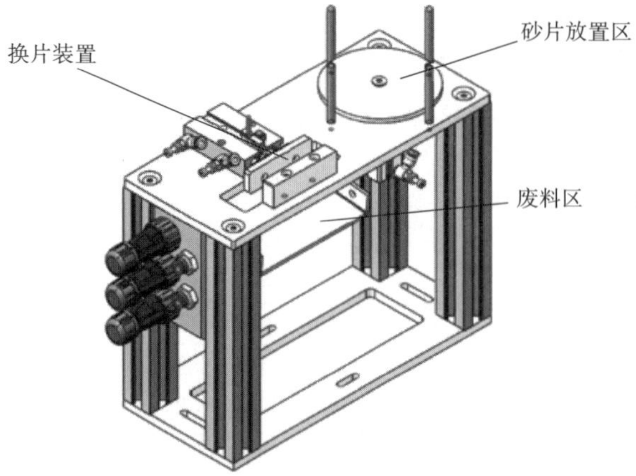

（a）打磨模块

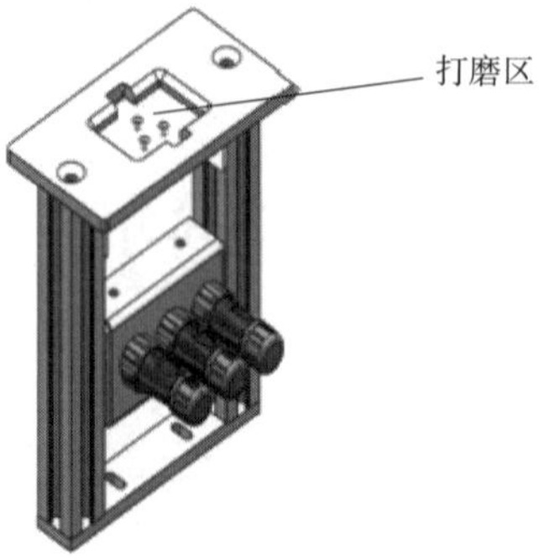

（b）打磨台

图 6-1-2　打磨模块和打磨台

6.1.2　初始化程序创建

想一想

大家看一下自己的桌面，我们有不同科目的教材，文具盒里有不同的文具，在上不同的课程时用到的课本或者文具是不同的，想一想我们在使用完各种物品后是不是将其放回到原位，以方便下一次使用。

初始化程序的作用是在功能程序运行前将机器人调整到初始状态，一般包括机器人回原点动作指令以及 I/O 信号复位指令。

6.1.2.1　抛光打磨 I/O 信号

在抛光打磨过程中同样需要通过数字量输出信号控制打磨模块的动作与夹紧以及通过数字量输入信号判断模块状态，本任务中用到的其他 I/O 信号如表 6-1-1 所示。打磨工具由气压驱动，当 DO02 信号输出时打磨工具旋转，从而带动打磨片一起旋转，起到打磨的作用。

表 6-1-1　其他 I/O 信号

信号类型	信号名称	信号含义
输出信号	DO02	打磨启动
	PN_DO44	打磨片顶起电磁阀动作
	PN_DO45	换片夹紧电磁阀动作
输入信号	PN_DI44	打磨片顶起到位
	PN_DI45	换片夹紧

6.1.2.2　初始化程序创建

步骤 1:在程序编辑器中新建一名称为“DMGZZ”的模块,然后在此模块中新建一名称为“CSH”的例行程序,打开该例行程序的编程界面,如图 6-1-3 所示。

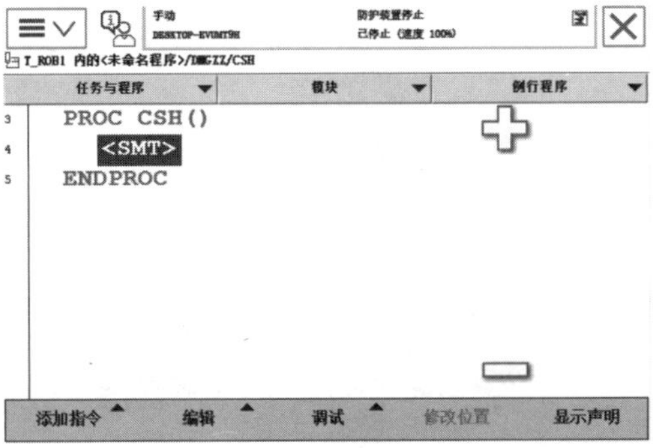

图 6-1-3　创建初始化程序

步骤 2:将 QXP 程序的第一条 MoveJ phome 指令复制到 CSH 程序中,然后在 CSH 程序中添加 DO44、DO45 的复位指令,如图 6-1-4 所示,完成初始化程序的创建。

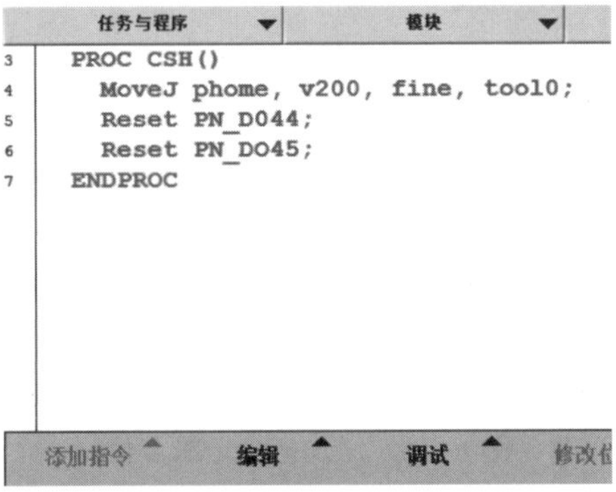

图 6-1-4　初始化程序创建完成

6.1.3　快换程序创建

在抛光打磨程序中需要使用吸盘工具与打磨工具,吸盘工具的快换程序在项目 5 中已经创建完成,打磨工具的取放仍然由 DO00 与 DO01 这两个信号控制,而且可以按照吸盘工具快换程序的轨迹规划思路完成打磨工具的取放。

步骤 1:在手动操纵界面选择动作模式为线性,坐标系选择基坐标,工件坐标选择为 wobj0,运行速度百分比设为 25%。

步骤 2:新建一名称为“QDM”的例行程序并打开程序编辑界面。

步骤 3:检查机器人侧快换装置是否在缩回位置,不是则手动复位 DO00、置位 DO01 使其处于缩回状态。

步骤 4:手动操纵机器人运行到取打磨工具点,如图 6-1-5 所示,该点为关键点位,在示教过程中一定要认真、多角度观察机器人的位置;点位准确定位后新增一条 MoveL 指令记录该点位并将该点位命名为“QDMGJ”,如图 6-1-6 所示,注意将运行速度修改为 v200,转弯区数据修改为 fine。

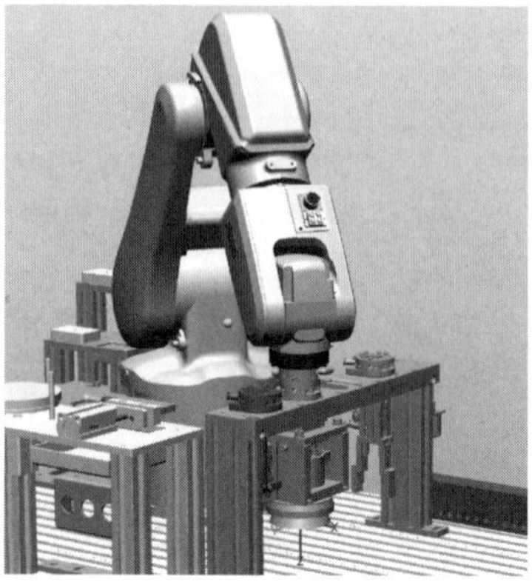

图 6-1-5　示教取打磨工具点

```
PROC QDM()
  MoveL QDMGJ, v200, fine, tool0;
ENDPROC
```

图 6-1-6　添加指令记录点位

步骤 5:按照项目 5 中吸盘工具快换程序创建的方法,使用 Offs 指令或采用手动示教其他点位的方式完成取打磨工具程序的编写,完整的程序如图 6-1-7 所示。

```
PROC QDM()
  MoveJ Offs(QDMGJ,0,0,200), v200, fine, tool0;
  Set DO01;
  Reset DO00;
  MoveL QDMGJ, v200, fine, tool0;
  Set DO00;
  Reset DO01;
  WaitTime 0.5;
  MoveL Offs(QDMGJ,0,0,10), v200, z0, tool0;
  MoveL Offs(QDMGJ,0,-150,10), v200, z0, tool0;
  MoveL Offs(QDMGJ,0,-150,210), v200, z0, tool0;
  MoveJ phome, v200, z1, tool0;
ENDPROC
```

图 6-1-7　QDM 程序

步骤 6:新建一名称为“FDM”的例行程序,然后完成放打磨工具程序的编写,完整的程序如图 6-1-8 所示。

```
PROC FDM()
  MoveJ phome, v200, z1, tool0;
  MoveJ Offs(QDMGJ,0,-150,210), v200, z0, tool0;
  MoveL Offs(QDMGJ,0,-150,10), v200, fine, tool0;
  MoveL Offs(QDMGJ,0,0,10), v200, fine, tool0;
  MoveL QDMGJ, v200, fine, tool0;
  Set DO01;
  Reset DO00;
  WaitTime 0.5;
  MoveL Offs(QDMGJ,0,0,200), v200, fine, tool0;
  MoveJ phome, v200, z1, tool0;
ENDPROC
```

图 6-1-8　FDM 程序

6.1.4　抛光打磨流程与程序创建

6.1.4.1　抛光打磨流程

抛光打磨具体流程为机器人取吸盘工具,将待打磨的物块从料仓搬运到打磨台的打磨区,然后机器人放吸盘工具,取打磨工具,先在砂片放置区取一个合格的打磨片,然后打磨工件,打磨完成后在换片装置区将打磨片放下,然后将打磨工具放回工具架,机器人回到原点位置,抛光打磨结束,如图 6-1-9 所示。

6.1.4.2　抛光打磨程序创建

抛光打磨程序的功能是通过打磨片的高速旋转及在物块表面的左右移动完成对大物块表面的抛光打磨,图 6-1-10 所示为机器人使用打磨工具打磨物块。

步骤 1:新建一名称为“DM”的例行程序并打开程序编辑界面。

步骤 2:将 CSH 程序的第一条 MoveJ phome 指令复制到 DM 程序中。

步骤 3:在吸盘工具末端创建工具坐标系,工具坐标系名称为“xipan”。

步骤 4:手动将吸盘工具安装到机器人上,然后手动操纵机器人至料仓的大物块上方,吸盘工具与大物块上表面贴合,如图 6-1-11 所示。

步骤 5:添加 MoveL 指令,并将此点位命名为“QWK1”,将该条指令与上一条指令的转弯区数据均设置为 fine,指令添加完成如图 6-1-12 所示。

步骤 6:手动置位 DO03 信号,然后手动操纵机器人将大物块放置到打磨区,如图 6-1-13 所示,添加 MoveL 指令记录该点位,并将此点位命名为“FWK1”,如图 6-1-14 所示。

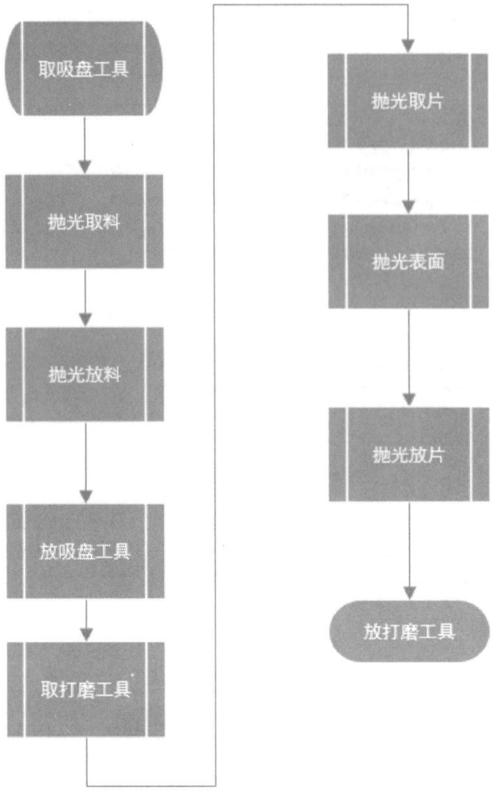

图 6-1-9　抛光打磨流程

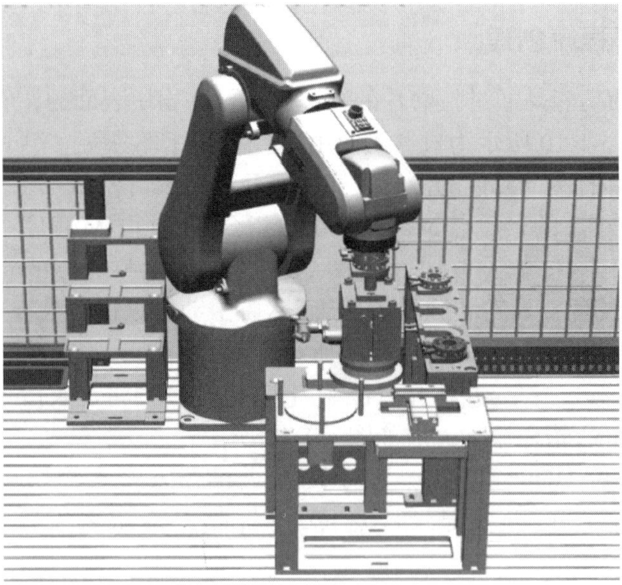

图 6-1-10　打磨动作

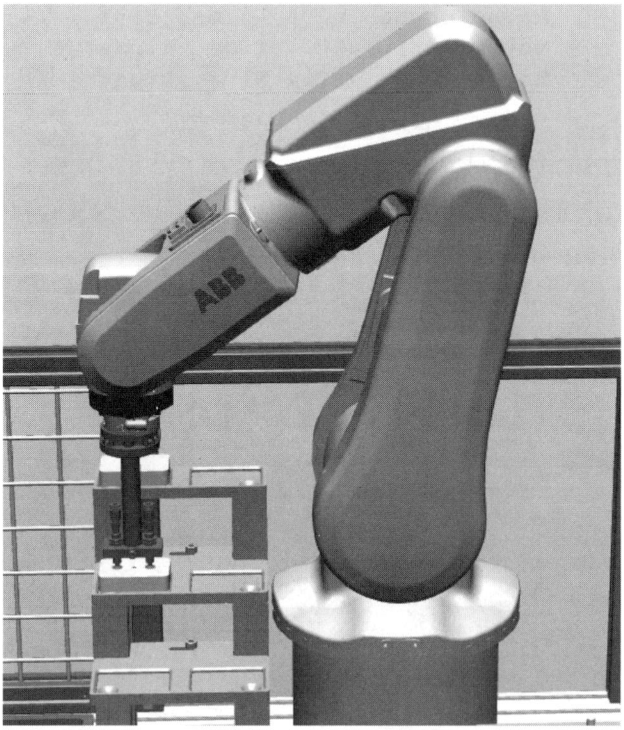

图 6-1-11　抛光取料

```
MoveJ phome, v200, fine, tool0;
MoveL QWK1, v200, fine, xipan;
```

图 6-1-12　示教 QWK1 点位

图 6-1-13　将大物块放置到打磨区

```
MoveJ phome, v200, fine, tool0;
MoveL QWK1, v200, fine, xipan;
MoveL FWK1, v200, fine, xipan;
```

图 6-1-14　示教 FWK1 点位

步骤 7:手动复位 DO03 信号,然后手动将吸盘工具取下,将机器人移动至原点位置。

步骤 8:手动将打磨工具安装到机器人上,然后手动置位 PN_DO44 信号,将砂片放置区气缸顶出,从而使打磨片顶出,位置上移,如图 6-1-15 所示。

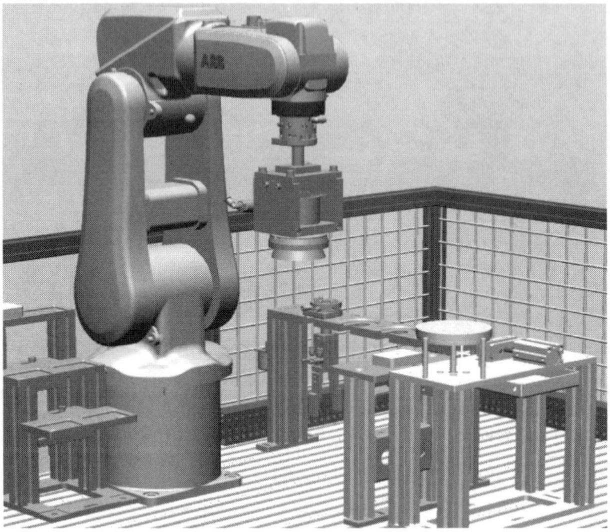

图 6-1-15　手动安装打磨工具

步骤 9:在打磨工具末端创建名称为“damogongju”的工具坐标系,工具坐标系的 TCP 如图 6-1-16 所示。

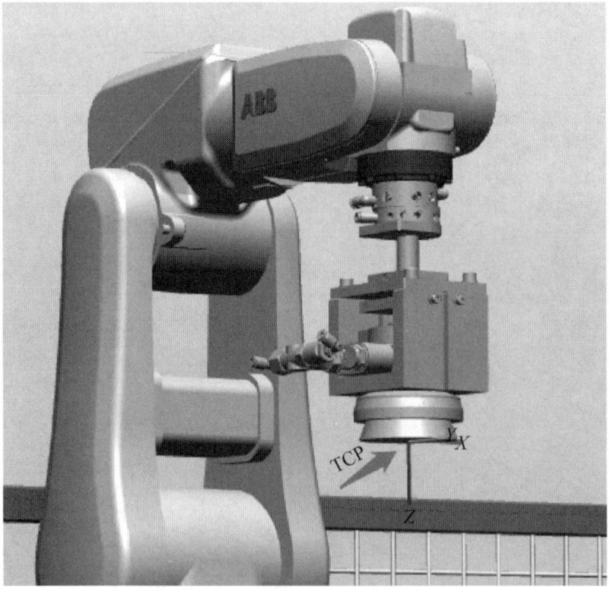

图 6-1-16　工具坐标系的 TCP

步骤 10：手动操纵机器人移动到砂片放置区，使打磨工具末端与打磨片上表面贴合，如图 6-1-17 所示，然后添加 MoveL 指令记录该点位，并将此点位命名为“QDMP”，如图 6-1-18 所示。

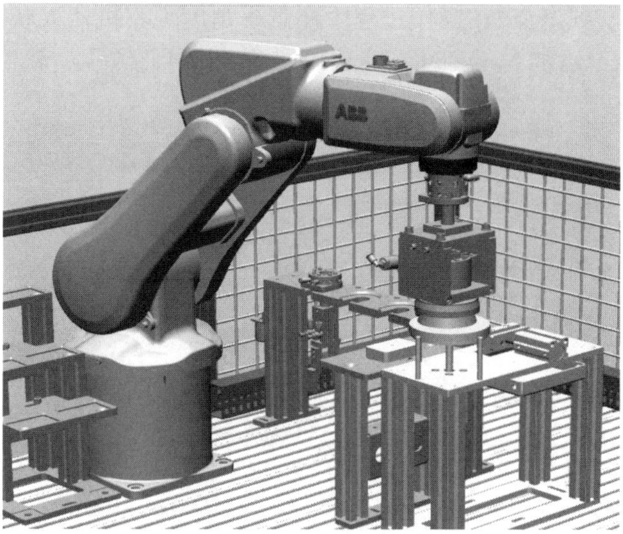

图 6-1-17　打磨工具末端与打磨片上表面贴合

```
MoveJ phome, v200, fine, tool0;
MoveL QWK1, v200, fine, xipan;
MoveL FWK1, v200, fine, xipan;
MoveL QDMP, v200, fine, damogongju;
```

图 6-1-18　添加指令

步骤 11：手动操纵机器人移动至打磨区，使打磨片下表面与大物块上表面贴合，如图 6-1-19 所示，添加 MoveL 指令记录该点位，并将此点位命名为“DMD”。

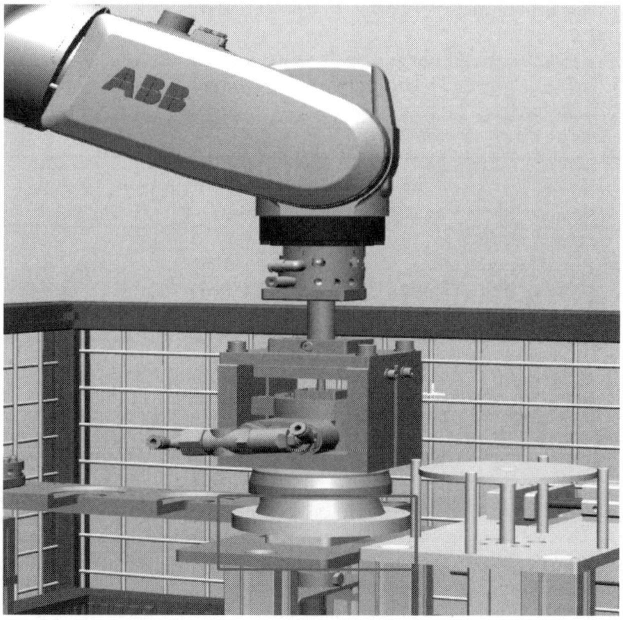

图 6-1-19　示教打磨点

步骤 12：手动操纵机器人移动到换片装置区，使打磨片垂直进入换片装置水平气缸的夹紧区，如图 6-1-20 所示。在移动机器人至该点的过程中需要进行线性与重定位动作模式的切换，才能准确移动到该点，在操作过程中注意多角度观察机器人状态，注意机器人的运行速度不要过快。然后添加 MoveL 指令记录该点位，并将此点位命名为“HPD”。

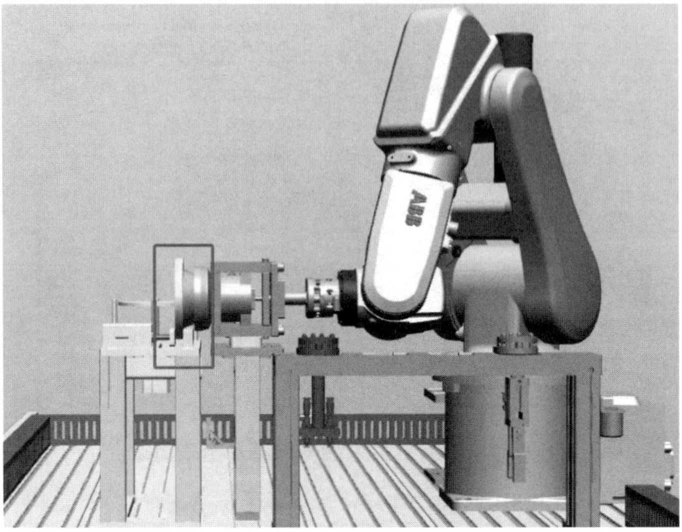

图 6-1-20　示教换片点

步骤 13：回顾抛光打磨流程，添加 I/O 控制指令，使用 Offs 指令或手动示教其他过程点位的方法将程序补充完整，完整的 DM 程序如图 6-1-21 所示。

```
PROC DM()
  MoveJ phome, v200, fine, tool0;
  QXP;
  MoveJ Offs(QWK1,0,0,150), v200, fine, xipan;
  MoveL QWK1, v200, fine, xipan;
  Set DO03;
  WaitTime 0.5;
  MoveL Offs(QWK1,0,0,150), v200, fine, xipan;
  MoveJ Offs(FWK1,0,0,150), v200, fine, xipan;
  MoveL FWK1, v200, fine, xipan;
  Reset DO03;
  WaitTime 0.5;
  MoveL Offs(FWK1,0,0,150), v200, fine, xipan;
  FXP;
  QDM;
  MoveJ Offs(QDMP,0,0,10), v200, fine, damogongju;
  Set PN_DO44;
  WaitDI PN_DI44, 1;
```

图 6-1-21　DM 完整程序

```
54      MoveL QDMP, v200, fine, damogongju;
55      WaitTime 0.5;
56      MoveL Offs(QDMP,0,0,10), v200, fine, damogongju;
57      Reset PN_DO44;
58      MoveJ Offs(DMD,0,0,100), v200, fine, damogongju;
59      MoveL DMD, v200, fine, damogongju;
60      Set DO02;
61      MoveL Offs(DMD,0,50,0), v200, fine, damogongju;
62      MoveL Offs(DMD,0,-50,0), v200, fine, damogongju;
63      Reset DO02;
64      MoveL Offs(DMD,0,0,100), v200, fine, damogongju;
65      MoveJ phome, v200, fine, tool0;
66      MoveJ phome10, v200, fine, tool0;
67      MoveJ Offs(HPD,0,0,50), v200, fine, tool0;
68      MoveL HPD, v200, fine, tool0;
69      Set PN_DO45;
70      WaitDI PN_DI45, 1;
71      MoveL Offs(HPD,-30,0,0), v200, fine, tool0;
72      MoveL Offs(HPD,-30,0,100), v200, fine, tool0;
73      Reset PN_DO45;
74      MoveJ phome10, v200, fine, tool0;
75      MoveJ phome, v200, fine, tool0;
76      FDM;
77    ENDPROC
```

图 6-1-21　DM 完整程序(续)

程序解释:第 71、72 条指令的作用是将打磨片从打磨工具上取下。

步骤 14:新建一名称为“MAIN”的例行程序,使用 ProcCall 指令将 CSH 程序添加到 MAIN 程序中,然后添加 WHILE 指令,循环条件选择 TRUE,然后使用 ProcCall 指令将 DM 程序放置到 WHILE 指令中,为防止死机,在 DM 程序下面再添加一条时间等待指令,如图 6-1-22 所示,至此功能为抛光打磨的主程序创建完成。将机器人打磨工具手动取下放回工具架,机器人移动到原点位置,进行程序的调试运行。

```
PROC MAIN()
  CSH;
  WHILE TRUE DO
    DM;
    WaitTime 0.1;
  ENDWHILE
ENDPROC
```

图 6-1-22　MAIN 程序

练习题

1. 判断题

(1)机器人只需要使用一种工具就可以完成抛光打磨的整个流程。　　(　　)

(2)初始化程序的使用可以方便地让机器人回到初始状态。　　(　　)

(3)机器人程序编写过程中要注意各个流程间的逻辑关系。 ( )

2. 填空题

(1)除工业机器人本体和工具架之外,抛光打磨工作站还包括________和________。

(2)抛光打磨的流程包括________、________、________、________、________、________、________、________、放打磨工具。

3. 简答题

(1)写出机器人线性与重定位动作模式的切换方法。

(2)写出在编程中遇到的问题及解决方法。

任务完成报告

<table>
<tr><td>姓名</td><td></td><td>学习日期</td><td></td></tr>
<tr><td>任务名称</td><td colspan="3">工业机器人抛光打磨程序创建</td></tr>
<tr><td rowspan="5">学习自评</td><td colspan="2">考核内容</td><td>完成情况</td></tr>
<tr><td colspan="2">(1)熟悉打磨工作站的组成</td><td>□好　□良好　□一般　□差</td></tr>
<tr><td colspan="2">(2)完成初始化程序的创建并理解初始化程序的作用</td><td>□好　□良好　□一般　□差</td></tr>
<tr><td colspan="2">(3)完成抛光打磨程序的创建</td><td>□好　□良好　□一般　□差</td></tr>
<tr><td colspan="2">(4)程序运行过程流畅、无碰撞</td><td>□好　□良好　□一般　□差</td></tr>
<tr><td>学习心得</td><td colspan="3"></td></tr>
</table>

任务 6.2 触摸屏、PLC 与工业机器人联调运行

本任务是一个综合任务，需要完成打磨工作站触摸屏、PLC 与工业机器人联调运行，具体包括触摸屏程序设计、下载、调试，触摸屏与 PLC 调试，PLC 与机器人调试以及整体的联调。

任务要求

(1)完成触摸屏与 PLC 组态。

(2)完成触摸屏主界面及控制界面、报警界面设计。

(3)完成 PLC 与触摸屏、PLC 与机器人的调试。

(4)完成打磨工作站整体联调。

学习目标

知识目标：

(1)了解触摸屏的功能和工作原理；

(2)掌握威纶通触摸屏界面设计的方法；

(3)掌握机器人创建信号的方法；

(4)掌握工作站整体联调的方法和步骤。

能力目标：

(1)掌握触摸屏界面设计的方法；

(2)掌握 PLC 与机器人调试的方法；

(3)掌握工作站整体联调的方法。

素养目标：

(1)培养学生严谨细致的工匠思维；

(2)培养学生工作站综合调试的能力；

(3)培养学生勇于克服困难的品质。

6.2.1 认识触摸屏

想一想

大家在生活中或影视节目上，看没看过一个工程师点击一个屏幕，然后会有设备动作的场景。

触摸屏是一种可编程控制的人机界面产品，适用于现场控制，可靠性高，编程简单，使用

维护方便。在工艺参数较多又需要人机交互时使用触摸屏，可使整个生产的自动化控制功能得到大大加强。

触摸屏又称为“触控屏”“触控面板”，是一种可接收触头等输入信号的感应式液晶显示装置，当接触了屏幕上的图形按钮时，屏幕上的触觉反馈系统可根据预先编程的程式驱动各种连接装置，可用以取代机械式的按钮面板。触摸屏是人机界面的发展方向，用户可以在触摸屏上生成满足使用要求的触摸式按键。触摸屏面积小，使用直观方便，易于操作。界面上的按钮和指示灯可以取代相应的硬件元件，减少 PLC 需要的 I/O 点数，降低系统的成本，提高设备的性能和附加价值。

人机界面（Human Machine Interface，HMI）在操作人员与机器设备之间搭起双向沟通的桥梁。如图 6-2-1 所示，HMI 可连接 PLC、变频器、仪表等工业控制器件，利用液晶显示机器设备的状态，通过触摸设置工作参数或输入操作命令，实现人与机器信息交互。

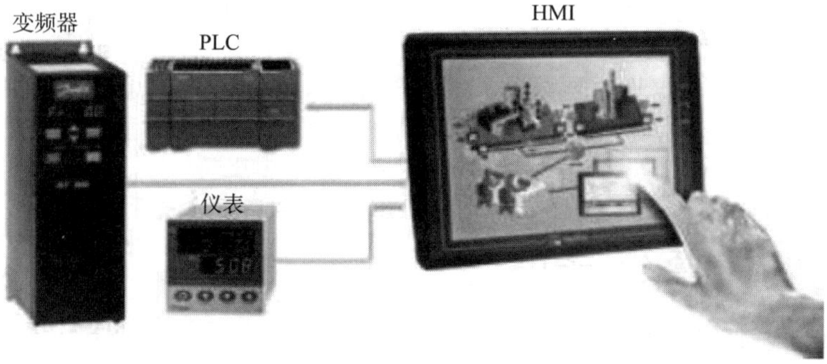

图 6-2-1　HMI 设备连接

6.2.1.1　人机界面产品的组成

人机界面产品由硬件和软件两部分组成，硬件部分包括中央处理器（CPU）、液晶显示器（LCD）、触摸板（Touch Panel）、Ethernet/Serial Ports 通信接口、数据存储单元等，其中 CPU 的性能决定了 HMI 产品的性能，是 HMI 的核心单元。HMI 软件分为两部分，即运行于 HMI 硬件中的操作系统（OS）软件和运行于电脑 Windows 操作系统下的界面组态软件，如威纶通的 EasyBuilder。用户必须在电脑上先使用 EasyBuilder 组态软件制作工程文件，再通过电脑和 HMI 产品的通信接口把编制好的工程文件下载到 HMI 中运行。

随着物联网等通信技术的发展，触摸屏支持越来越多的通信协议，这也使得触摸屏可连接的终端越来越丰富。常见触摸屏的接口如图 6-2-2 所示。

这些接口能够支持更多的终端设备，也使得触摸屏的集成越来越简单。

（1）电源接口：用于为触摸屏供电，通常为直流 24 V 供电。

（2）串行通信接口：触摸屏与 PLC 的通信接口。

（3）USB 接口：用于 U 盘的数据读写，可连接鼠标、打印机等设备；用于 PC 下载、调试用户程序。

（4）以太网端口：可支持基于以太网的通信协议，用于访问具有 LAN 口的 PLC 或 PC

等设备。

（5）SIM 卡插座：可通过 SIM 卡使用移动基站与服务器建立无线通信，进行数据传输。

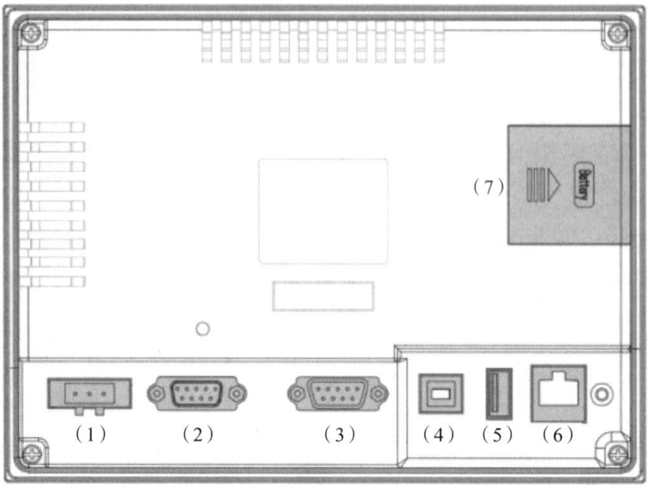

（1）—电源接口；（2）、（3）—串行通信口；（4）、（5）—USB 接口；
（6）—以太网端口；（7）—SIM 卡插座

图 6-2-2　常见触摸屏的接口

6.2.1.2　人机界面的基本功能

人机界面的基本功能可以概括为通信连接、功能控制和界面交互三个方面，如图 6-2-3 所示。

（1）通信连接：与各种 PLC 等控制器连接之后，HMI 才能作用于机器设备；这些连接包括串口、现场总线、以太网等，不同的控制器有不同的通信协议，使用 HMI 上不同的驱动。

（2）功能控制：实现逻辑与数值运算、数据/文字的输入、元器件的控制操作、用户权限控制、报警、数据取样、操作记录、配方等功能。

（3）界面交互：状态的显示，如指示灯、按钮、文字、图形、曲线等；界面的跳转、提示、现场机器设备的可视化呈现。

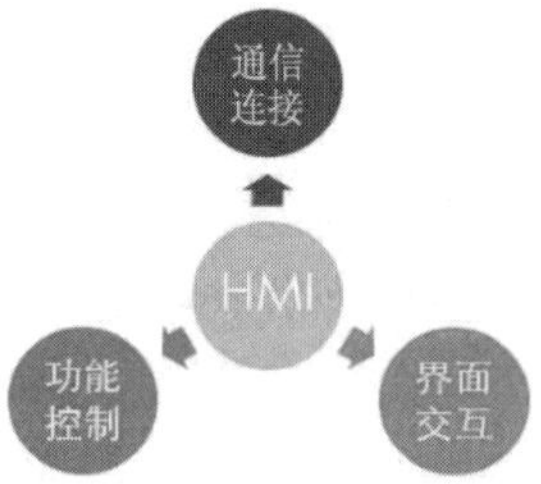

图 6-2-3　HMI 的基本功能

6.2.1.3　人机界面的工作原理

人机界面最基本的功能是显示现场设备（通常是 PLC）中位变量的状态字和寄存器中数

字变量的值，用监控界面中的按钮向 PLC 发出各种命令，以及修改 PLC 寄存器中的参数。

1. 对监控界面组态

首先需要用计算机上运行的组态软件对人机界面组态。使用计算机上运行的组态软件，可以很容易地生成满足使用要求的人机界面，用文字或图形动态地显示 PLC 中位变量的状态和数字量的数值。用各种输入方式，将操作人员的位变量命令和数字设定值传送到 PLC。界面的生成是可视化的，一般不需要用户编辑，组态软件的使用简单方便，容易上手。

2. 编译和下载项目文件

编译项目文件是指将建立的界面及设置的信息转换成人机界面可以执行的文件。编译成功后，需要将可执行文件下载到人机界面的存储器中。

3. 运行阶段

在控制系统运行时，人机界面和 PLC 之间通过通信来交换信息，从而实现人机界面的各种功能。只需要对通信参数进行简单的组态，就可以实现人机界面与 PLC 的通信。将界面中的图形对象与 PLC 的存储器地址联系起来，就可以实现控制系统运行时 PLC 与人机界面之间的自动数据交换。

6.2.1.4　威纶通触摸屏

威纶通科技有限公司是专业从事工业自动化产品研发、生产与推广的制造商，同时也是工业物联网及自动化整体解决方案供应商，旗下拥有人机界面品牌 Weinview 及工控产品线的新兴品牌 Artrich，助力行业数字化、监控化、整合化、易用化的可持续发展。威纶通科技有限公司在中国人机界面的市场占有率已达到 25%。

本任务中使用的触摸屏型号为 MT8071IE，其外观如图 6-2-4 所示，处理器采用 32 位 RISC（精简指令集计算机），主频 600 MHz，触控面板采用四线电阻式，存储器闪存 128 MB；具有完备的人机交互功能+脚本程序配合（指示灯、按钮、开关、曲线、报警、动画、报表、配方、用户管理、数据导入导出），提供高质量的人机交互体验；有丰富的图库资源+界面风格设定+流畅的动画，能方便地开发出具有统一风格的界面，可以提高设备操作人员的交互体验；7 英寸（约 17.8 cm）屏幕，DC 24 V 供电，支持以太网、串口的通信组网方案。触摸屏详细规格如表 6-2-1 所示。

图 6-2-4　触摸屏外观

表 6-2-1　触摸屏详细规格

组件	参数	对应数值
显示器	显示器	7″ TFT(薄膜晶体管)
	分辨率	800×480
	亮度/(cd/m^2)	450
	对比度	500：1
	背光类型	LED(发光二极管)
	背光寿命	>300 000 h
	色彩	16.7M
	LCD 可视角(T/B/L/R)	60/70/70/70
	点距/mm	0.192 6(H)×0.179(V)
触控面板	类型	四线电阻式
	触控精度	动作区长度(X)±2%,宽度(Y)±2%
存储器	闪存(Flash)	256 MB
	内存(RAM)	128 MB
处理器		双核心 RISC 中央处理器
I/O 接口	SD 卡插槽	无
	USB Host(主设备)	USB 2.0×1
	USB Client(客户端)	无
	以太网接口	10/100 Base-T×1
	串行接口	COM1:RS-232;COM2:RS-485,2 W/4 W;COM3:R5-485,2 W
	RS-485 双重隔离保护	无
	CAN Bus(控制器局域网总线)	无
	HDMI(高清多媒体接口)	无
	声音输出	无

6.2.1.5　PLC 与触摸屏组态

PLC 与触摸屏组态通过威纶通触摸屏组态软件完成，EasyBuilder 是威纶通的新一代人机界面组态软件,适用于 WEINVIEW 的所有 HMI,目前市场上主要应用的版本是 EasyBuilder 8000(适用于 TK 、I 系列产品)和 EasyBuilder Pro(适用于 IE、IER、eMT 以及 cMT 系列产品)。可登录威纶通科技有限公司网站(http://www.weinview.cn)下载。

步骤 1:下载并安装软件,安装完成后桌面会出现名为“Utility Manager”的快捷方式图标。

步骤 2:双击上述图标,打开触摸屏编程软件,如图 6-2-5 所示。

图 6-2-5　打开 Utility Manager 软件

步骤 3：单击选择“EasyBuilder Pro”，打开新建工程界面，如图 6-2-6 所示。

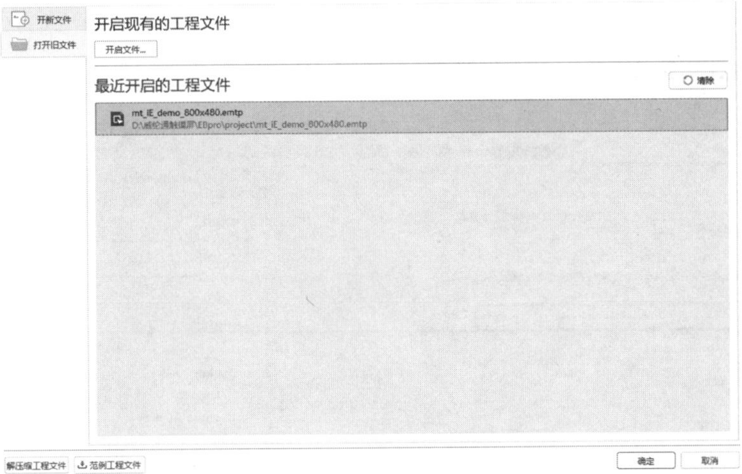

图 6-2-6　新建工程界面

步骤 4：选择“开新文件”→“MT8071iE/MT8101iE”，这里的型号需要与触摸屏实物信号一致，单击“确定”，完成项目的新建，如图 6-2-7 所示。

步骤 5：单击“新增设备/服务器”，设备类型可单击右侧三角形符号进行选择，这里选择 Siemens S7-1200/S7-1500（Absolute Addressing）（Ethernet），然后单击“设置”，将 PLC 的 IP 地址设置为 192.168.1.10，如图 6-2-8 所示，一直单击“确定”直至回到编程界面，PLC 与触摸屏组态完成。

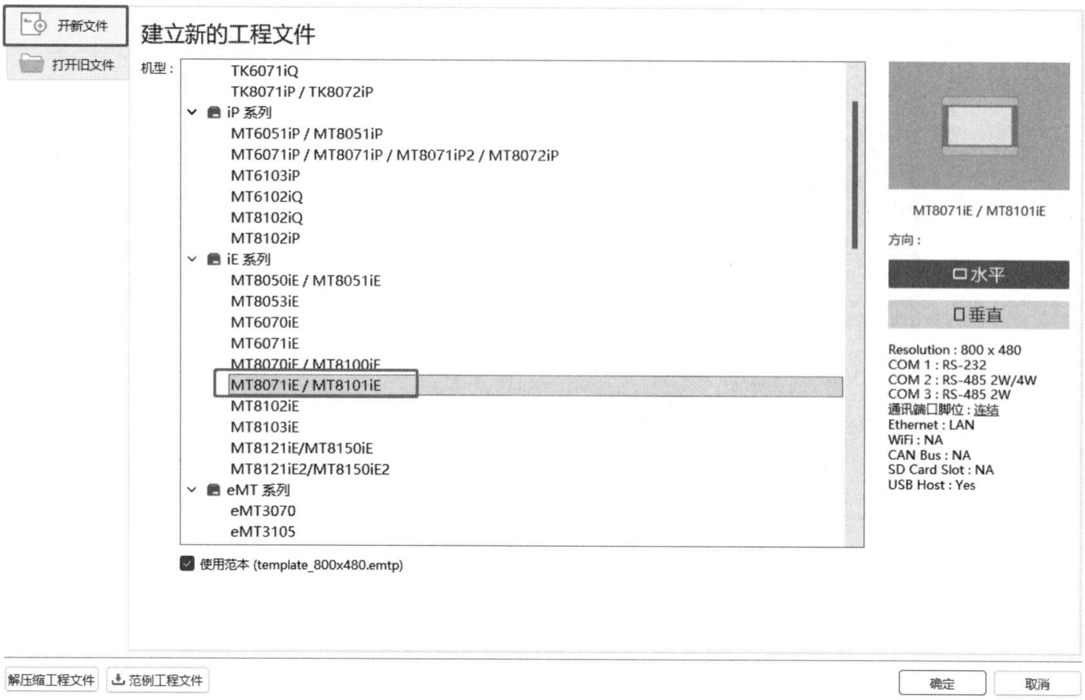

图 6-2-7　选择设备型号

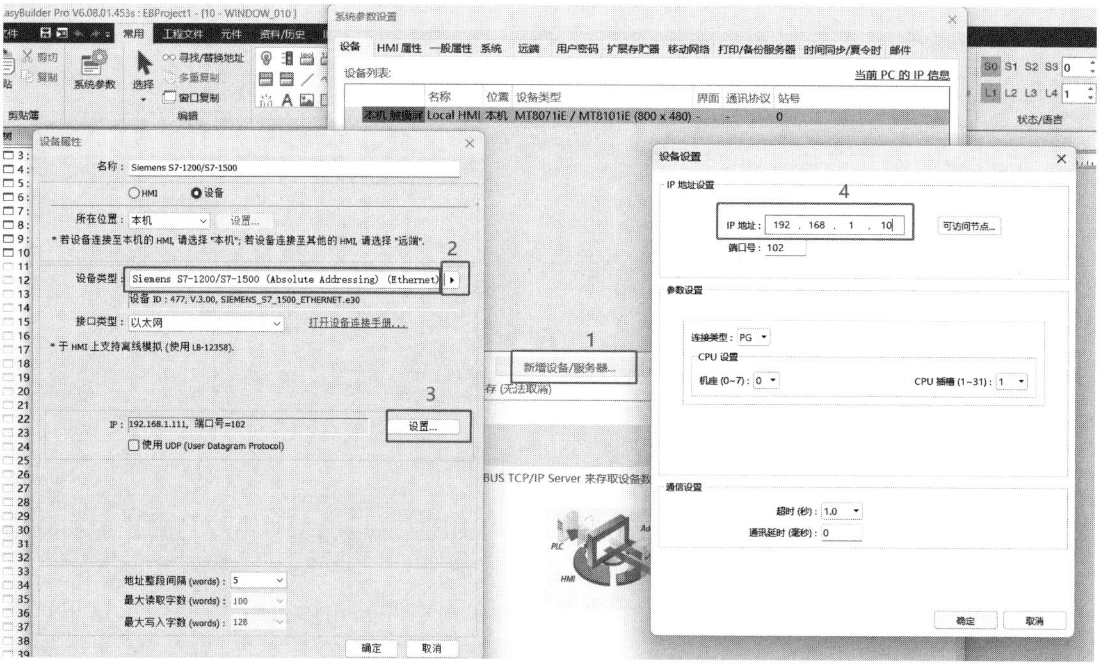

图 6-2-8　选择设备类型

6.2.2　触摸屏界面设计

6.2.2.1　主界面设计

一般情况下，可用欢迎界面或被控系统的主系统界面作为主界面，从该界面可进入各分界面，从各分界面均能一步返回主界面。若是将被控系统的主系统界面作为主界面，则应在界面中显示被控系统的一些主要参数，以便在此界面上对整个被控系统有大致的了解。在主界面上，可以使用按钮、图形、文本框、切换界面等控件，实现信息提示、界面切换等功能。本项目主界面如图 6-2-9 所示。

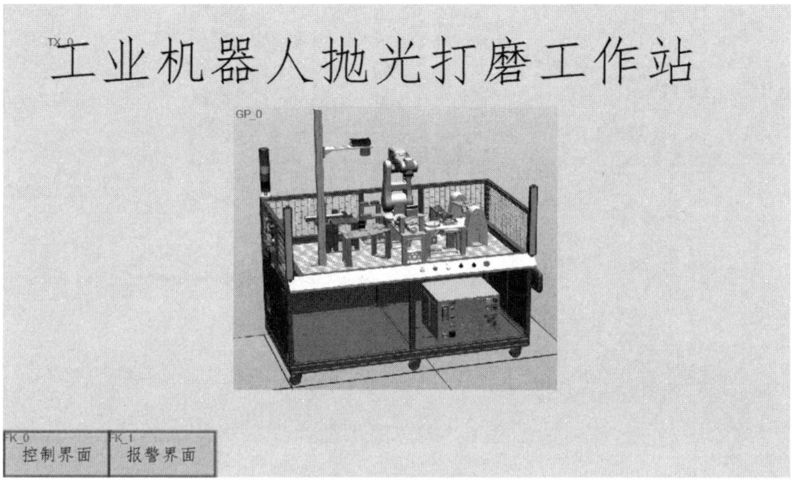

图 6-2-9　主界面

下面进行触摸屏主界面设计。

步骤 1：在编程界面左侧目录树右击序号 10 并选择“设置”命令，在弹出的界面中将此窗口名称修改为“主界面”，如图 6-2-10 所示，单击“确定”回到编程界面。

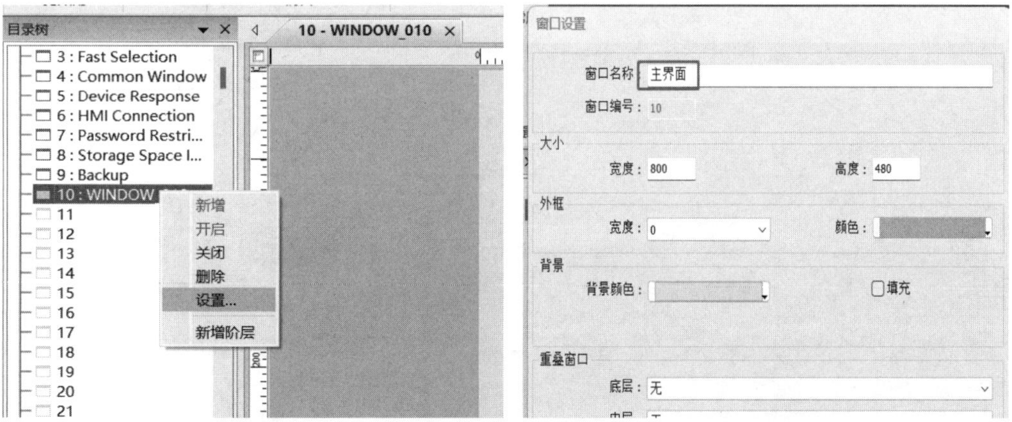

（a）设置　　（b）命名

图 6-2-10　修改窗口名称

步骤 2：准备一张实训台的图片放到电脑桌面，然后单击“元件”→“图片”，在弹出的界面单击“图库”，如图 6-2-11 所示。

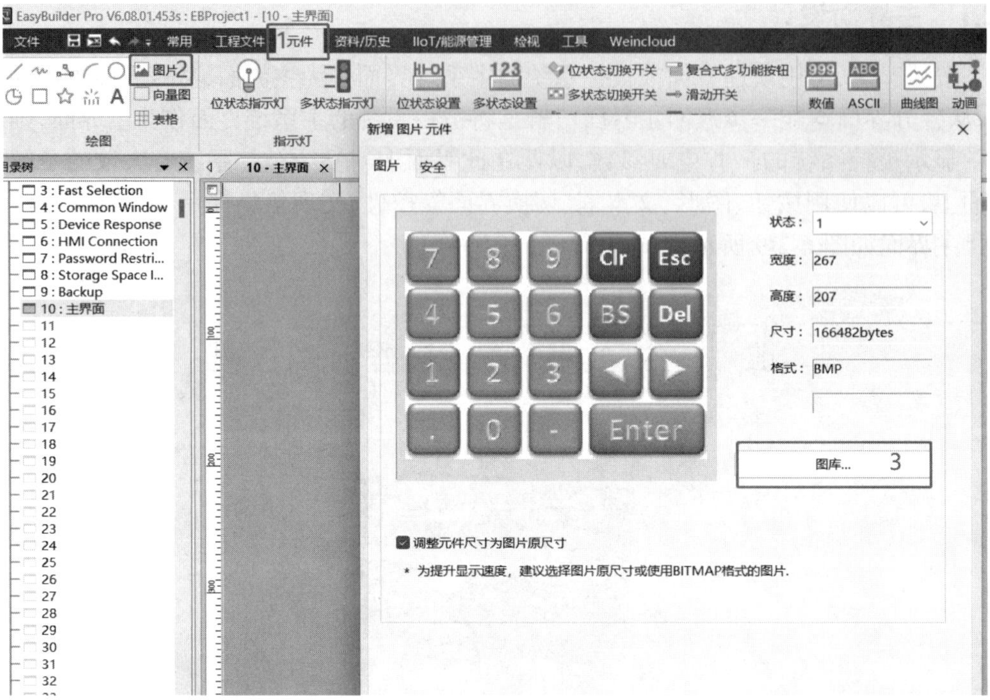

图 6-2-11　添加图片

步骤 3：打开图库后，单击右下角的“新增”，如图 6-2-12 所示，然后根据工作站图片所在位置找到图片并打开，然后一直单击“确定”直至回到编程界面，图片添加完成。如果图片尺寸过大或过小，单击图片后可手动调节。

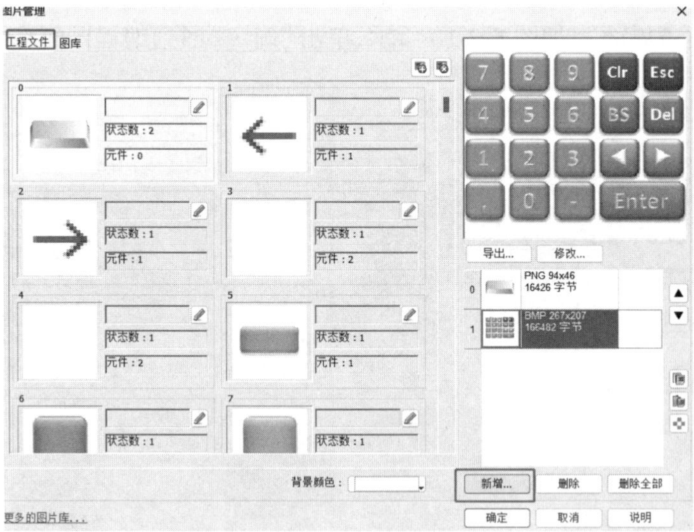

图 6-2-12　新增图片

步骤 4:单击“元件”→“文字/批注”添加文字,在内容中输入“工业机器人抛光打磨工作站”,尺寸选择 40,单击“确定”,如图 6-2-14 所示。

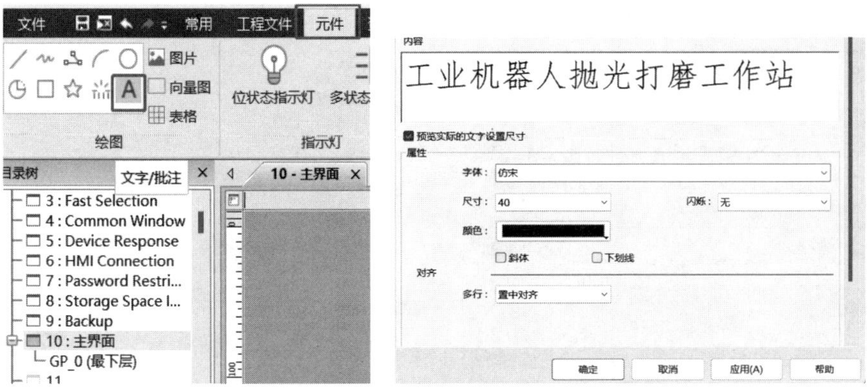

(a)元件　　(b)添加文字

图 6-2-13　添加文字

步骤 5:在编程界面左侧目录树右击序号 11 并选择“新增”命令,将窗口名称修改为“控制界面”,如图 6-2-14 所示。同样的操作再新增序号为 12 的窗口,名称命名为“报警界面”,新增界面完成如图 6-2-15 所示。

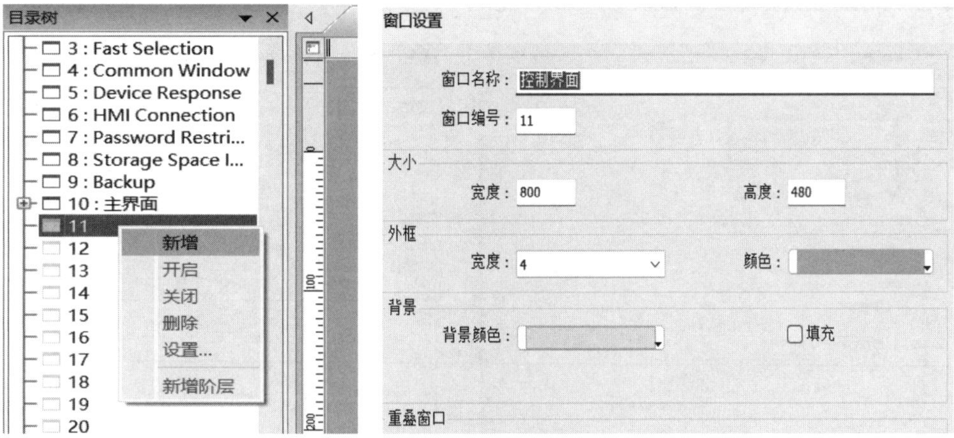

(a)新增　　(b)控制界面

图 6-2-14　新增窗口

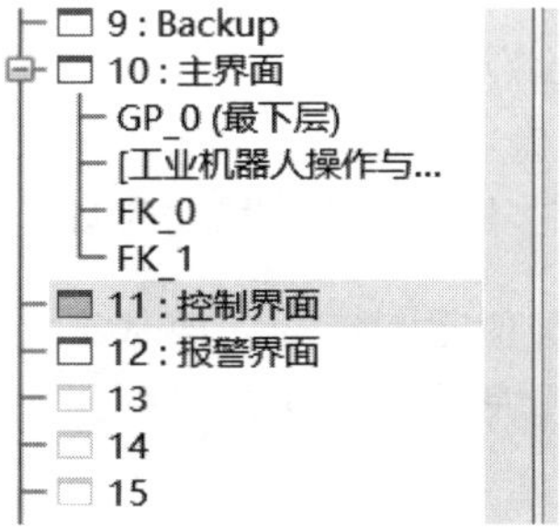

图 6-2-15　窗口列表

步骤 6：选择功能键元件，在弹出的界面中选择“切换基本窗口”，窗口编号选择“11. 控制界面”，如图 6-2-16 所示，单击“确定”，拖动鼠标将功能键放置到界面左下角，功能键添加完成。该功能键的作用是单击此键时，界面会从窗口 10 跳转到窗口 11。

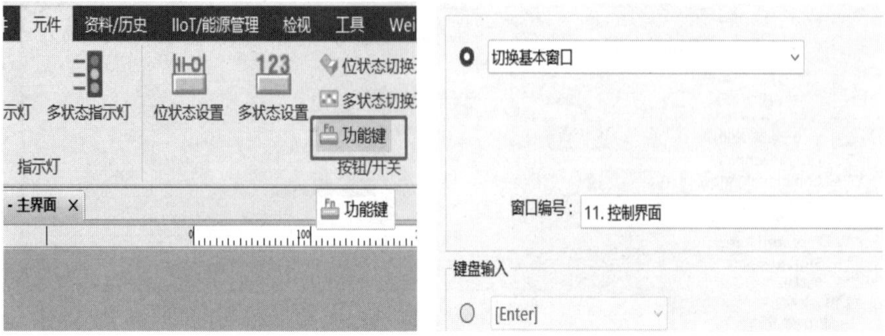

（a）功能键　　（b）切换基本窗口

图 6-2-16　添加切换窗口功能键

双击该功能键后选择图片，再单击颜色选项右侧的下三角符号可修改颜色，如图 6-2-17（a）所示。单击“标签”选项卡，勾选“使用文字标签”，可在“内容”框中增加文字标签，如图 6-2-17（b）所示。这里将颜色修改为灰色，添加文字标签，内容为“控制界面”。

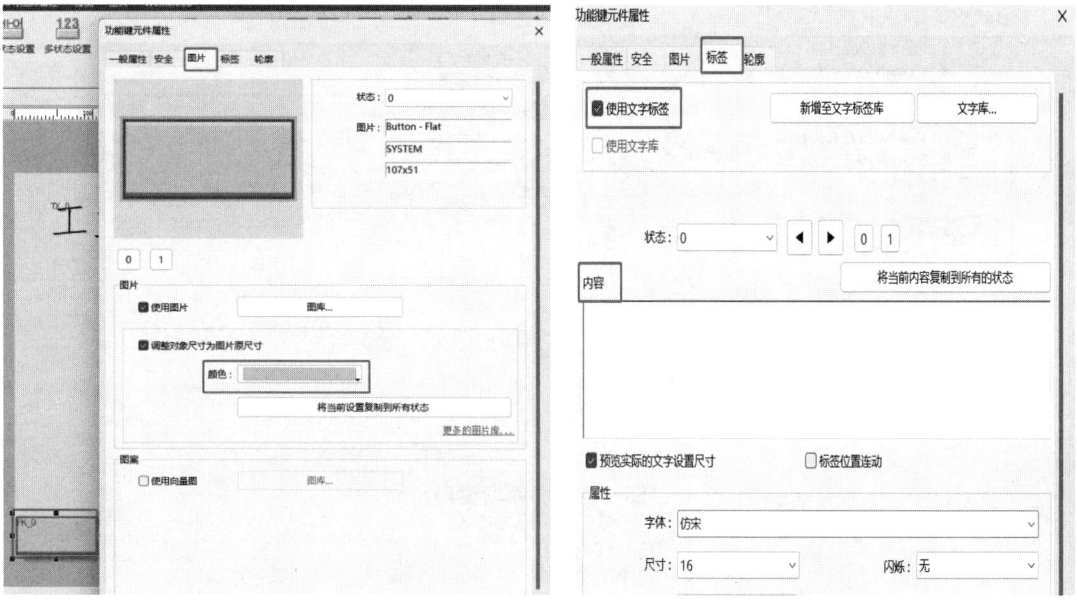

（a）颜色　　（b）设置功能

图 6-2-17　设置功能键

步骤 7：将该功能键复制一个，功能同样为切换基本窗口，窗口编号选择 12，然后将文字标签内容修改为“报警界面”，设置完成如图 6-2-18 所示，主界面设计完成。

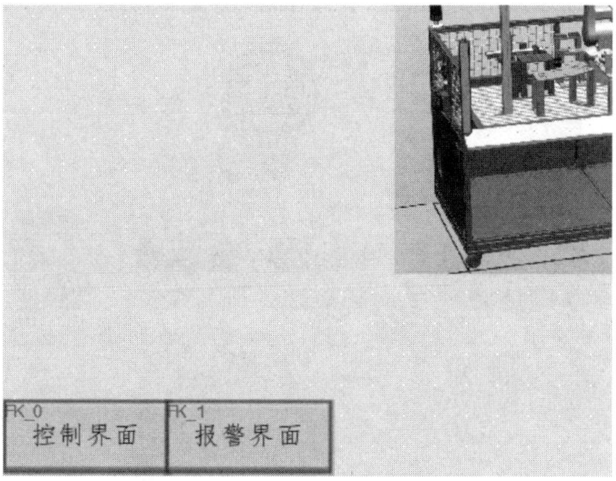

图 6-2-18　完成功能键添加

步骤 8：单击“工程文件”→“离线模拟”，如图 6-2-19(a)所示，在弹出的界面选择“保存”，重命名为“打磨工作站”，弹出离线模拟界面。单击“控制界面”功能键，会跳转到空白的控制界面窗口，如图 6-2-19(b)所示。

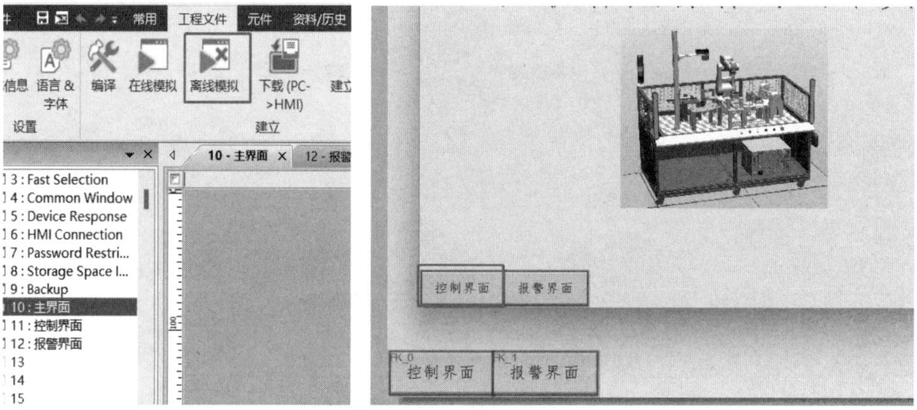

(a)离线模拟　　　　(b)控制界面

图 6-2-19　离线模拟

6.2.2.2　控制界面设计

该界面主要用来控制被控设备的启停及显示 PLC 内部的参数，也可将 PLC 参数的设定做在其中。该界面的数量在触摸屏界面中占得最多，具体界面数量由实际被控设备决定。在控制界面中，可以通过图形、按钮控件，采用连接变量的方式，改变图形的显示形式，从而反映出被控对象的状态变化。本项目控制界面如图 6-2-20 所示。

控制界面用来控制打磨模块砂片放置区与换片区的两个气缸，同时显示各气缸的到位情况，I/O 模块、PLC 与机器人之间变量的关联情况如图 6-2-21 所示。

打磨模块信号表如表 6-2-2 所示。

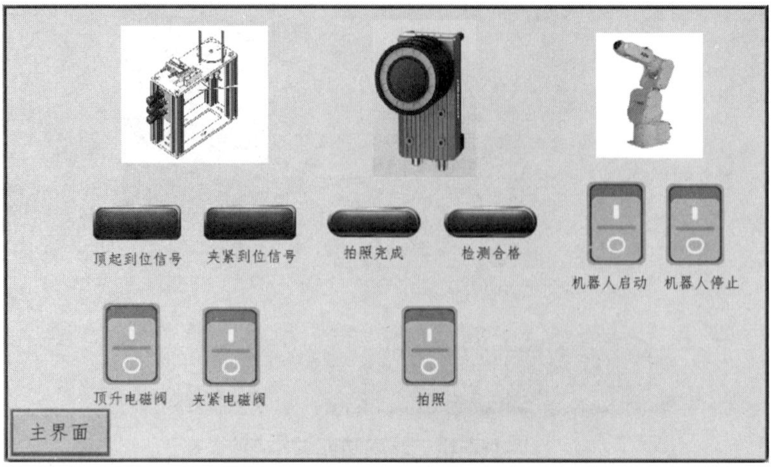

图 6-2-20　控制界面

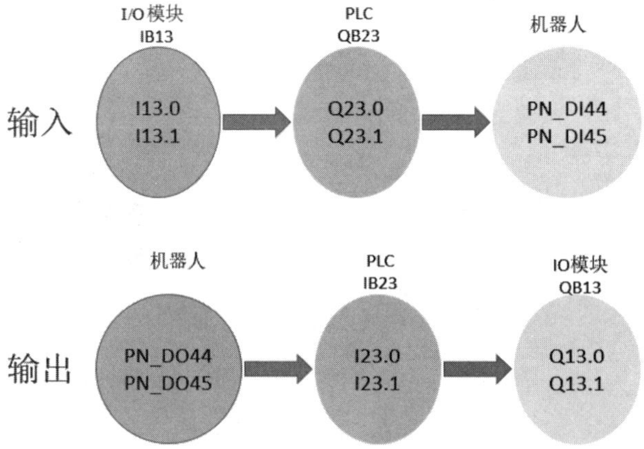

图 6-2-21　打磨工作站信号关联

表 6-2-2　打磨模块信号表

序号	功能名称	I/O 模块地址	PLC 地址	机器人地址
1	打磨片顶起电磁阀动作	Q13.0	I23.0	PN_DO44
2	换片夹紧电磁阀动作	Q13.1	I23.1	PN_DO45
3	打磨片顶起到位信号	I13.0	Q23.0	PN_DI44
4	换片夹紧信号	I13.1	Q23.1	PN_DI45

因为本任务中还用到了视觉检测模块，视觉检测模块的信号关联和信号表分别如图 6-2-22 和表 6-2-3 所示。

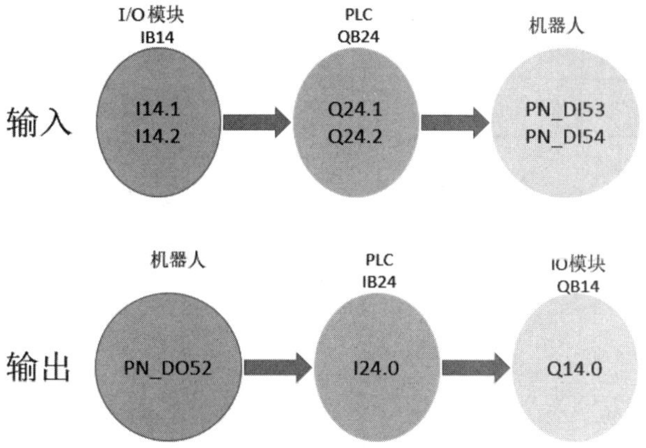

图 6-2-22　视觉检测模块信号关联

表 6-2-3　视觉检测模块信号表

序号	功能名称	I/O 模块地址	PLC 地址	机器人地址
1	拍照动作	Q14.0	I24.0	PN_DO52
2	拍照完成	I14.1	Q24.1	PN_DI53
3	检测合格	I14.2	Q24.2	PN_DI54

下面开始控制界面设计。

步骤 1:双击打开窗口 11,添加一个位状态指示灯,如图 6-2-23 所示。

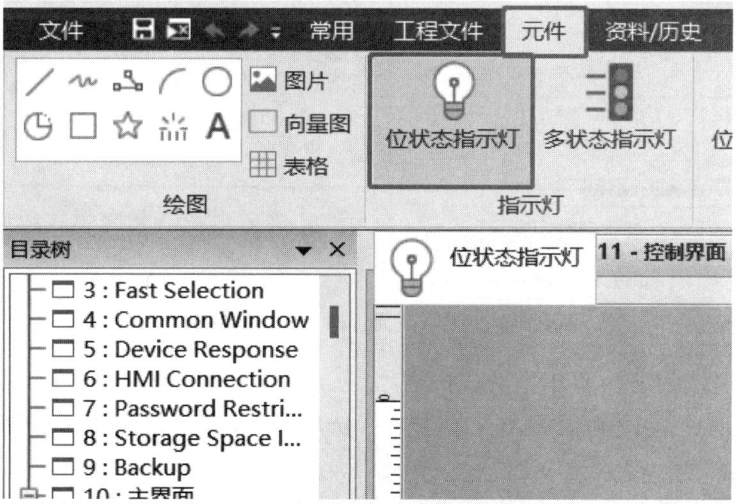

图 6-2-23　添加位状态指示灯

步骤 2:在弹出的一般属性设置界面中,地址类型选择“I”,在后面的地址框中输入“13.0”;在标签属性中勾选“使用文字标签”,在“内容”框中输入“顶起到位信号”,如图 6-2-24 所示,单击“确定”。

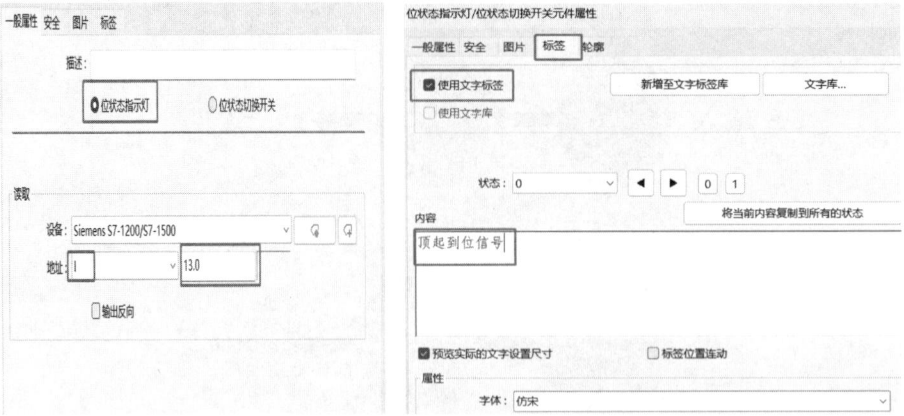

（a）位状态指示灯　　（b）使用标签

图 6-2-24　设置位状态指示灯属性

步骤 3：如果添加指示灯后由于指示灯颜色、字体大小等原因导致文字标签内容不明显，也可不使用文字标签，在指示灯元件下方使用“文字/批注”元件 A 添加文字说明。在“图片”选项卡下可以修改元件颜色，也可单击“图库”切换指示灯外形图片，如图 6-2-25 所示。

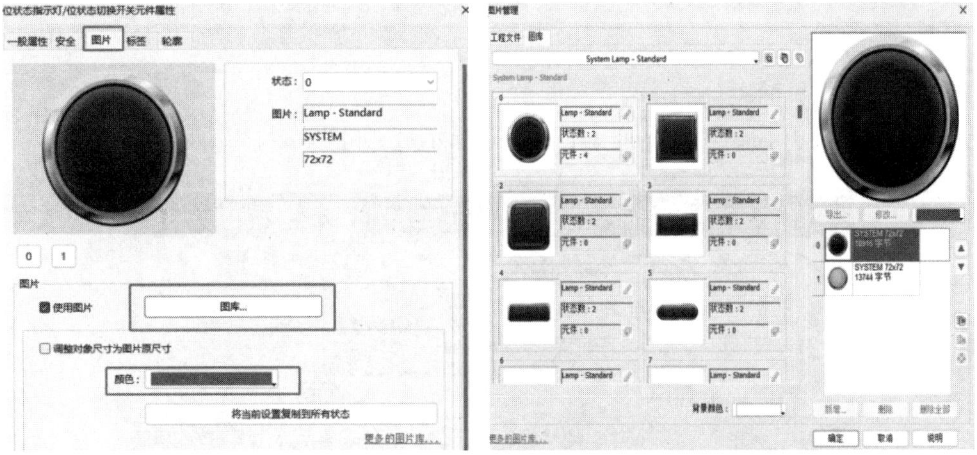

（a）图片　　（b）修改

图 6-2-25　修改元件颜色或外形图片

步骤 4：添加位状态切换开关，如图 6-2-26 所示，在一般属性设置界面中，地址类型选择“Q”，在后面的地址框中输入“13.0”；在“标签”选项卡下勾选“使用文字标签”，在“内容”框中输入“顶起电磁阀”，如图 6-2-27 所示，单击“确定”。

步骤 5：按照步骤 1、2、3 的操作方法，结合表 6-2-2 和表 6-2-3 的内容完成所有指示灯和开关的添加。

添加一个功能键，功能为切换基本窗口，窗口编号为“10. 主界面”，文字标签为“主界面”，添加完成如图 6-2-28 所示。

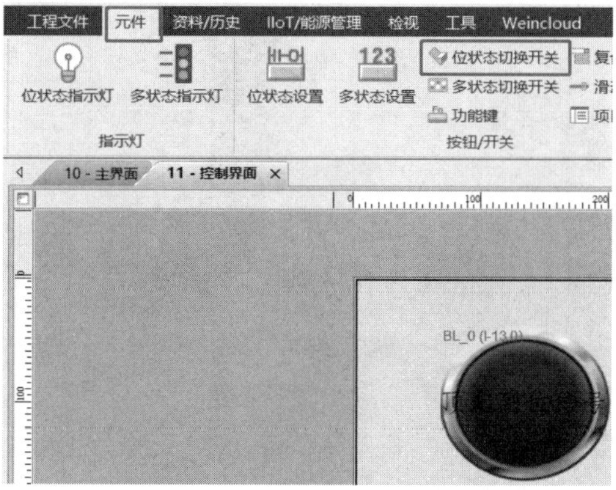

图 6-2-26　添加位状态切换开关

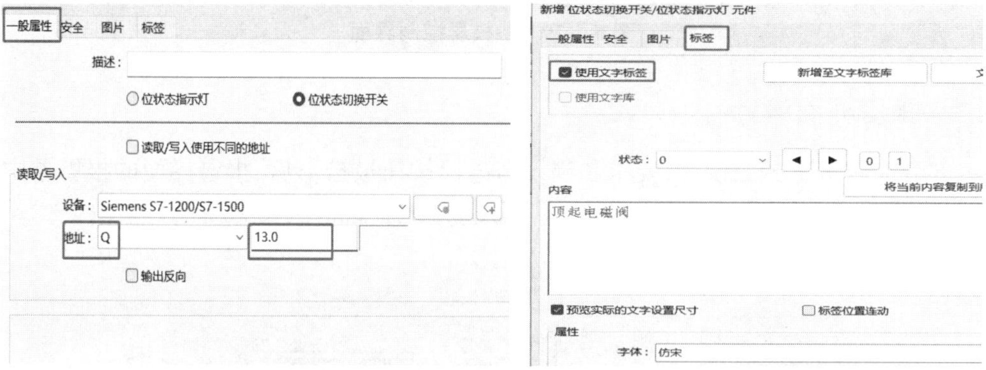

（a）一般属性　　　　（b）设置

图 6-2-27　设置位状态切换开关属性

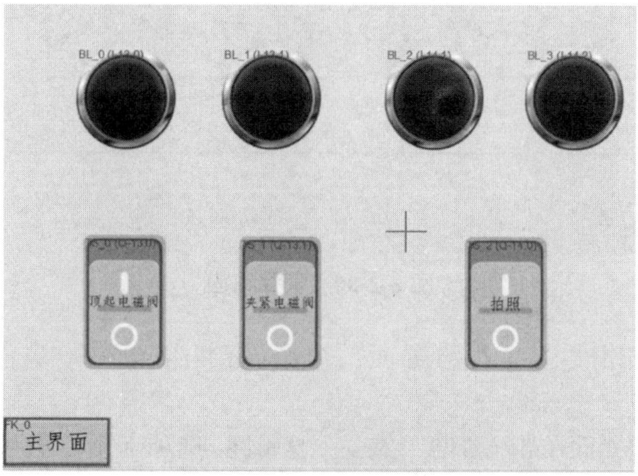

图 6-2-28　控制界面

步骤 6：在控制界面添加两个位状态切换开关，开关地址分别为 M2.0 和 M2.1，文字标签分别为“机器人启动”“机器人停止”，用来远程启动与停止机器人。使用添加图片，修改元件颜色、图片等方法美化控制界面设计，触摸屏控制界面设计完成如图 6-2-29 所示。

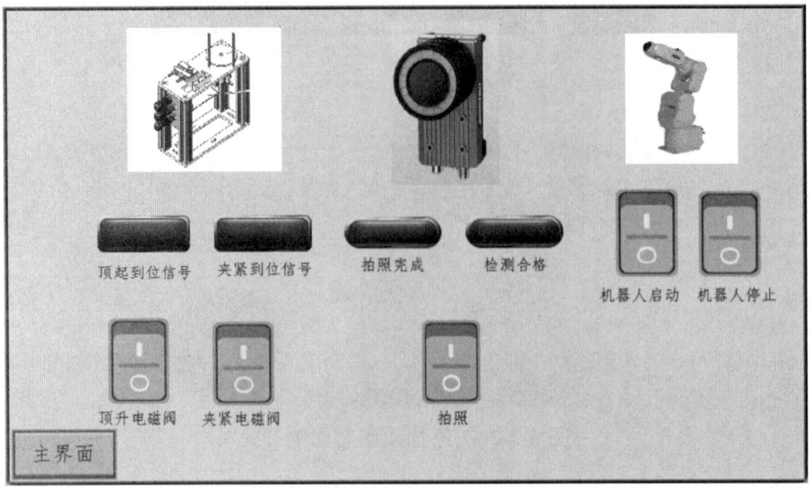

图 6-2-29　触摸屏控制界面

6.2.2.3　报警界面设计

本部分完成报警界面设计，要求是当设备急停按钮被按下后，报警界面的报警条中显示“急停被按下”，并在报警显示和事件显示中分别有显示，如图 6-2-30 所示。

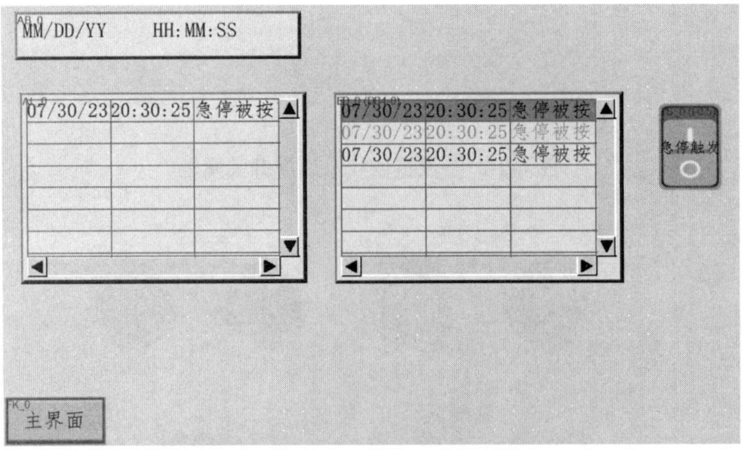

图 6-2-30　报警界面

步骤 1：双击打开窗口“12. 报警界面”，单击“资料/历史”→“事件登录”图标，如图 6-2-31 所示。

步骤 2：在弹出的界面单击“新增”，在“一般属性”选项卡下将类型设为“位”，读取地址设为“I0.5”，因为急停信号对应的 PLC 地址为 I0.5，其余保持默认；单击“信息”，在“内容”栏中输入“急停被按下”，其余保持默认，如图 6-2-32 所示。

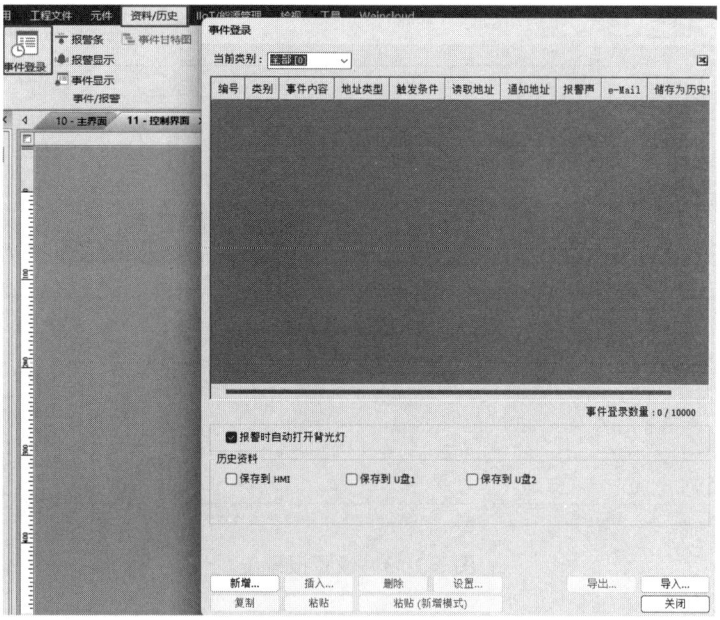

图 6-2-31　事件登录

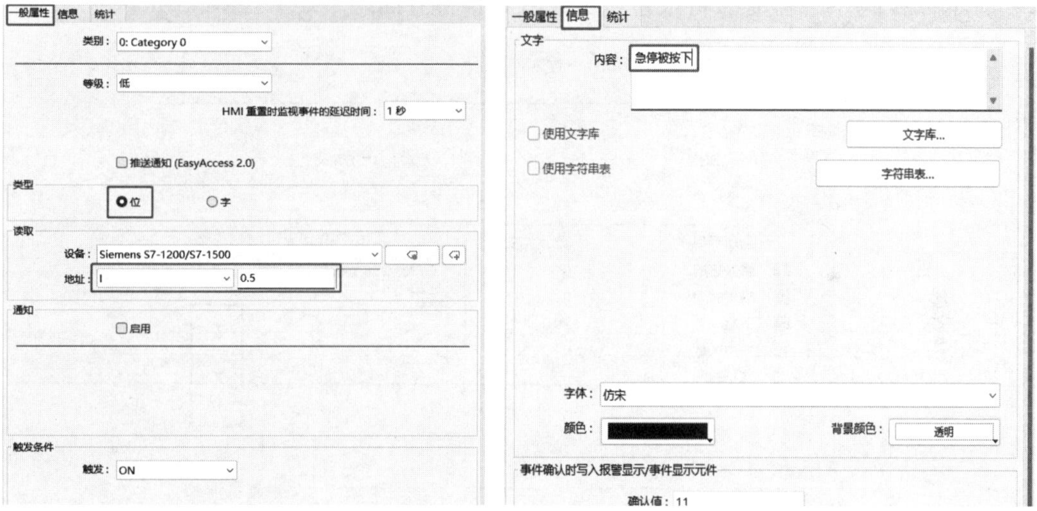

（a）一般属性　　　　（b）信息

图 6-2-32　设置事件属性

步骤 3：单击“确定”，在弹出的界面中单击“关闭”。

步骤 4：添加报警条。单击“资料/历史”→“报警条”图标 报警条，在弹出的界面中单击“排序”选项卡，勾选“触发日期”，在右侧的“显示顺序”区选中“触发日期”，按上下翻页键，将触发日期置顶，如图 6-2-33 所示，然后单击“确定”，将报警条放置到报警界面。

图 6-2-33　设置报警条

步骤 5：单击“报警显示”图标 报警显示，在弹出的界面中单击“排序”选项卡，勾选“触发日期”，在右侧的“显示顺序”区选中“触发日期”，按上下翻页键，将触发日期置顶，如图 6-2-4 所示，然后单击“确定”，将报警显示放置到报警界面。

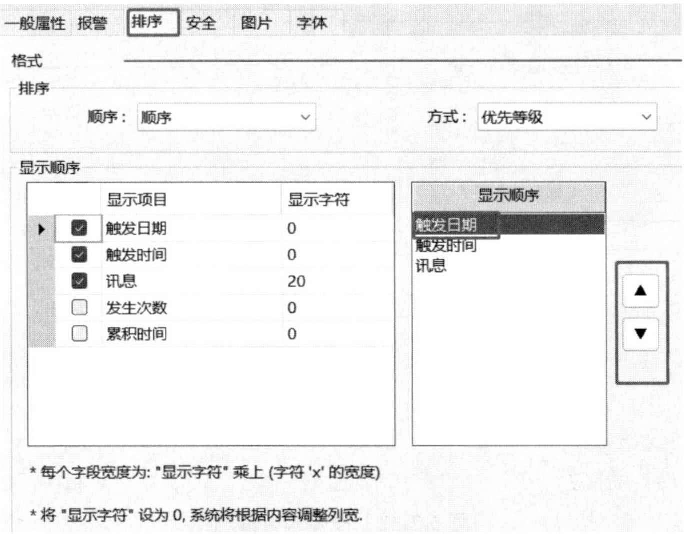

图 6-2-34　设置报警显示

步骤 6：单击“事件显示”图标 事件显示，在弹出的界面中单击“排序”选项卡，勾选“触发日期”，在右侧的“显示顺序”区选中“触发日期”，按上下翻页键，将触发日期置顶，如图 6-2-35 所示，然后单击“确定”，将事件显示放置到报警界面。

步骤 7：添加一个位状态切换开关，地址为 I0.5，文字标签为“急停触发”，用来模拟急停按钮按下。添加一个功能键，功能为切换基本窗口，窗口编号为“10. 主界面”，文字标签为“主界面”，至此报警界面设计完成，如图 6-2-36 所示。

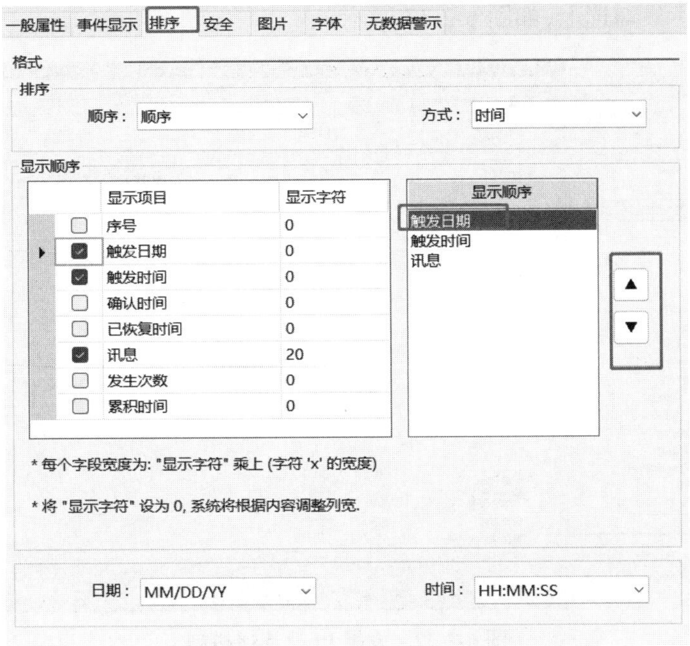

图 6-2-35　设置事件显示

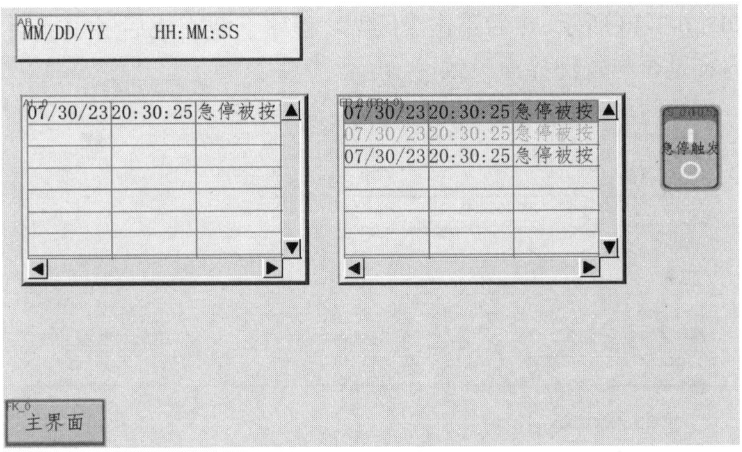

图 6-2-36　报警界面

步骤 8：单击“离线仿真”→“急停触发开关”，可看到报警条、报警显示和事件显示中均有内容，显示急停被按下。

6.2.3　触摸屏程序下载

步骤 1：单击触摸屏实物右下角，输入六位数密码。

步骤 2：在弹出的界面输入 IP 地址：192.168.1.15。

步骤 3：打开抛光打磨工作站 PLC 程序，在“PLC_1 [CPU 1214C AC/DC/Rly]”上单击鼠标右键，在弹出的快捷菜单中选择“属性”命令，在连接机制中将“允许来自远程对象的

PUT/GET 通信访问”勾选上，如图 6-2-37 所示。

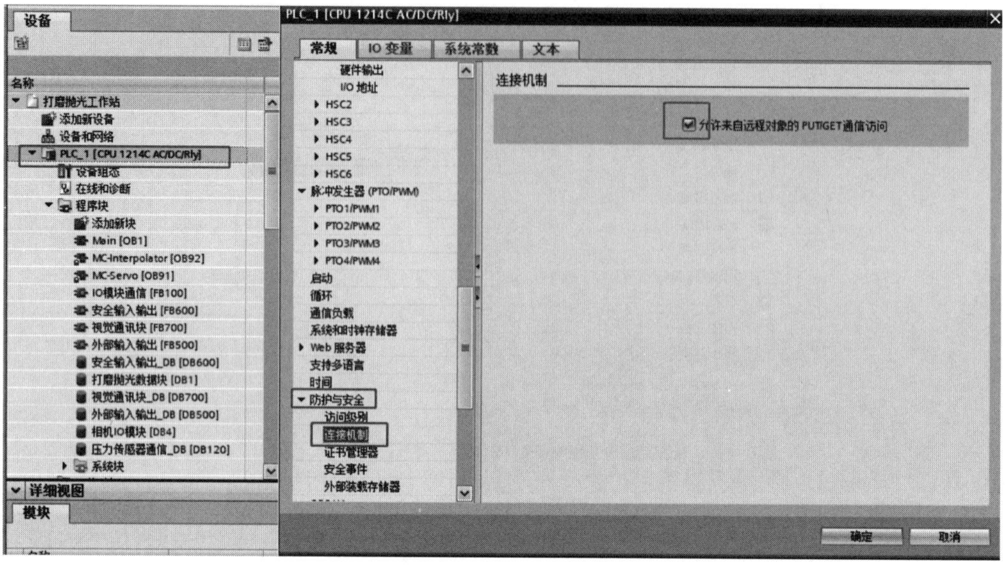

图 6-2-37 设置 PLC 连接机制

步骤 4：回到触摸屏编程软件，单击“下载(PC>HMI)”图标，将 IP 地址设置为 192.168.1.15，如图 6-2-38 所示，然后单击“下载”，程序下载完成后触摸屏会重启，重启后观察触摸屏显示内容是否与软件界面一致。

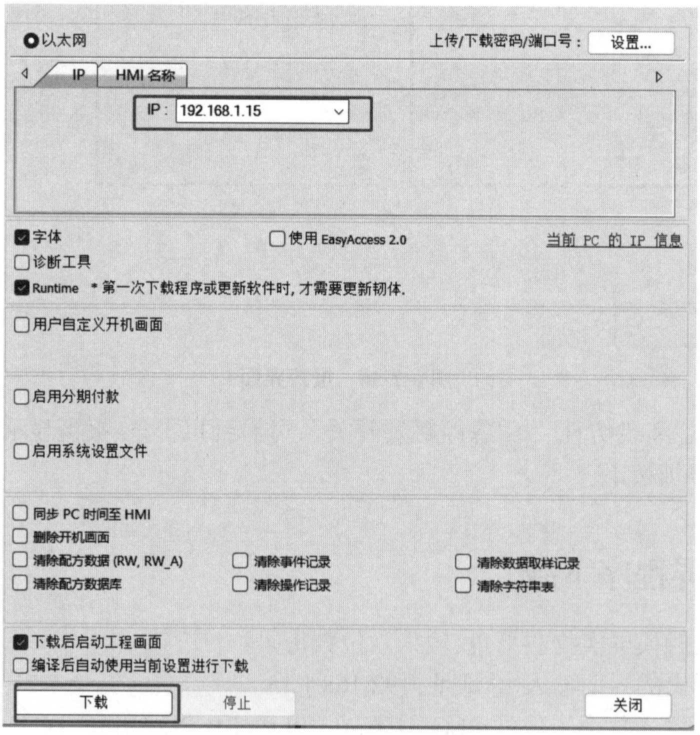

图 6-2-38 下载触摸屏程序

6.2.4　PLC 与触摸屏调试

步骤 1:将抛光打磨工作站 PLC 程序下载到 PLC 中,通过实训台上的模式选择开关切换到自动模式。

步骤 2:在触摸屏上选择控制界面,单击顶升电磁阀开关观察电磁阀是否动作。

步骤 3:观察位状态指示灯是否与实际传感器的状态一致。

6.2.5　PLC 与机器人调试

PLC 作为整个实训台的主控制器,给机器人发送自动启动的信号,机器人按照示教编写的程序运行, PLC 端操作只需将抛光打磨 PLC 程序下载到 PLC 中并启动 PLC 即可。机器人需要添加系统启动与停止信号。

步骤 1:添加机器人自动启动与停止的系统输入信号。

(1)打开示教器主界面,按照“控制面板”→“配置系统参数”→“Signal”的顺序找到 Signal,如图 6-2-39 所示。

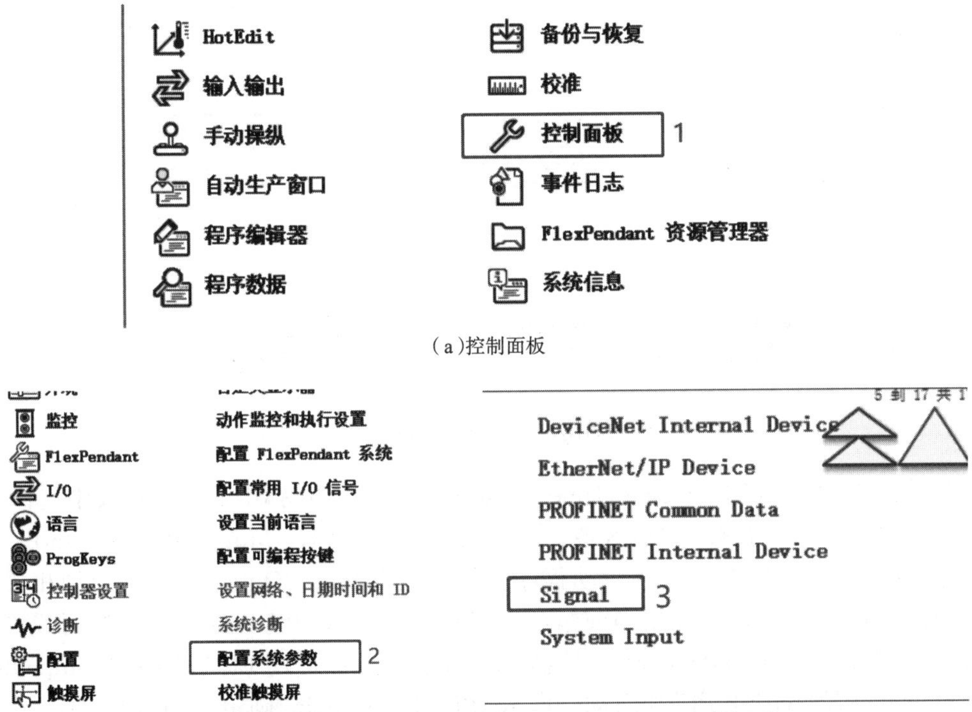

(a)控制面板　(b)配置系统参数　(c)Signal

图 6-2-39　添加 I/O 信号

(2)双击 Signal,单击“添加”,如图 6-2-40(a)所示。

Name:设定信号的名字,这里设定为“PN_DI24”。

Type of Signal:设定信号的类型,根据需要选择,这里选择“Digital Output”。

Assigned to Device：设定信号所在的 I/O 模块，这里选择“PN_Internal_Device”。

Device Mapping：设定信号所占用的地址，这里设定为“4”，如图 6-2-40（b）所示。

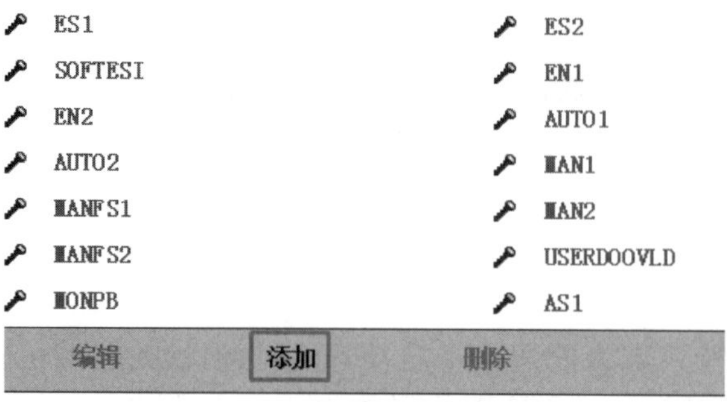

（a）添加

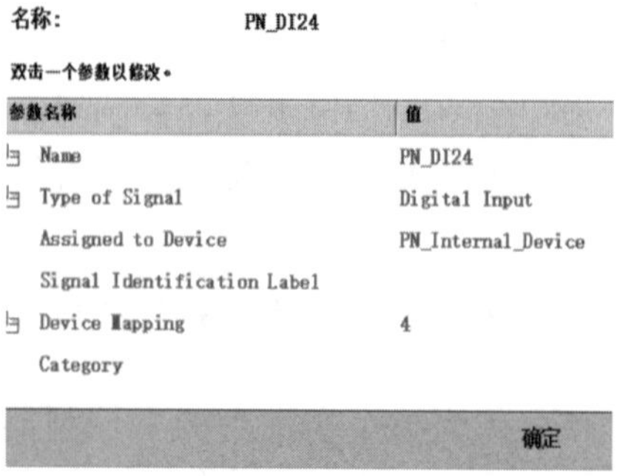

（b）设置

图 6-2-40　设置信号

（3）设置好单击“确定”，提示是否重启，这里选择“否”。

（4）再添加一个输入信号，名称为“PN_DI25”，Device Mapping 为“5”，单击“确定”后选择重启。

（5）重启完成后在配置系统参数中找到 System Input 双击打开，单击“添加”，如图 6-2-41 所示。

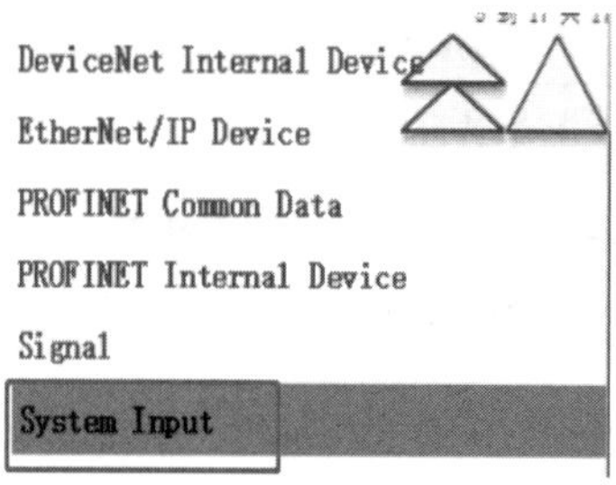

（a）系统输入

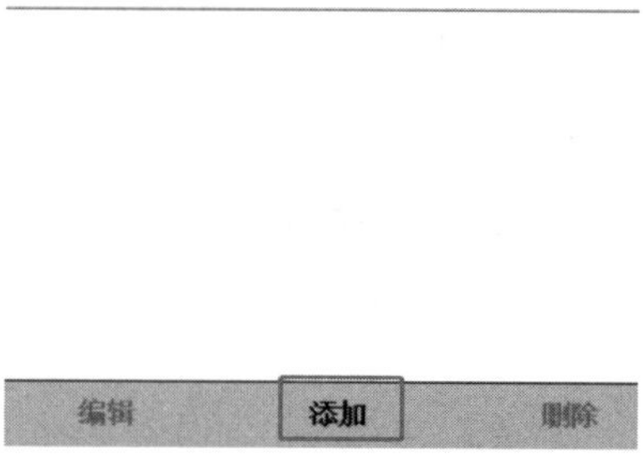

（b）添加

图 6-2-41　添加系统输入

（6）单击“添加”，双击“Signal Name”右侧的空白区域，在弹出的下拉列表中选择“PN_DI24”，双击“Action”右侧的空白区域，在弹出的列表中选择“Motors On and Start”，利用该功能可以远程给机器人上电并启动程序。行动值“Motors On and Start”会把相关控制器设置成“电机开启”状态，并用当前指令来启动相应的 RAPID 程序（连续执行或周期性执行）。可以不使用 FlexPendant 示教器和控制面板，而是让 PLC 使用“Motor On and Start”来一步设置“电机开启”和启动一段 RAPID 程序，单击“确定”。这时多了一个“Argument 1”选项，双击右侧空白区，选择“Cycle”，设置完成如图 6-2-42 所示，单击“确定”，提示重启时选择“否”。

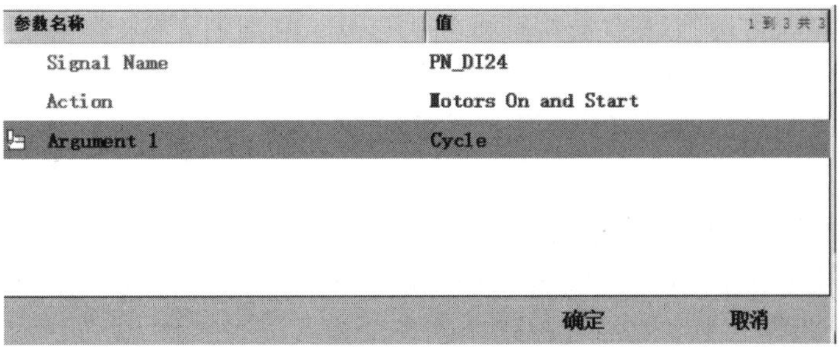

图 6-2-42　设置系统输入信号

（7）再添加一个系统输入信号，参数设置如图 6-2-43 所示，利用 Stop 功能可以远程停止机器人程序运行，单击“确定”，提示重启时选择“是”。

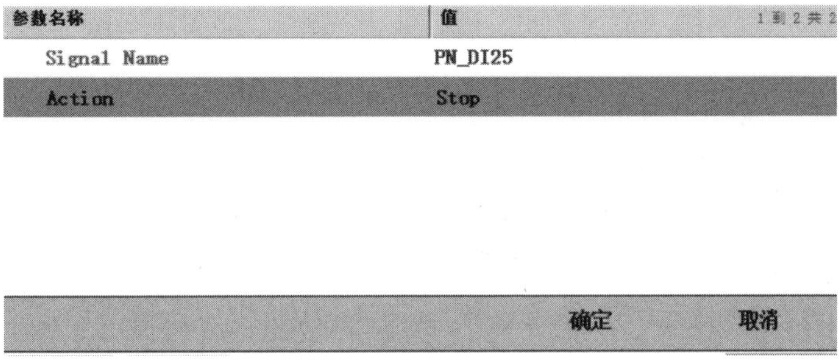

图 6-2-43　添加停止信号

步骤 3：在控制柜面板上通过钥匙将模式选择开关切换到自动模式。确定示教器上出现的信息，单击“PP 移至 Main”，如图 6-2-44 所示，在弹出的界面单击“是”，示教器显示自动启动界面，机器人自动启动准备工作完成。

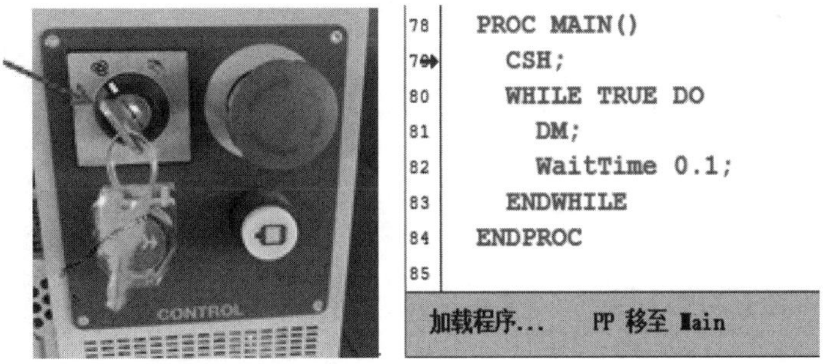

（a）自动模式　　（b）启动程序

图 6-2-44　机器人自动启动

6.2.6　综合调试

步骤 1：检查实训台各模块状态，工具是否摆放在正确位置，原料块数量与位置是否正确。

步骤 2:检查实训台进气压力是否在 0.4~0.6 MPa 范围内,气泵供电是否正常,开关是否打开。

步骤 3:将抛光打磨工作站 PLC 程序下载到 PLC 中,通过实训台上的模式选择开关切换到自动模式。

步骤 4:检查触摸屏程序是否正确。

步骤 5:检查机器人位置是否安全,机器人是否在自动模式,若机器人位置或其他处需要调整,先回到手动模式进行调整后再切换到自动模式。

步骤 6:单击触摸屏控制界面的机器人启动按钮,观察机器人是否正常启动,若机器人没有启动,则先将机器人切换到手动模式,再排查原因。

练习题

1. 判断题

(1)Portal 是威纶通触摸屏的编程软件。 (　　)

(2)人机界面只有软件组成。 (　　)

(3)在输入输出界面可以添加机器人 I/O 信号。 (　　)

(4)触摸屏新建工程时型号的选择需要与实际触摸屏一致。 (　　)

(5)触摸屏编程常用的元件有位状态切换开关和位状态指示灯。 (　　)

2. 填空题

(1)人机界面的英文简称是________。

(2)人机界面由________和________组成。

(3)人机界面的基本功能包括________、________和________。

(4)触摸屏需要添加页面时,应将鼠标箭头拖到窗口标号处右击,选择________。

(5)使用________可以取得界面跳转的效果。

3. 简答题

(1)简述人机界面的硬件由哪几部分组成。

(2)简述主界面的设计过程。

(3)简述机器人添加系统输入信号的操作过程。

任务完成报告

姓名		学习日期	
任务名称	触摸屏、PLC 与工业机器人联调运行		
学习自评	考核内容	完成情况	
	(1)了解 PLC 人机界面的组成和功能	□好　□良好　□一般　□差	
	(2)掌握触摸屏与 PLC 组态的方法	□好　□良好　□一般　□差	
	(3)掌握触摸屏界面设计的方法	□好　□良好　□一般　□差	
	(4)掌握机器人系统输入信号的创建方法	□好　□良好　□一般　□差	
	(5)掌握抛光打磨工作站联调的步骤和方法	□好　□良好　□一般　□差	
学习心得			

参考文献

References

[1] 叶晖. 工业机器人典型应用案例精析[M]. 2 版. 北京：机械工业出版社，2022.

[2] 叶晖，管小清. 工业机器人实操与应用技巧[M]. 北京：机械工业出版社，2016.

[3] 汪励，陈小艳. 工业机器人工作站系统集成[M]. 2 版. 北京：机械工业出版社，2022.

[4] 蒋庆斌，陈小艳. 工业机器人现场编程[M]. 2 版. 北京：机械工业出版社，2021.